今日から
モノ知り
シリーズ

トコトンやさしい

電線・ケーブルの本

発電所からの配電網はもちろん、電気・通信分野では多くの種類の電線やケーブルが用いられている。材料や部品の柔軟性や耐久性は非常に重要で、その整備と保守は社会的に不可欠。不適切な取り扱いや劣化を見落とすと、安全性や社会の安定性を損なう結果にもなる。本書では、この電線とケーブルについて、その材料や種類から、災害・障害対策、補助材、検査・保守に至るまで、実務に役立つ情報を丁寧にやさしく紹介する。

福田 遵

B&Tブックス
日刊工業新聞社

はじめに

多くの技術者にとって、電線・ケーブルは業務に欠かせない資材であると思いますが、意外と知らないことが多い資材でもあります。また、電線・ケーブルは基本的に長尺の資材であるため、図面への表記に苦労をするだけではなく、種類の多さから選択に苦労をする資材でもあります。しかも、強電関係の仕事をしている技術者にとっては、結構な重さがある電線・ケーブルを扱わなければならないため、布設工事には苦労を強いられます。それだけではなく、ケーブルを布設するためには、布設場所の事前準備や多くの補助材の用意が必要となりますので、適切な資材が必要数量用意できていないために工事を中断した経験がある技術者は多いと思います。著者も、プラント電気設備の設計で、電線・ケーブルに関わる業務に費やした時間数は多かったと記憶しています。特に電力ケーブルは、調達費用が多くかかるだけでなく、納期も長いので、不足すると工期に大きな遅延を生じますが、余っても資材費の無駄になりますので、プロジェクトマネジャーからの叱責を覚悟しなければならない場合もあります。

一方、機器や設備の設計・製造を行っている技術者にとっても、電線やケーブルの特性が機器の特性に影響を及ぼすだけではなく、製品のデザインにも影響する場合もありますので、気を遣う資材であると思います。軽量化とコンパクト化を求められる自動車においても、電子化や電動化によって配線数は増加の傾向を示しています。自動車等で使われる場合は、電線にとって厳しい使用環境下となりますので、状況に応じて適切に選択されなければ、不具合につながる危険性を持っています。また、エレベータなどに使われるケーブルや、電気鉄道に用いられる電気線などは、生活で身近に使われているにもかかわらず、一般の人には電線の特性や安全性確保の方策についてはあまり知られていません。そういった背景から、広く電線について知ってもらおうと、2018年に、一般社団法人日本電線工業会が11月18日を「電線の日」としました。残念ながら、それもあまり知られていないようですが…。それはともかくとして、電線・ケーブルは社会維持に欠かせない資材であるのは間違いない事実であると思います。

電線・ケーブルは、目に見えない電気や情報を伝える資材で、しかも、その多くが長期にわたって使用されるものであることから、安全や利便性を損なわない社会を実現するために、多くの法律や基準・規則が定められています。技術者は、そういった知識を十分に持っていないと、不適切な材料を選択したり、誤った使用をしてしまう危険性があります。その結果、人や社会に安全面で脅威を与える危険性もありますし、自然現象の発生によって使用できなくなる可能性もあるため、社会生活に大きな支障を及ぼす資材と考える必要があります。そのため、さまざまな自然現象を想定して、技術者はどういった対応をしなければならないかを認識していただきたいと思います。なお、電線・ケーブルに対しては、安全・安心な状態を確保するために多くの補助材が準備されています。技術者は、それらの目的や特性を的確に理解して、効果的な電設資材を適切に用いる必要がありますが、その資材の種類の多さや使用方法の多様さから、知らずに不適切な施工が行われている場合も少なくありません。そういったものをすべて説明することは難しいのですが、技術者はどういった点に注意をしていかなければならないか、また、どういった資料を勉強しなければならないかを知ってもらえればと思います。本著を読んで、電力や電気設備に関係する技術者だけではなく、交通分野や電気製品・設備などに係わる技術者に、少しでも電線・ケーブルに興味を持ってもらえれば幸いです。ここに紹介した内容は、電線やケーブルに関する基本的な事項のみで、電線・ケーブルの種類の面では、1割にも満たない少ない範囲しか紹介できていません。しかし、多く使われている電線やケーブルについてはできるだけ広い分野について紹介しています。なお、電線やケーブルに関して広範囲に示した市販資料は残念ながら存在しません。そのため、今回紹介した内容は、メーカー等のカタログから多くのヒントやデータを得ております。そういったメーカーの資料については、巻末にいくつか紹介しておきましたので、より詳しく知りたい方は、関連するメーカーの資料を直接参照して、より深く勉強されることをお勧めします。著者もエンジニアリング会社勤務時代には、電線メーカーの技術者から直接教えをいただき、業務に生かせていただきました。また、大口径のケーブルの接続作業や端末処理作業については、電線メーカーから専門の技術者を現場に派遣していただき、その作業を自分の目で確認したことを覚えています。世の中には、その仕事や製品に特有の電線やケーブルが求められており、現在でも個別仕様の電線やケーブルは無数に存在します。多様な電線やケーブルを適切に製造し、管理している電線メーカーの技術者には頭が下がる思いです。人の目に触れないように施工されている電線が多いのですが、その陰に、人に知られることなく、新たな材料の開発や電線構造の設計に携わっておられる多くの技術者がおられることを知っていただきたいと思います。また、電線やケーブルに係わる技術者の皆様に感謝申し上げるとともに、今後のさらなるご活躍を祈念しつつ、多くの読者の皆さまにお読みいただけることを期待しております。

最後に、このような機会を与えてくださった、日刊工業新聞社出版局の鈴木徹氏に心から感謝申し上げます。

なお、本文中に略記する基準・規定等は下記の内容を示します。

【技術基準】：電気設備技術基準
【電技解釈】：電気設備技術基準の解釈
【解釈の解説】：電気設備の技術基準の解釈の解説（経済産業省）
【内線規程】：JEAC8001（Japan Electric Association Code）

2020年9月

福田　遵

目次 CONTENTS

第1章 どんなものが電線材料となっているのか

第2章 裸でがんばる電線たち

第3章 電力と信号を送るケーブルたち

第4章 情報通信社会を支えるケーブルのいろいろ

第5章 巻線と使用環境に対応した電線たち

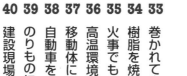

第6章 身を挺して電線を守る配線材たち

第7章
電線・ケーブルの布設工事とは

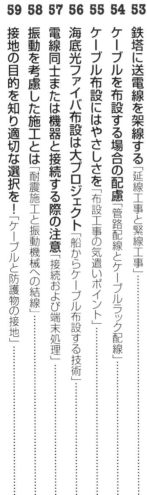

第8章
維持管理とリサイクルの手法

第1章

どんなものが電線材料となっているのか

1 電気を長距離に大量に送るために

電力損失を少なく安く送る条件

金属を組成で見ると、面心立法構造などの基本構造をとっています。また、金属結合の面からは、共有結合と同様に価電子を共有した形で結合していますが、価電子の一部は特定の原子には局在せずに、その原子が結合した結晶全体に広がり、どのイオンにも公平に所属した形になっています。このような価電子を自由電子と呼びます。このように、金属結合は、多数の金属イオンが空間内で規則正しく分布し、その中を自由電子が自由に動き回れるようになった結合をいいます。この金属材料に電圧をかけると、自由電子はマイナス極からプラス極に向かって移動します。その際に、導体を形成する金属格子のなかを電子が動いていきますが、金属格子を形成する金属イオンはただじっとしているわけではなく振動しています。ですから、移動している電子は金属イオンと衝突してしまいます。衝突した電子は進行が妨げられますので、電子の流れが阻害されます。それが電気抵抗になります。ですから、金属元素は特有の抵抗値を持っています。電線に使う場合には、当然その抵抗値が低いものが適しています。金属元素で、0℃における抵抗値が小さいものから順に表にしたものを左頁に示します。なお、温度が上がると、金属元素の振動が激しくなりますから、電子が金属元素と衝突する確率は上がりますので、抵抗値は高くなります。一方、電線は社会の中で広くかつ多量に使われるものであるため、価格が安いことが重要な条件となります。一般的に、地球上に多く存在している金属元素であれば価格は安くなりますので、左頁に代表的な金属元素のクラーク数を示します。

２０２０年の金属の１キログラム当たりの価格を調査すると、金は5百万円程度ですが、銀は４万円程度、銅は5百円程度、アルミニウムは2百円程度となっていますので、銅やアルミニウムが電線材料の候補となります。

要点BOX

- 電線材料は低抵抗（高導電率）でなければならない
- 電線材料は廉価でなければならない

面心立法構造

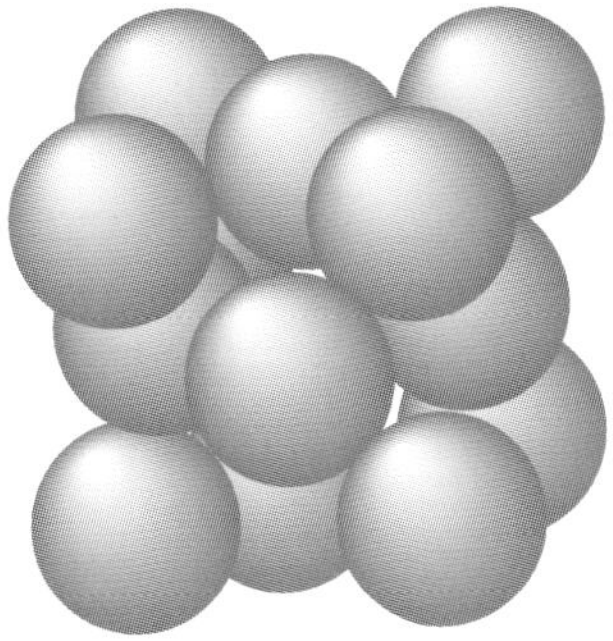

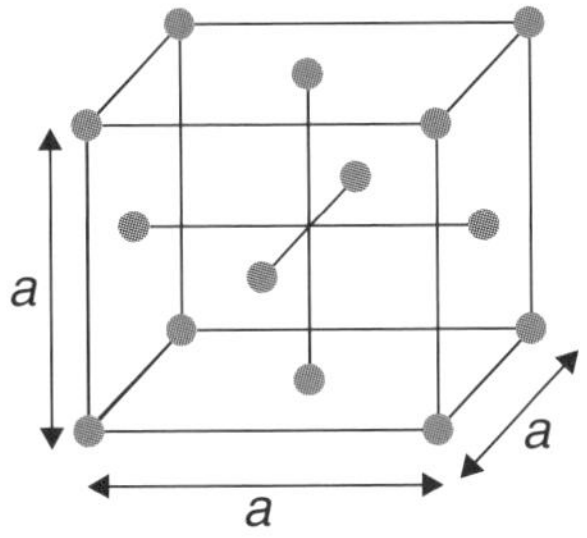

電気の流れと電子の流れ

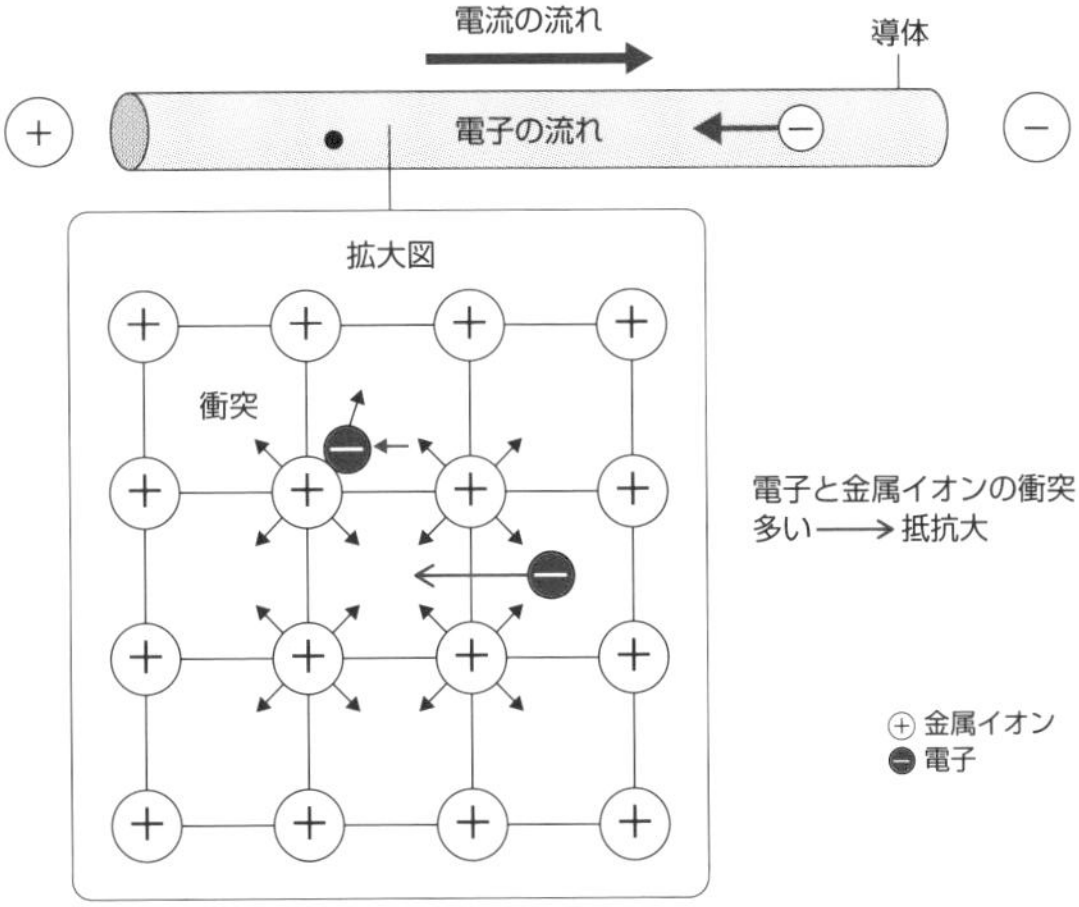

金属元素の電気抵抗(0℃)

元素	体積抵抗率 ($10^{-8}\Omega\cdot m$)	導電率*1 (%)
銀	1.47	105
銅	1.55	100
金	2.05	76
アルミニウム	2.50	62
亜鉛	5.5	28
ニッケル	6.2	25
鉄	8.9	17
スズ	11.5	13

*1:銅の導電率を100%としたときの比率

主な金属元素のクラーク数

元素	クラーク数
アルミニウム	7.56
鉄	4.70
マグネシウム	1.93
チタン	0.46
マンガン	0.09
ニッケル	0.01
銅	0.01
亜鉛	4×10^{-3}
スズ	4×10^{-3}
鉛	1.5×10^{-3}
銀	1×10^{-5}
金	5×10^{-7}

注)クラーク数:地球表層部に存在する元素の割合を質量%で表したもの

2 長い線状になるための条件は？

電線材料が持つべき特性

電線には、離れた場所に電力や情報を送るという基本的な目的があります。そのため、線材は、細くかつ長く加工できなければなりません。また、電線やケーブルを布設する場合には、長手方向に引っ張りますし、架空電線などとして使われる場合には、自重による引張力も働きますので、引張力に対する強度も求められます。さらに、ケーブルとして地中に埋設される場合には、条件によって、径方向からの圧縮力を受ける場合があります。そういった外部からの力に対する機械的強度も求められます。

なお、多くの電力を送れるようにするためには、電線の径を太くする必要があります。太くすれば、当然、単位長さ当たりの重量は重くなりますので、条件として比重（密度）が小さいものが求められます。しかし、単に太くすると柔軟性がなくなりますので、太線化の方法の1つとして、細い線を束ね、柔軟性を確保しながら全体を太くする方法もあります。それを可能とするためには、細線加工に耐えられる粘性も求められます。

架空に張られた電線やケーブルは、架設された場所の自然環境にさらされますので、風雨、積雪、太陽光、温度変化などの自然環境に適用できるだけの耐久性が求められます。具体的には、海岸付近に架設される電線には、潮風による塩害に耐えられるだけの対候性が求められます。また、温度についても、地域によっては、季節や昼夜の温度差が大きな場所がありますので、長年の温度差の繰り返し変化によって劣化が進まない強靭さも求められます。なお、金属は温度によって熱膨張をします。そのため、長尺方向の線膨張によって、架空電線は昼夜や季節で長さが変化します。大きな変化をした場合には、他の構造物や電線間との距離が変わりますので、電線の短絡や接触などの問題が生じないためには、線膨張率が小さいことが望まれます。

要点BOX
- ●加工性に優れていること
- ●機械的強度が大きいこと
- ●線膨張率が小さいこと

架空線の気温変化による伸縮変化

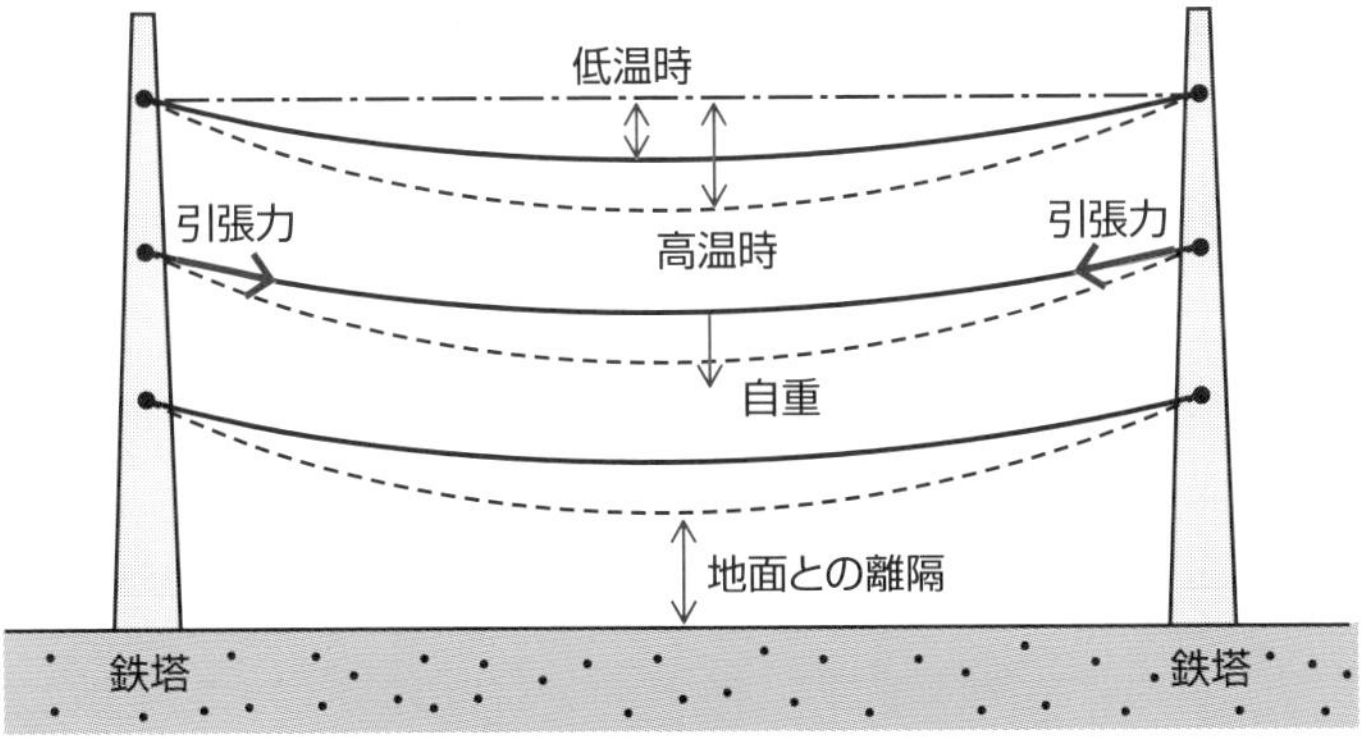

太線化の方法

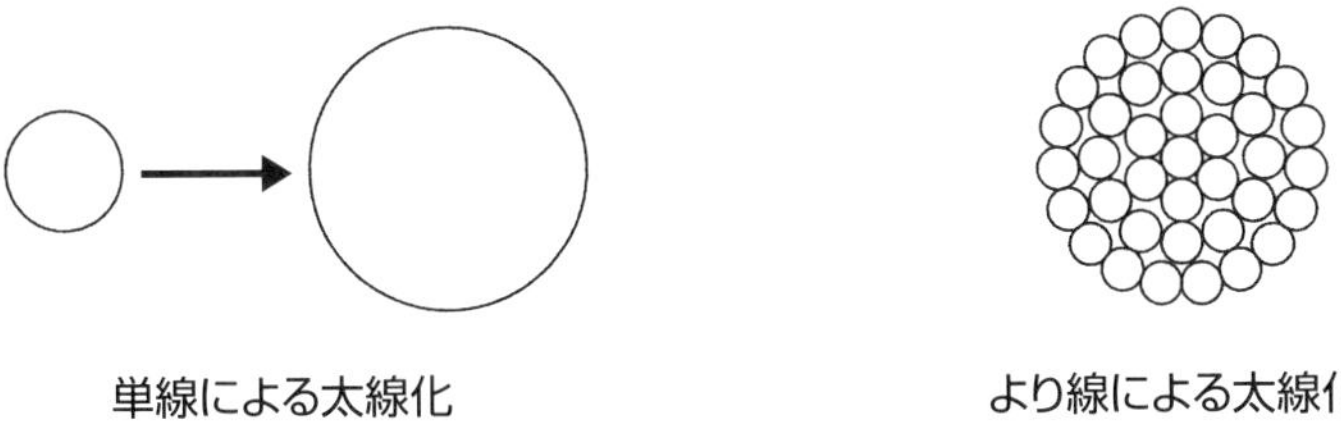

金属の密度

元素	密度 (10^3kg／m^3)	状態
銀	10.50	20℃
銅	8.96	20℃
金	19.32	20℃
アルミニウム	2.70	20℃
亜鉛	7.13	25℃
ニッケル	8.90	25℃
鉄	7.87	20℃
スズ	7.31	白色／正方晶

金属の線膨張率（20℃時）

元素	線膨張率（10^{-6}／K）
銀	18.9
銅	16.5
金	14.2
アルミニウム	23.1
亜鉛	30.2
ニッケル	13.4
鉄	11.8
スズ	22.0

線膨張率：20℃時の長さに対する1K当たりの膨張率
K：絶対温度

3 電線断面を有効に利用するには

表皮効果による効率低下への対策

電線を使って電気や情報が送られますが、常に電線の断面全部を使って伝送できるとは限りません。日本の電力網の場合には、西日本で60Hz、東日本で50Hzの周波数が用いられています。このように、一般の電源周波数の場合には低周波帯が用いられていますので、周波数の影響による伝送領域の減退は少ないのですが、通信や放送、制御などの情報伝送では、情報伝送量を増やすために用いる周波数を高くします。そういった高周波電流伝送の場合には、表皮効果という現象が発生します。

表皮効果とは、高周波電流の伝送範囲が導体の表面に局限されてしまい、内部まで入らない現象をいいます。伝送に使われる領域を表皮厚さ(δ)といいますが、表皮厚さは左頁に示す式のとおり、導体の透磁率(μ)、電気伝導率(σ)、電流の角速度(ω＝2πf)の積の平方根に反比例します。均質な材料を使っている電線では透磁率と電気伝導率は一定ですので、電流の角速度の平方根に反比例して表皮厚さは小さくなります。なお、fは周波数ですので、言い換えると、周波数が高くなると伝送に使える断面積が小さくなります。

そのため、高周波電流を効率良く伝送するためには、細い線を作り、それらを絶縁してより合わせる方法によって、伝送できる電線の断面積を確保する方法が用いられます。通信や制御の分野だけではなく、高周波電流を用いる電気機器や通信機器は最近増えていますので、機器の内部配線としてエナメル線が用いられています。エナメル線は、熱硬化樹脂を導体に焼き付けた電線になります。そういったエナメル線を分割導体として複数より合わせたものをリッツ線といいます。リッツとは、ドイツ語で「撚る」という意味の「L－I－Z」を語源としています。なお、並行する導体が近接している場合には、近接効果が生じて導体抵抗は増加します。

要点BOX
- ●周波数が高いと伝送領域が狭くなる
- ●細い線を絶縁して束ねる方法によって広い伝送領域を確保する

周波数と電流が流れる領域

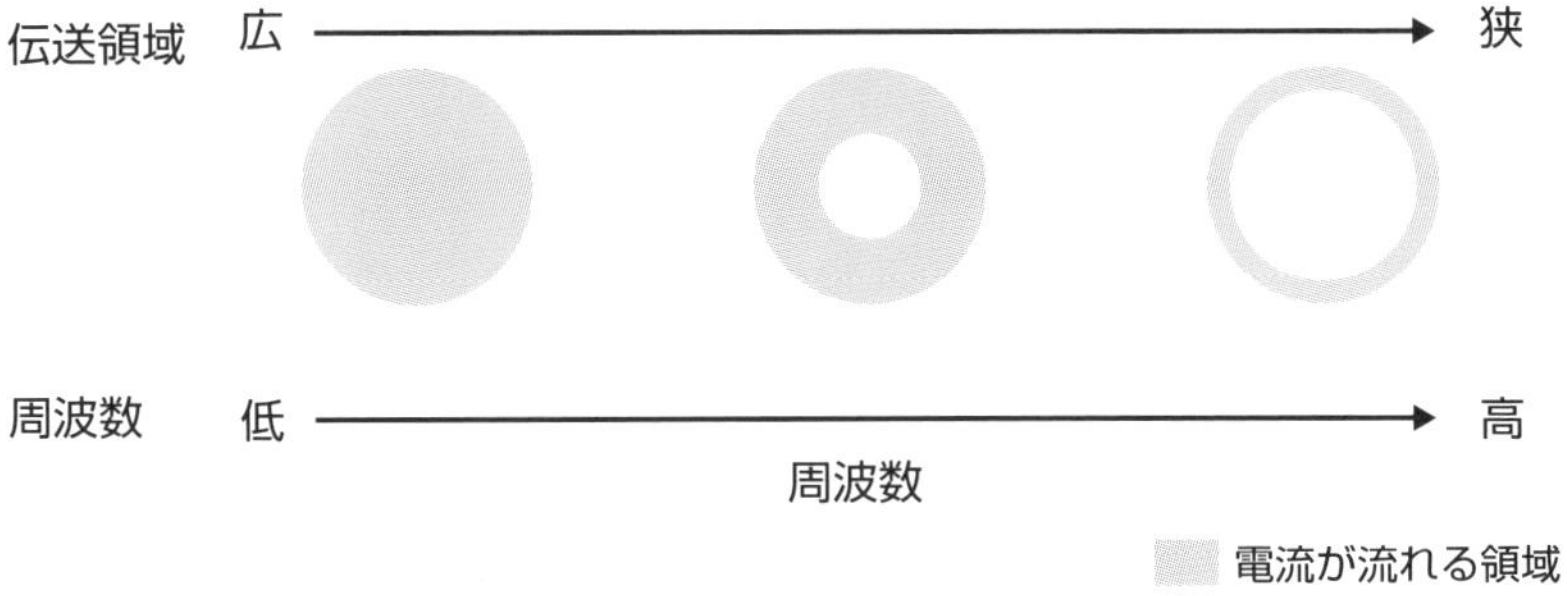

表皮厚さ計算

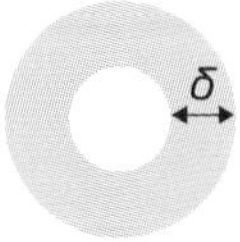

導体の断面

$$\delta \equiv \sqrt{\frac{2}{\omega\sigma\mu}} = \sqrt{\frac{1}{\pi f\sigma\mu}}$$

δ：表皮厚さ　　σ：導体の電気伝導率

μ：導体の透磁率　　ω：電流の角速度（$\omega=2\pi f$）

f：周波数

エナメル線とリッツ線

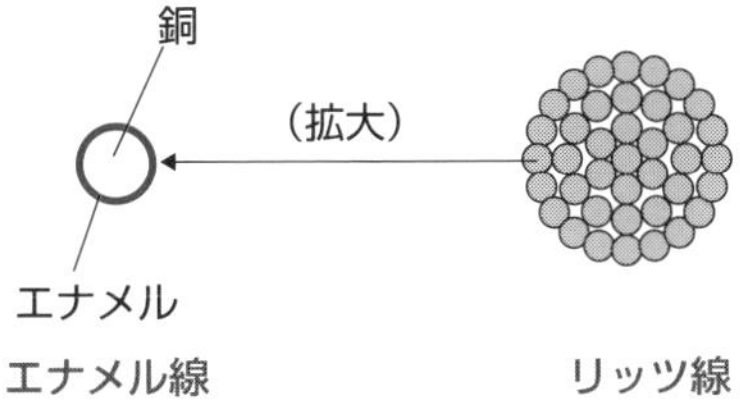

近接効果

4 導電材料に使われているNo.1

銅線とその合金線の活用

金属の特性と価格などを総合的に勘案した結果として、銅とアルミニウム(以下、アルミ)が主な導電材として広く用いられています。アルミの導電率は、銅の60％程度と低いのですが、重量は銅の30％程度となるため、同じ重量であればアルミの方が大きな電流を流すことができます。

一方、銅は加工性が良く、機械強度も優れていますので、多くの用途に使われていますが、銅電線には硬銅線と軟銅線があります。硬銅線は銅を熱で溶かして、線引きして線材にしたままのもので、引張強度と可とう性の面から、単線よりもより線に広く用いられています。一方、軟銅線は硬銅線を3〜6百℃で焼なましたものです。なお、焼なましとは、金属の均質化や内部応力の除去のために行われる熱処理で、金属によって適当な温度に加熱した後に、ゆっくりと冷却します。軟銅線はあまり張力がかからない接地線などに使用されています。また、耐熱性や高温耐摩擦性を得るために。銀入り銅線などの銅合金線も用いられています。銀を加えた合金線としては耐熱銅合金線があります。また、スズやけい素を加えたけい銅線も高抗張力を必要とする送配電線にかつては使われていました。

鋼線に銅を被覆した線として銅覆鋼線があり、鋼心の外側に同心円状に銅を被覆溶着したものをカッパウェルド線といいます。導電率は銅被覆の厚さによって変わりますが、30から40％程度としたものが、高張力を必要とする送配電線や通信線、架空地線などに使用されています。また、銅めっき鋼線(CP線)は、特殊な電気めっき法によって、鋼心の周囲に電気銅を一様の厚さに被覆したもので、鋼線が有する強じん性と銅の有する導電性を兼備した電線となっています。そのため、電力用としては長径間送電線、積雪地帯の送電線、架空地線、埋設地線などとして用いられています。

要点BOX
- ●硬銅線と軟銅線が用いられる
- ●銀やスズなどの合金線もある
- ●鋼心に銅を被覆した複合線も用いられている

硬銅線と比較した硬アルミ線の特性

項目	硬銅線	硬アルミ線	イ号アルミ合金線
断面積	1.0	1.6	1.9
直径	1.0	1.3	1.4
質量	1.0	0.5	0.6
引張強さ	1.0	0.6	1.4
伸び	1.0		5.0

出典:電気設備の技術基準の解釈の解説(経済産業省)

同じ重量の硬銅線と硬アルミ線の断面比較

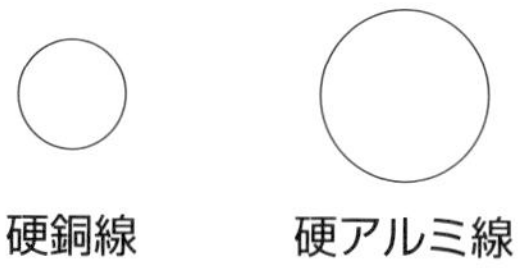

裸電線の物理的特性

種類	物理的性質／品名	導電率(%)	密度(20℃)(g／cm^3)	引張強さ(MPa)
単金属線	万国標準軟銅	100	8.89	−
	軟銅線	101〜97	8.89	245〜289
	硬銅線	98〜96	8.89	334〜471
合金線	銀入り銅線	96	8.89	334〜490
複合金属線	銅覆鋼線	40	8.20	785〜1,080
	銅覆鋼線	30	8.15	981〜1,280

出典:電気工学ハンドブック第7版より一部抽出

5 導電材料に使われているNo.2

アルミ線とその合金線の活用

アルミも電線には広く用いられていますが、アルミはきわめて酸化されやすい特性を持っています。しかし、純度の高いアルミが酸化されてできる酸化物は、緻密かつ堅牢な不働態を形成しますので、腐食性に富んだ被膜となるため、高い耐食性を保ちます。アルミ線にも銅と同様に、硬アルミ線と軟アルミ線がありますが、一般的には、電線やケーブルには硬アルミ線が用いられています。軟アルミ線は硬アルミ線を焼なましたもので、特殊絶縁電線やバインド線などに用いられます。

なお、純アルミ線は引張強さが弱いなどの欠点がありますので、それらを補うために、アルミにシリコンやマグネシウムを加えたイ号アルミ合金線も用いられています。イ号アルミ合金線の導電率は硬アルミ線よりも劣るものの、引張強さは2倍程度あります。また、引張強さは硬アルミ線とイ号アルミ合金線の中間ですが、製造工程が少なく、価格が廉価な高力アルミ合金線もありますし、耐熱性を高めた耐熱アルミ合金線や高力耐熱アルミ合金線も使われています。これらは、大容量の送電線路の谷越え等で長径間となる箇所など、高抗張力を必要とされるときに用いられます。

アルミの場合には、導電率が銅線に比べて低いために、同じ電力量を送るためには、どうしても送電線の直径が太くなってしまいます。電線の直径が太くなると風雪害を受けやすくなりますので、機械強度を上げるために、鋼線の単線やより線を心材にして、その周囲にアルミ線をより合わせた線材も用いられています。また、アルミ線も銅線と同様に、鋼心にアルミを圧着させたものや、鋼心材の表面をきれいにして、その外周に特殊製法で電気アルミの粉末を一定の厚さに被覆した後に、強い圧力と適当な加熱によって強固に圧接したアルミ覆鋼線も用いられています。

要点BOX
●硬アルミ線がケーブルには用いられる
●アルミ合金線やアルミ覆鋼線なども広く用いられている

裸電線の物理的特性

種類	物理的性質／品名	導電率（%）	密度（20℃）（g／cm^3）	引張強さ（MPa）
単金属線	万国標準軟銅	100	8.89	－
	硬アルミ線	61	2.70	147～167
合金線	イ号アルミ合金線	52	2.70	309以上
	高力アルミ合金線	58	2.70	226～255
	60耐熱アルミ合金線	60	2.70	147～167
	58耐熱アルミ合金線	58	2.70	147～167
	高力耐熱アルミ合金線	55	2.70	226～255
複合金属線	アルミ覆鋼線	14	7.14	1,570
	アルミ覆鋼線	20.3	6.53	1,320
	アルミ覆鋼線	23	6.27	1,230, 1,270
	アルミ覆鋼線	27	5.91	1,080
	アルミ覆鋼線	30	5.61	883
	アルミ覆鋼線	35	5.15	686
	アルミ覆鋼線	40	4.64	686

出典:電気工学ハンドブック第7版より一部抽出

その他のめっき鋼線と用途

種類	品名	用途
亜鉛めっき鋼線	特別強力亜鉛めっき鋼線	鋼心アルミより線の鋼心、架空地線
	普通亜鉛めっき鋼線	架空地線、ちょう架用線、支線、保護線

6 使いやすい電線を作るための工夫

電線の断面を見てみると

電線はさまざまな場所で使われるため、使われる用途や目的によって、求められる電流容量や強度、可とう性、経済性が変わってきます。そのため、求められる用途に合わせた構造で作られます。

(1)単線

単線は、金属や合金を引き延ばして線状にしただけのもので、通常は円形の断面をしていますが、角形、平角形、溝付き形などもあります。

(2)同心より線

細い単線をより合わせたものをより線といいますが、この場合の単線を素線といいます。1本または数本の素線を中心に置き、その周囲に他の素線を同心円状により合わせたものを同心より線といいます。より合わせを複層化する場合には、層が変わるたびに、より合わせする向きを変えて積層していきます。強度を高める目的で、中心に鋼線を配置し、銅やアルミ線などをその周囲により合わせる電線も広く製造されています。

(3)集合より線

集合より線は、多数の細い素線を一括して同一方向により合わせたもので、同心より線とは違って、素線は層を形成していません。集合より線は、可とう性を求められる場合に用いられます。

(4)複合より線(ロープより線)

複合より線は、複数のより線をさらにより合わせたもので、一般にロープより線と呼ばれています。

(5)円形圧縮同心より線

円形圧縮同心より線は、素線を同心円状により合わせて、外から円形に圧縮したものをいいます。外形のコンパクト化を図るとともに、絶縁体がすき間に入るの防ぎます。

(6)網組線

網組線は、細い単線を数条より合わせたものを網組したもので、円形と平型の2種類があります。

要点BOX
●単線とより線がある
●集合より線は層を形成していない
●圧縮することでコンパクト化が図れる

電線の構造と種類

単線

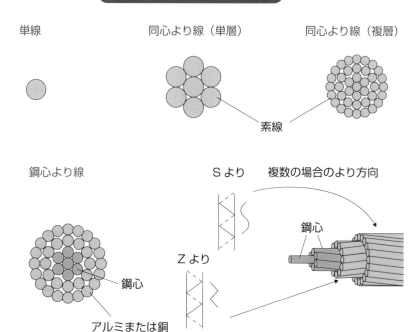

同心より線（単層）　同心より線（複層）

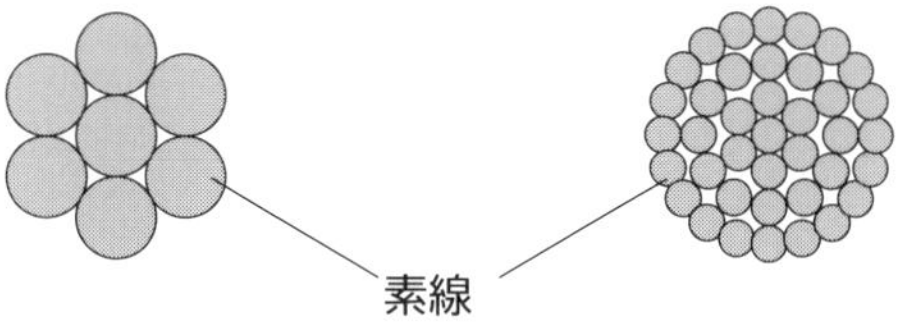

鋼心より線

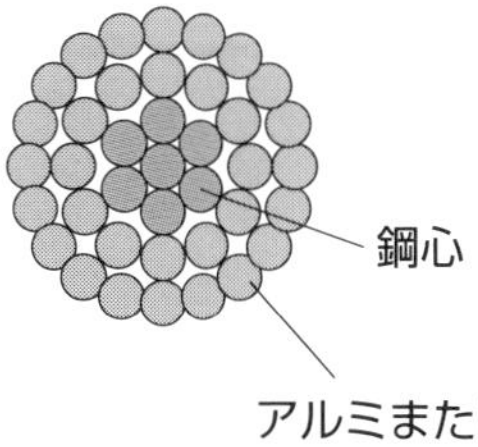

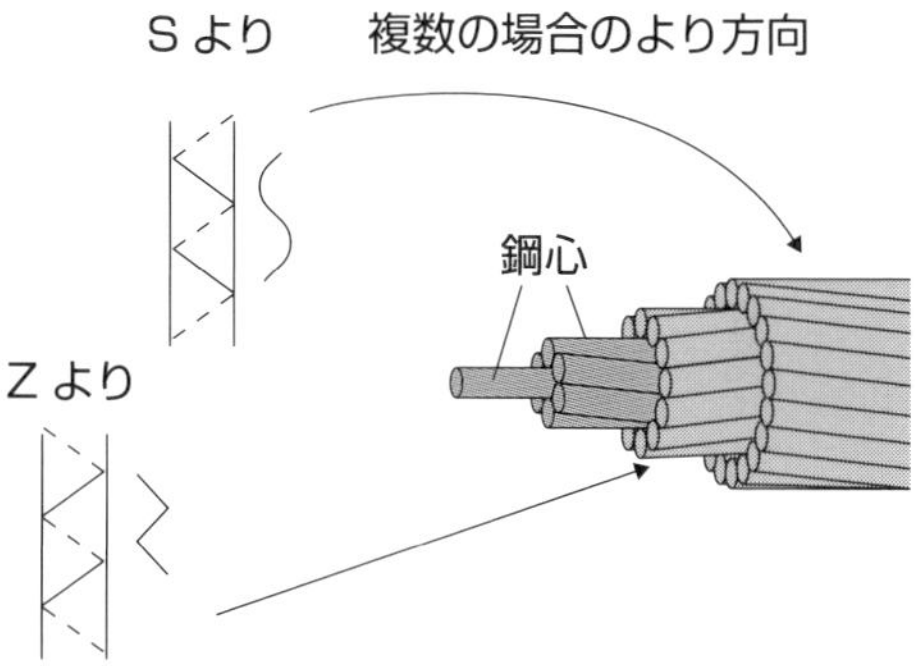

集合より線

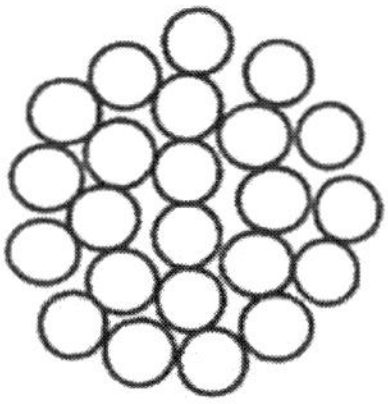

ロープより線

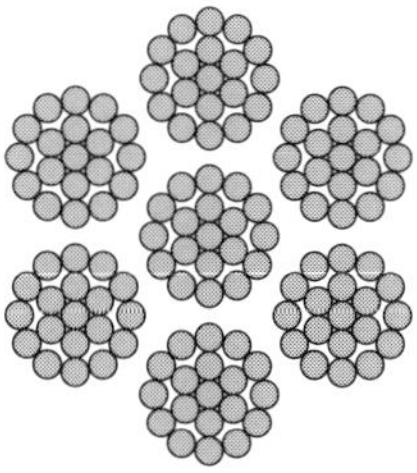

円形圧縮同心より線

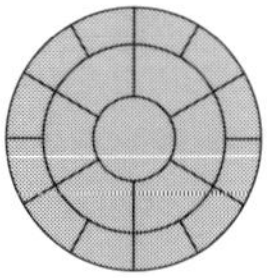

網組線

7 電線材は隔離されなければならない！

電気的な絶縁を実現する素材

電線・ケーブルの場合には、大地や他の線材と電気的に独立させる必要があります。そのために用いられるのが絶縁材料になります。電気機器やケーブルなどに用いられている絶縁材料には、大きくわけて次の3つがあります。

(1)気体絶縁材料

気体は、一般的に抵抗率が無限大に近いので絶縁材料として適しています。実際に使われている気体としては、空気や六フッ化硫黄(SF_6)ガス、パーフルオロカーボンなどがあります。SF_6はガス絶縁開閉装置(G－S)などに使われていますが、SF_6は温室効果ガスであるため、今後は利用や管理が難しくなっています。

(2)液体絶縁材料

液体絶縁材料としては、石油から得られる鉱油が古くから絶縁油として使われていましたが、最近では、合成絶縁油が広く用いられています。絶縁油は、油入変圧器や遮断器などに用いられるだけではなく、高圧ケーブルに使われる油入ケーブルにも用いられています。

(3)固体絶縁材料

固体絶縁材料には、硬質系のものと軟質系のものがあります。硬質系の材料としては、ガラス系や磁器系、有機系の材料があり、電気機器には、それらが特性を生かして用いられています。一方、電線や高圧機器には、がいしやブッシングなどの磁器系材料が多く使われています。軟質系の材料としては、有機固体絶縁材料が広く使われており、熱可塑性樹脂やゴム材料、繊維質材料などが使われています。そのうちケーブルの絶縁材料として、ポリエチレン、ポリ塩化ビニル、ブチルゴムなどが広く用いられていますが、素材によって熱による軟化温度が違いますし、対候性も違ってきますので、使用場所の特性に合わせて選定する必要があります。

要点BOX

- ●空気も絶縁材となる
- ●絶縁油もケーブルに使われている
- ●熱可塑性樹脂は重要なケーブル材料

気体絶縁材料

気体	特性	用途
空気	空気は高い絶縁能力を持つが、湿度が上がると絶縁耐力は下がる。	高圧送電線、電車線、空気遮断器など
六フッ化硫黄(SF_6)ガス	SF_6ガスは無色・無臭で不活性の気体で、絶縁耐力は空気の3倍ある。	ガス絶縁開閉装置(GIS)、遮断器、変圧器、ケーブルなど
パーフルオロカーボン系気体	絶縁耐力は高いが、毒性が強く、価格も高い。	ガス遮断器など

液体絶縁材料

液体	特性	用途
鉱油系絶縁油	石油留分から得られる油で、温度によって流動性が変化する。酸化防止対策が必要。	油入変圧器、油入ケーブル、コンデンサなど
炭化水素系絶縁油	流動点が低く、雷インパルスに対しての絶縁耐力が優れる。	油入ケーブル、コンデンサなど
エステル系油	引火点が高く、絶縁耐力も高い。	コンデンサなど
シリコーン油	難燃性、無毒、動粘性を持つが、吸湿性が大きい。	変圧器など

固体絶縁材料

固体	特性	用途
マイカ	ケイ酸四面体が層状になったもので、電気絶縁性と耐熱性、機械的強度が優れている。	回転機のコイル絶縁など
ガラス	SiO_2を主成分としており、耐熱性があり、熱膨張率も小さい。	蛍光管チューブ、がいしなど
絶縁磁器	長石などを主成分とし、電気絶縁性、耐熱性、耐湿性、機械的強度が高く、価格も安い。	がいし、ブッシング、点火プラグなど
熱可塑性樹脂	鎖状高分子であるポリエチレン、ポリプロピレン、ポリ塩化ビニル、ポリエチレンテレフタレートなどで、軽量で、成形性がよい	ケーブル絶縁材、コネクタ、端子部品など
ゴム材料	天然ゴムや合成ゴムがあり、柔軟性や対候性、耐熱性に優れている。	ケーブル絶縁材、シース材、キャブタイヤケーブルなど

8 高速・大容量通信を担う細い線材

光で情報を送る線材の特性

光は、屈折率が違う物質に侵入する際に反射と屈折という現象を現します。屈折率の大きな媒質から小さな媒質に光が透過する場合に、入射光の角度(θ)を上げていくと、屈折角が90°を越してしまう入射角に到達します。屈折角が90°となる入射角を臨界角と呼び、その角度を越えて入射する光は、屈折することなく、全ての光が反射されてしまいます。それが全反射で、この現象を利用したものが光ファイバになります。光ファイバは、ガラスやプラスチックを細く伸ばして成形しますので、重さが軽く、価格も安いだけでなく、低損失で大容量の情報伝送ができます。

光ファイバは、光を伝送する中心部のコアと、その周囲にあって、屈折率がコアよりも1%程度低いクラッドからできています。光ファイバには、モードの違いにより、次のような種類があります。

(1)マルチモード光ファイバ

光が伝搬する光路をモードといいますが、マルチモード光ファイバは、複数の光路を通す光ファイバです。マルチモード光ファイバには、コア内の屈折率分布が一様なステップインデクッス型と、屈折率分布が緩やかに変化しているグレーデッドインデクッス型があります。

(2)シングルモード光ファイバ

マルチモード光ファイバのコア径を小さくしていくと、伝搬できるモードが減っていき、最終的には基本モードだけが残ります。このように1つのモードだけを通す光ファイバをシングルモード光ファイバといいます。シングルモード光ファイバには、波長1・31μmの伝送特性に優れた汎用シングルモード光ファイバと、1・55μmの伝送特性に優れた分散シフトシングルモード光ファイバ、波長分散の傾きを抑えたノンゼロ分散シフトシングルモード光ファイバがあります。

要点BOX

- ●光ファイバは光の全反射現象を活用
- ●光ファイバにはシングルモードとマルチモードがある

光の全反射

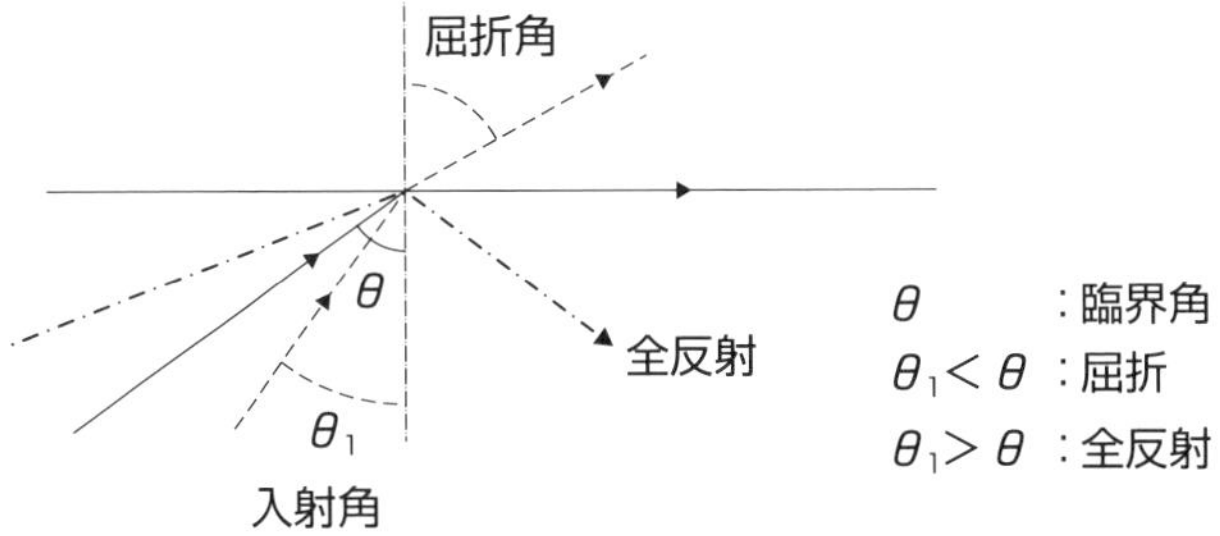

光ファイバ製造

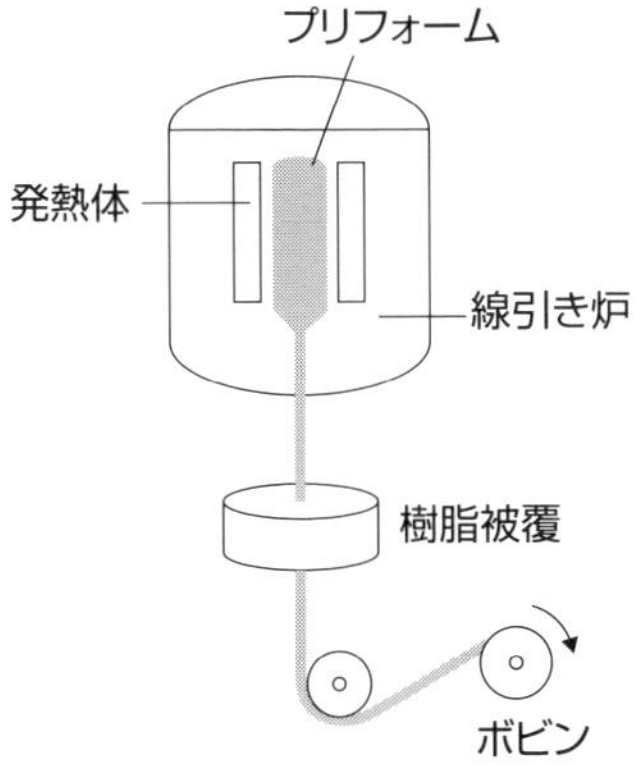

光ファイバの構造

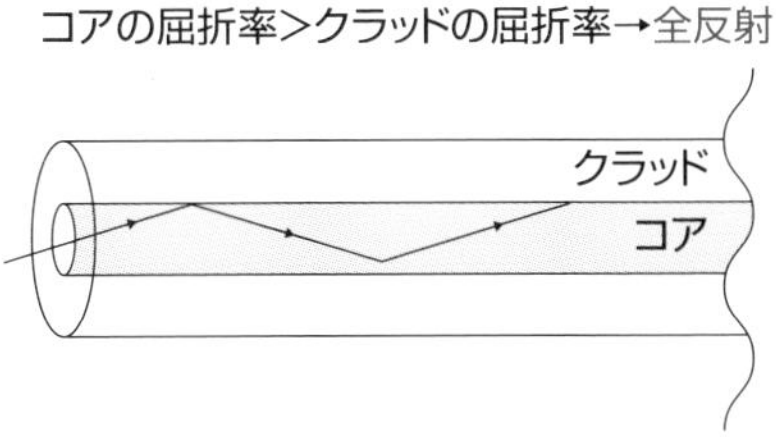

コアの屈折率＞クラッドの屈折率→全反射

光ファイバの種類

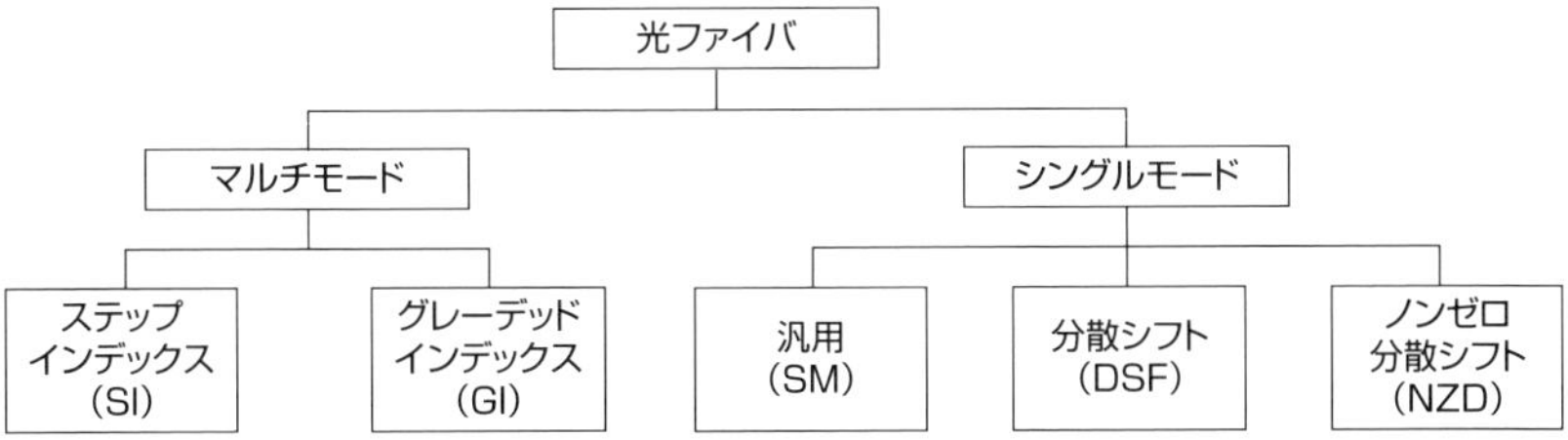

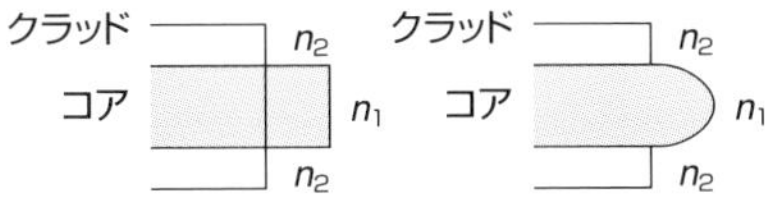

屈折率(n)分布形状

9 外部からの影響に立ち向かうために

ケーブルの外側被膜の目的

ケーブルは、内部を通過する電力や情報を的確に送るために絶縁体で覆われていますが、ケーブルは自然環境下に布設されますので、外部からはさまざまな影響を受けます。それら外的作用に対して適切な保護を行っていないと、ケーブルの目的が果たせない事態になる可能性がありますので、外部環境に対して内部を保護するための材料が施されています。その主なものは次の3つになります。

(1)シース

シースとは、ケーブル外側の被膜をいいます。ケーブルは外部からの水分や土中のミネラル分などから影響を受けますし、微生物や動物などから攻撃を受ける場合もあります。長期間使用されるケーブルは、さまざまな作用によって時間とともに劣化していきますので、内部の絶縁体を保護するためにシースは重要な保護層となります。

(2)がい装

シースの中でも外力等に対して設けられるものとしてがい装があります。がい装は、漢字では鎧装と表記するように、ケーブルの外からの力に対する保護層になります。がい装を施したケーブルをアーマーケーブルといいます。がい装に使われる材料によって、次のようなものがあります。

① 鉄線がい装(亜鉛メッキ鉄線)
② 鋼帯がい装(亜鉛メッキ鉄テープ)
③ 波付鋼管がい装(波付金属管)
④ 編組がい装(亜鉛メッキ鉄編組)

(3)遮へい

通信ケーブルにおいては、外部から電磁的な影響を受ける場合があります。そういった物理的作用に対しての防御を担うのが遮へいになります。遮へいには、静電遮へい、電磁遮へいなどがありますが、対策として、銅テープやアルミテープ、銅線編組などの金属を使った遮へいが行われます。

要点BOX
●外部からの作用をシースで保護する
●物理的な外圧をがい装で保護する
●電磁的な作用は遮へいで保護する

鉄線がい装とシース

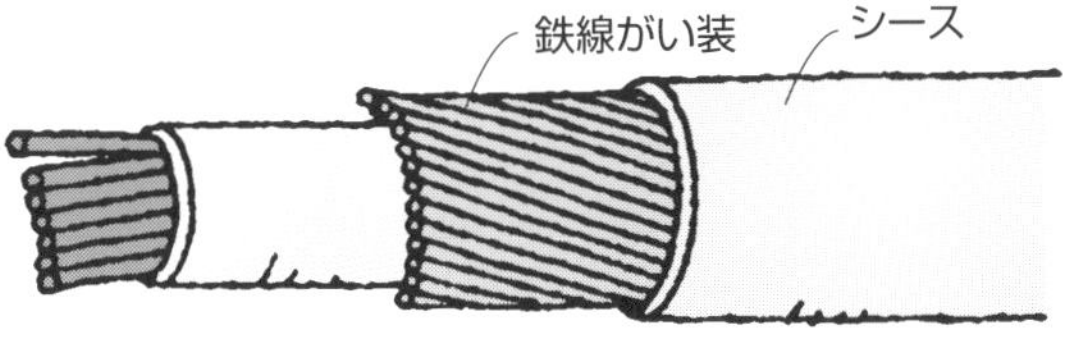

銅線編組静電遮へい

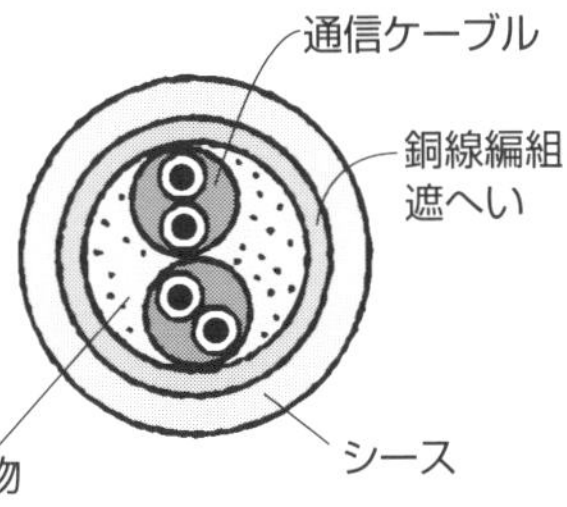

シースの耐環境特性

環境項目＼シース名		ポリエチレン（PE）	ビニル（PVC）	アルミラミネートテープ（LAP）	鉄線がい装（WA）
湿度	耐透湿性	○	△	◎	○
塩害	耐食性	◎	◎	◎	◎
鳥虫害	昆虫･ネズミ等	△	△	○	◎
樹木		○	○	○	◎
海洋	耐水性	◎	○	◎	◎
外圧		△	△	○	○

◎：きわめて良好、　○：良好　△：使用法を誤ると問題がある

遮へい構造の特性

特性＼構造	銅テープ	銅線編組	アルミテープ	アルミ箔張付けプラスチックテープ	銅鉄テープ	アルミ・鉄テープ
静電遮へい	◎	○	○	○	◎	○
電磁遮へい	×	×	×	×	○	○
接地作業性	◎	◎	○	○	○	○
可とう性	○	◎	○	◎	○	○

◎：きわめて良好、　○：良好　×：不適

Column

ケーブルも電線のうち

電線というと裸電線をイメージする人もいるでしょうし、もっと広範囲で考える人もいると思います。一般に、電気の仕事をしている人が認識している定義としては、「電力や電気信号、光信号を伝える線材」です。ですから、絶縁電線や電気製品についているコードだけでなく、光ファイバを含めて電線となります。

また、よく聞く言葉としてケーブルがありますが、電線とケーブルには明確な区別はなく、電線の中で、シースなどの外部被膜等が複雑に被覆されており、太い電線というイメージで考えればよいと思います。

電線材料としては、銅やアルミ、ガラスなどを紹介してきましたが、実は金や銀も電線（ワイヤ）として使われています。金や銀は半導体素子の電気信号をパッケージ外部に伝えるために使われるボンディングワイヤとして使われていますが、金属の特性である導電率や張力、融解温度などの特性を生かして、活用できる分野で使われているのです。

金属としては、スズも実は電線には多用されています。具体的には、スズめっき軟銅線などのような形で使われています。スズめっき軟銅線は、硬銅線に比べて柔軟性があるだけでなく、はんだ付けの作業性が良いという特徴と合わせて、発錆を防ぐ効果もあります。

今回は、主に、銅線やアルミ線を紹介しましたが、そういった線材にも鉄や亜鉛などが使われていました。このように、電線にはさまざまな金属を使って、総合的に効果を上げる方法や、長く伸ばす技術とともに、より合わせる技術、その外側に絶縁体やシースを巻き付ける技術など、多くの技術の組み合わせでできていることが理解できたと思います。

また、光ファイバについても、ガラスは壊れやすいというイメージがあると思いますが、ガラスは細く長く加工できる素材です。それだけではなく、光ファイバは、同じ径の鋼線と比べて2倍程度の引張荷重を持っており、長手方向における強度は十分な線材なのです。ただし、光ファイバを接続する際には、銅線などの線材と違って、軸を合わせて蒸着するという高度な技術も求められますので、そういった技術の確立が、現在の光ファイバの活用につながっている点についても、知っておいて欲しいと思います。

第2章
裸でがんばる電線たち

10 遠くの発電所から電気を送る

送電線と送電鉄塔の構成

水力発電所や原子力発電所は、電力の需要地である都市部からは遠く離れた場所に建設されるため、発電場所から離れた需要場所に電力を送電する必要があります。電力を送電する場合には、送電損失を少なくする必要がありますので、高電圧で送電します。日本では送電線を立地できる場所は限られますので、1つの送電ルートでできるだけ多くの電力を送電する必要があります。送電線による損失は、送電線全体の抵抗値に送電電流の2乗を掛けた値になりますので、同じ電力量を送電する場合には、電圧を2倍にすると電流は2分の1になり、損失は4分の1になります。また、送電容量も4倍になりますので、より多くの電力を送電できます。具体的な数字で説明すると、現在使われている500kV送電線の1ルート当たりの送電能力は3～4百万kWです。

送電線の基本要素は、鉄塔と電線、電線を絶縁するためのがいしです。高電圧の送電は一般に3相交流で行われます。日本における送電鉄塔の多くは、2回線垂直配置のものとなっていますが、水平配置の鉄塔も用いられています。なお、送電電圧が高くなると、地面からの離隔距離を大きくとる必要がありますので、鉄塔は高くなりますし、相間の離隔距離も長くする必要があります。500kVの2回線垂直配置送電線の鉄塔高さは、80m程度になっています。送電線は、温度によって伸び縮みしますので、架線した電線には適切なたるみを持たせる必要があります。

国内の架空送電線に主に使われている電線には左頁の表に示すものがあります。送電線としては、鋼線7本にアルミ線45本や、鋼線7本にアルミ線54本のものが広く使われています。なお、送電容量を増やすために、送電の際に各相の電線を1本の導体にするのではなく、複数の導体を使って送電容量を多くする手法も用いられています。その場合には、各導体間をスペーサで離して連結します。

要点BOX

- 送電は高電圧で行う
- 2回線垂直配置が一般的である
- 鋼心アルミより線が広く使われている

架空送電線鉄塔

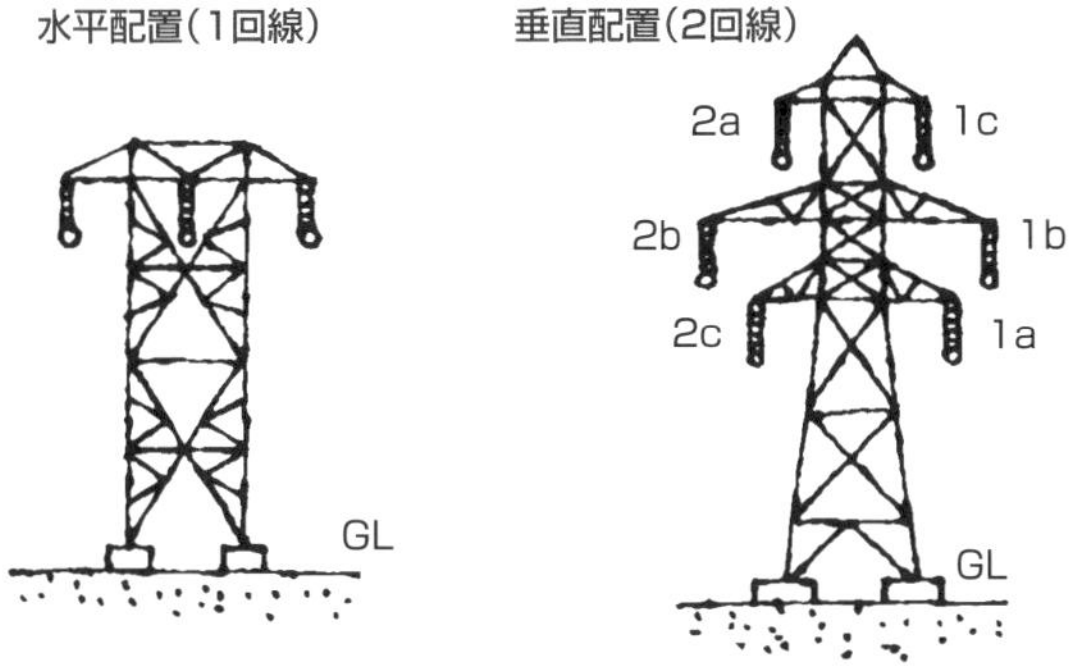

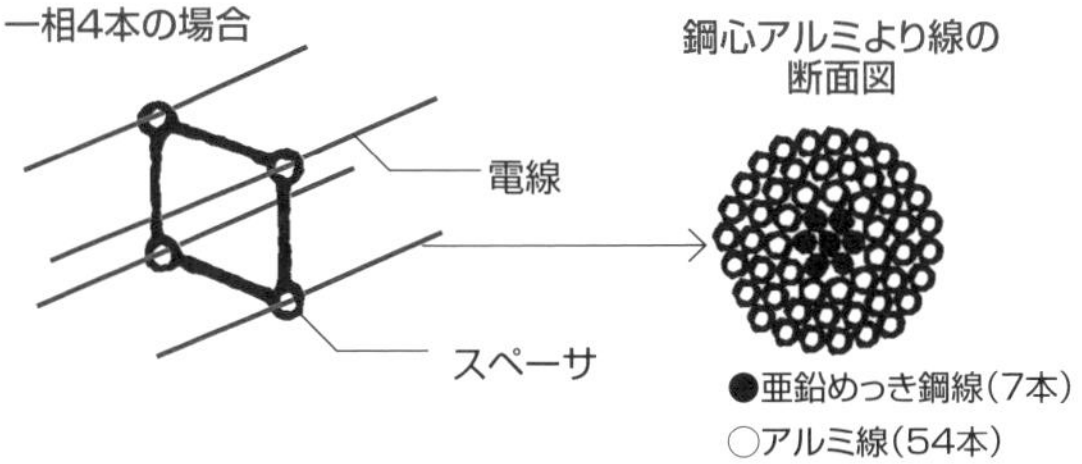

主な架空送電線用電線

電線名	略号	特徴
鋼心アルミより線	ACSR	軽い重量で径を太くでき、引張強度も高い
アルミ覆鋼心アルミより線	ACSR/AC	鋼心にアルミ覆鋼心を用い、耐食性を向上
鋼心耐熱アルミ合金より線	TACSR	使用温度をACSRより高くできるので、許容電流が増加できる
アルミ覆鋼心耐熱アルミ合金より線	TACSR/AC	鋼心にアルミ覆鋼心を用い、耐食性を向上
鋼心イ号アルミ合金より線	IACSR	電気抵抗は高いが、強度が強いアルミ合金線の使用で引張強度が高い 長径間電力線として使用
アルミ覆鋼心イ号アルミ合金より線	IACSR/AC	鋼心にアルミ覆鋼心を用い、耐食性を向上
亜鉛めっきインバ心超耐熱アルミ合金より線	ZTACIR	鋼心に線膨張係数の小さいアルミ覆インバ線を使い、低弛度で大容量の送電が可能 鉄塔の高さを低くできる 既設送電線の更新で容量増加が図れる
アルミ覆インバ心特別耐熱アルミ合金より線	XTACIR	

11 送電鉄塔頂部の余った電線は何？

架空地線の役割

送電線鉄塔をよく見ると、塔頂に送電線本体よりも細い線が見えます。送電線は3相が1セットですが、塔頂の線は単独で1本のみの場合が多くあります。この電線は架空地線といい、電力を送るための電線ではなく、建築物などの避雷針と同じ役割を果たす電線になります。送電線は長距離に電力を伝送する設備ですので、広い地域を横断するように施設されます。しかも、その多くが山岳部などに施設されています。山岳部では、雷雲の発達によって落雷が発生する可能性があります。雷は高いものに向かって落ちますので、送電線は落雷被害を受けやすい環境下に置かれているという宿命を持っています。送電線に落雷した場合には送電が継続できなくなりますので、送電線への直接雷を妨げる必要があります。そのために活躍するのが架空地線になります。架空地線は、下部に一定の遮へい角を持って送電線への直接雷を防ぎます。我が国の送電線の多くは2回線垂直配置ですので、遮へいしなければならない角度は30度から45度の範囲になります。我が国送電線で154kV以下の線路では架空地線は1条が多いですが、275kVや500kVの送電線では2条を架設しています。架空地線に落雷した際のサージは埋設地線や接地極を介して大地に流されます。なお、架空地線も気温によって伸び縮みしますが、送電線の伸縮よりも大きな変化をすると鉄塔間の中間地点における遮へいすべき角度が広がってしまいますので、架空地線に使用される電線は、送電線に使用される電線よりも伸縮度が小さいものが使用されています。

主に架空地線に使われている電線を左頁の表に示します。最近では、架空地線内に電力通信などに利用される光ファイバを内蔵した、光ファイバ複合架空地線（OPGW）が多く使用されるようになってきています。

要点BOX
- ●架空地線は送電線の避雷針
- ●遮へい角内の送電線への落雷を防ぐ
- ●OPGWが広く使われている

架線地線の避雷効果

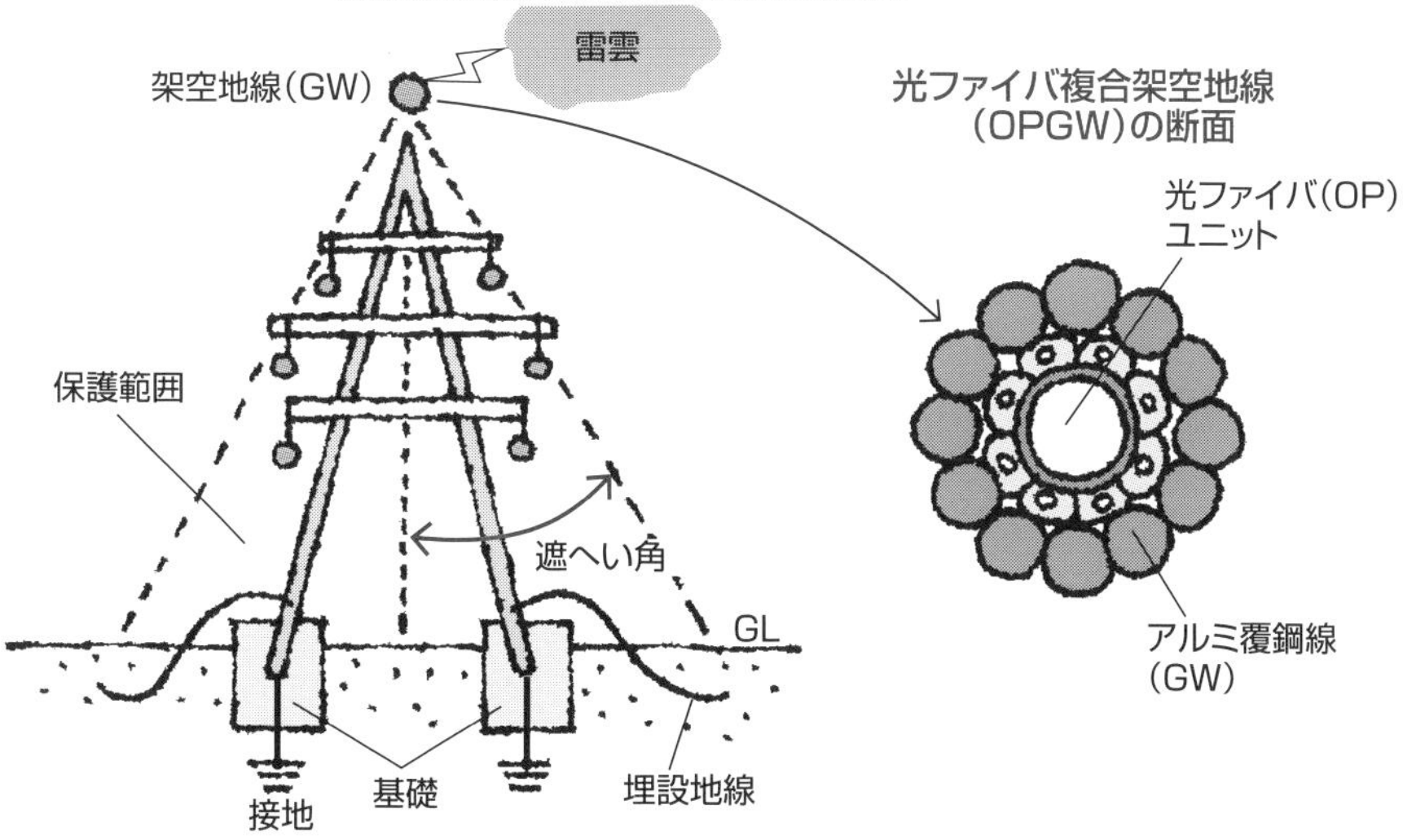

温度変化による伸びの変化

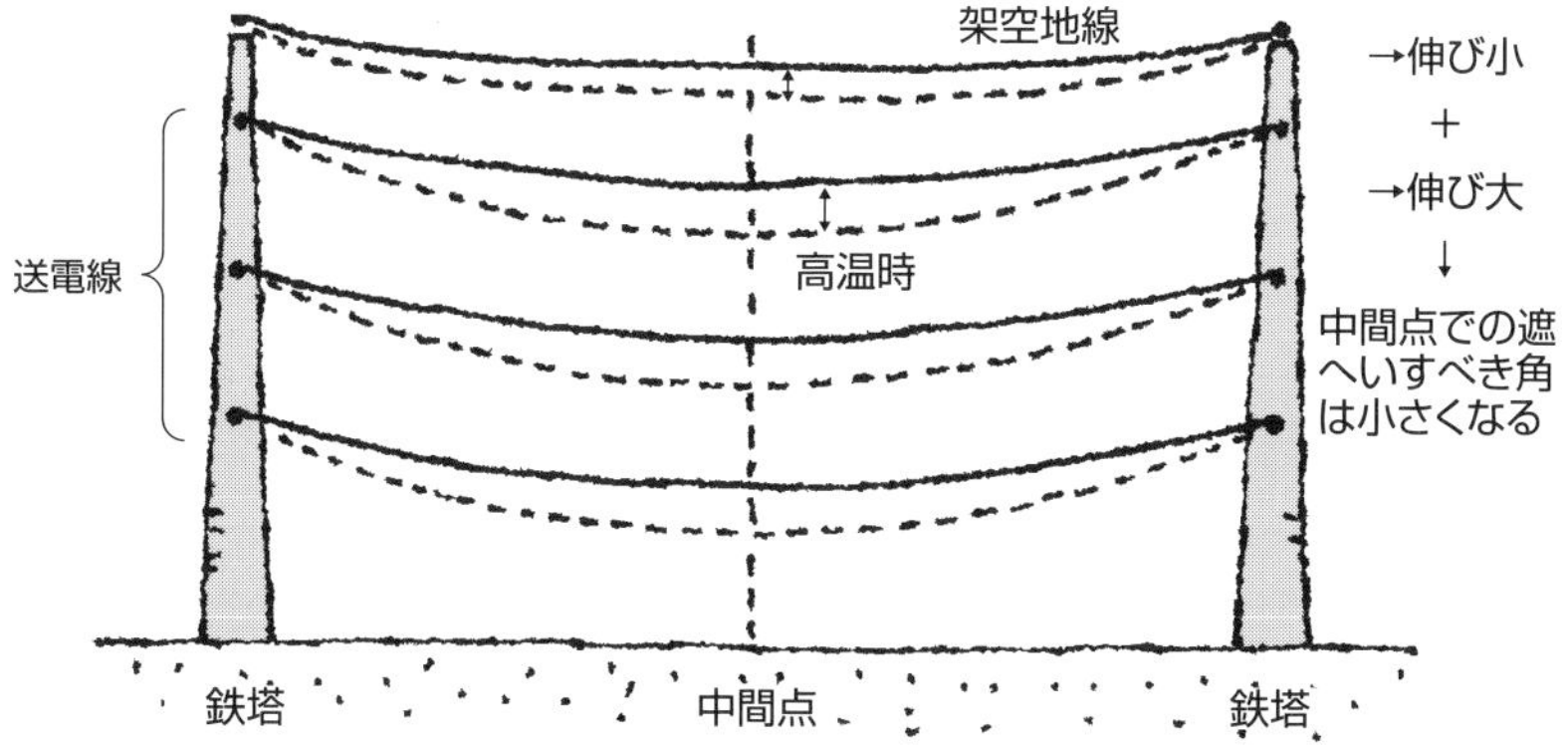

主な架空地線用電線

電線名	略号	特徴
亜鉛めっき鋼より線	GS	導電率は低いが、耐食性が良く、引張強度は高く、線膨張係数は小さい
アルミ覆鋼より線	AC	導電率は低いが、耐食性が良く、引張強度は高く、線膨張係数は小さい
光ファイバ複合架空地線	OPGW	架空地線内部に光ファイバを内蔵しており、架空地線としてはアルミ覆鋼より線などが使われている

12 環境と共生するための工夫

送電線は、自然環境の豊かな地域に施設される場合と、住宅地域の近くに施設される場合があります。自然環境の豊かな地域において、金属でできた送電線は見た目には決して好ましいものとはなりません。また、金属面からの反射光は人にとって不快なものになります。そのため、目立たないようにする工夫も行われています。送電線での対策としては、送電線材表面に周辺の自然環境に調和する色彩の着色を施した、「着色電線」を使用する方法があります。着色電線は電線表面にアクリル樹脂系塗料を塗布した電線になります。また、電線表面に微細な凹凸を作った「低反射電線」を採用する方法もあります。低反射電線は、電線表面に高速で珪砂をサンドブラストして凹凸面を形成する方策で、処理しない場合に比べて反射率を半分程度まで下げます。

また、渡り鳥などの通り道になっている地域においては、送電線への衝突を避けるために、電線に鳥が視認しやすい色を塗った標識を付ける方法があります。送電線に吹く風によって標識が揺れることで、鳥が気づいて衝突を回避します。

架空送電線は裸電線を使用しており、絶縁体となるのは空気です。その送電線の送電電圧が高くなり、雨天時等で導体表面の電位の傾きが大きくなると、導体に接している空気は絶縁耐力が低下し、電線表面からコロナ放電が始まります。コロナ放電が発生すると、近接する通信線に誘導障害を与えたり、送電線の電圧波形をひずませたりします。また、コロナ放電が発生している際には、人の耳に聞こえるコロナ騒音が発生します。このようなコロナ放電の発生を防止するためには、電線外径が大きい鋼心アルミより線を使用する方法が採られます。しかし、太線化には限界があるため、電線を多導体化するなどの方策も採られています。その場合には、導体同士が接触しないようにスペーサを設けます。

環境調和型の送電線

要点BOX
- ●着色電線や低反射電線を使う
- ●電線に鳥が視認できる標識を付ける
- ●電線の太線化や多導体化でコロナ放電を防止

送電線の環境配慮

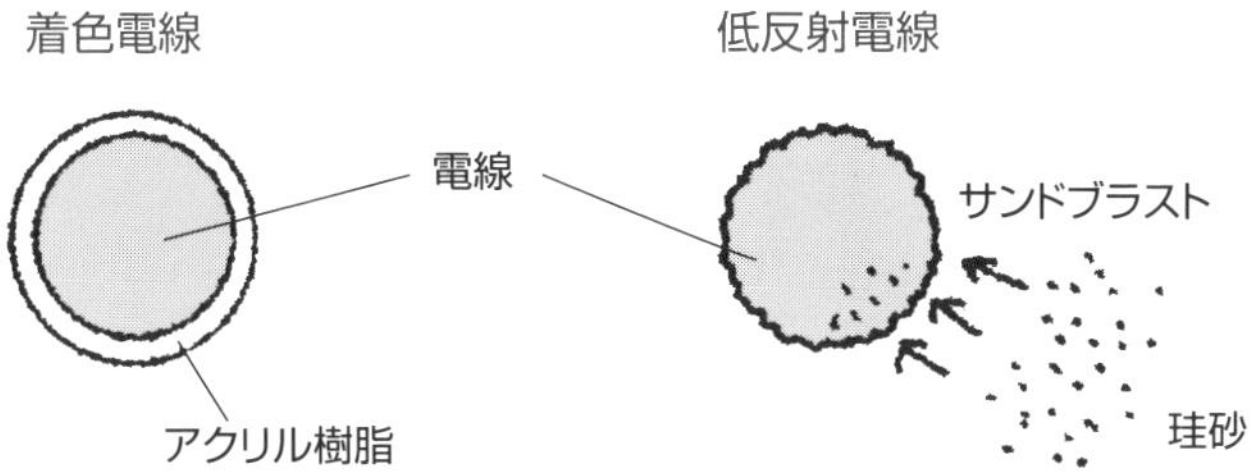

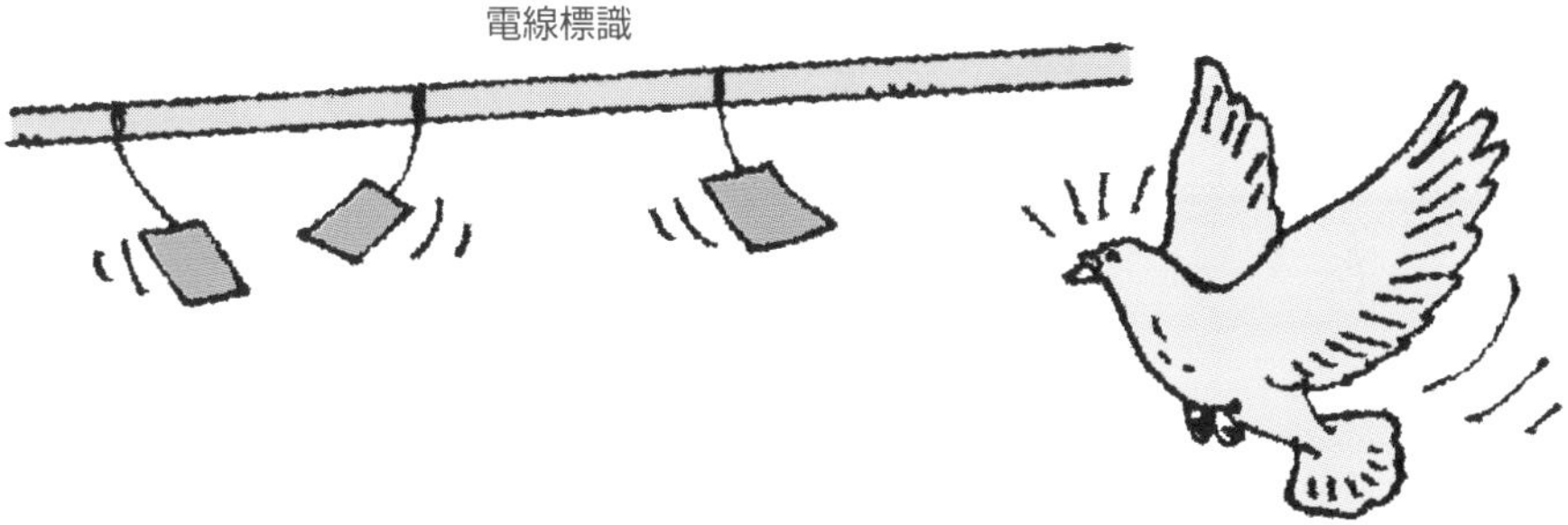

コロナ放電の影響

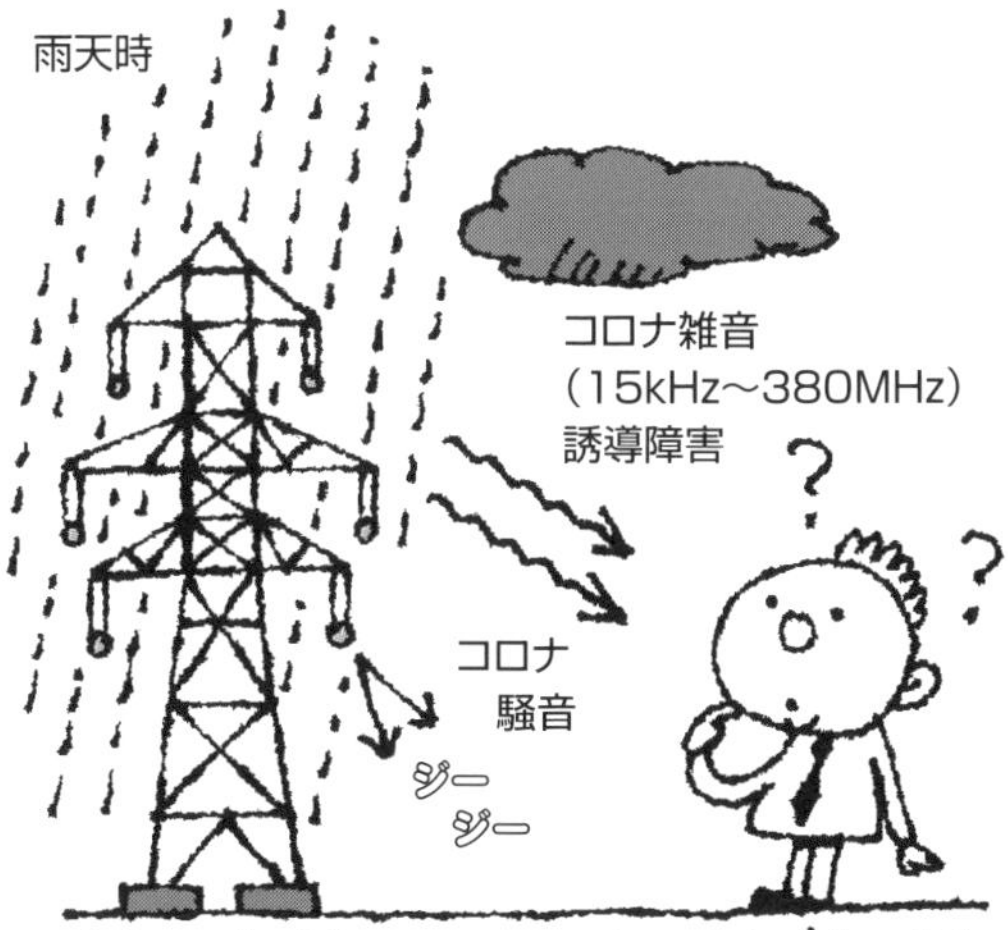

コロナ放電への対策（例）

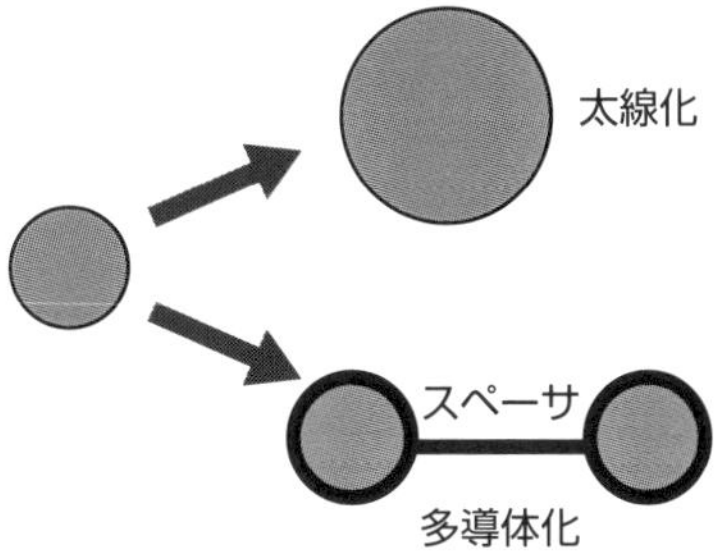

13 雪にも負けず風にも負けず

自然現象に立ち向かう助っ人たち

裸電線は、その名のとおり、自然からの影響に対して無防備で、ただ襲ってくる自然現象を黙って受けるしかありません。そういった無抵抗な電線ですが、電線に作用する現象からの影響を緩和するために働く助っ人たちが多くいます。

送電線の周りに雪が降って着氷してしまうと、着氷した電線の断面が非対称になるため、そこに風が当たると揚力が発生し、電線が上下に運動する現象が発生します。それをギャロッピングと呼びますが、その現象は振幅が大きく持続時間も長いので、相間の離隔距離が保てなくなる危険性が生じます。そういった事態を避けるため、相間スペーサが設置されます。また、着氷によって生じる電線自体のねじれ防止に対しては、ねじれ防止ダンパが活躍します。さらに、電線に着氷した氷が脱落する際には、電線が跳ね上がる現象が生じます。それをスリートジャンプと呼びます。この現象が発生すると電線が混触する危険性がありますので、基本的に電線に着氷しないような対策が必要です。具体的には、雪が自然にすべって落雪するように、一定間隔で離着雪リングを取り付ける方法がありますし、氷雪を溶かす融雪線材も助っ人となります。融雪線材は、送電線に流れる電流によって発生する磁界を利用して、融雪線材に生じる鉄損によって発熱した熱で電線を暖めて、着氷の防止を図ります。

送電線が微風を受けている際にも問題が生じる場合があります。風速が秒速5m以下の穏やかで一様な風が電線に当たると、電線の背後にカルマン渦が生じ、電線に上下運動を起こします。この運動によって、電線の支持部では繰り返し力を受けるため、最終的に疲労破壊に至ります。それを防止するために、支持部周辺に電線と同一の材料を巻きつけて電線を補強するアーマロッドや、電線に振動エネルギーを吸収するダンパを取り付けます。

要点BOX
- ●着氷対策のための離着雪リング
- ●氷雪を溶かす融雪線材
- ●風対策のアーマロッドやダンパ

雪害対策（例）

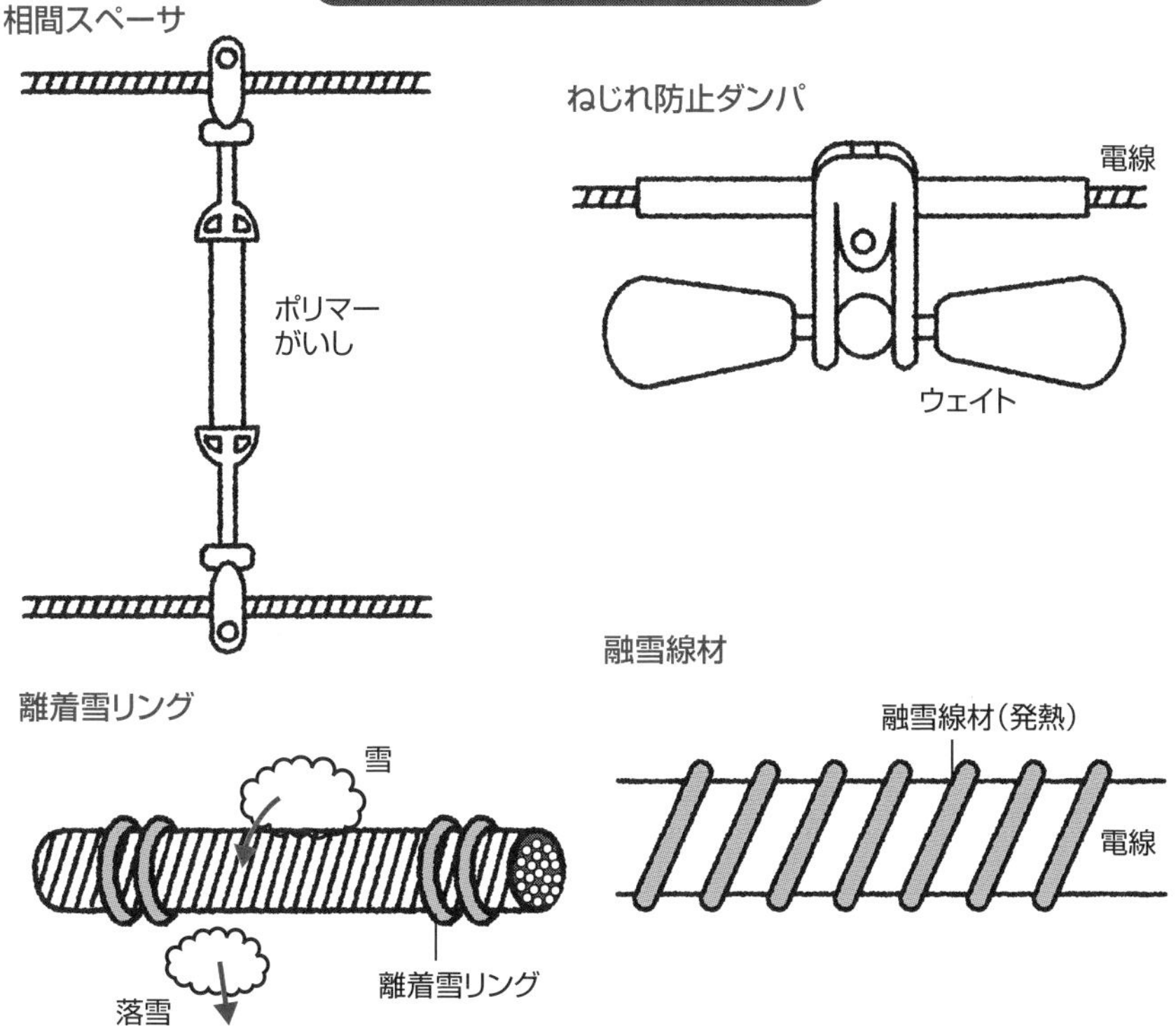

カルマン渦による上下運動

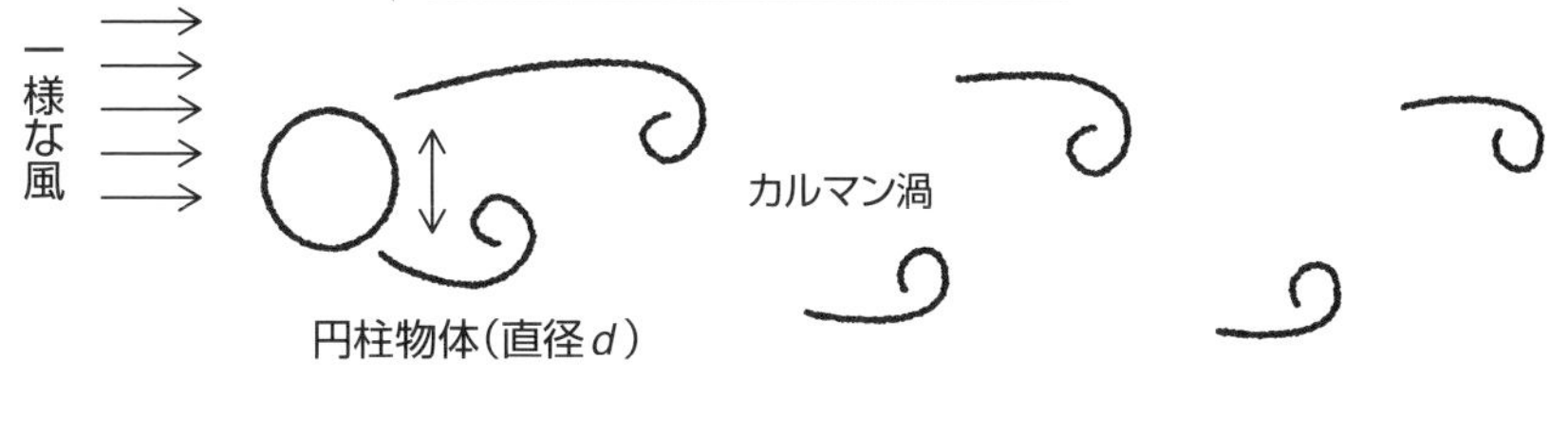

風害対策（例）

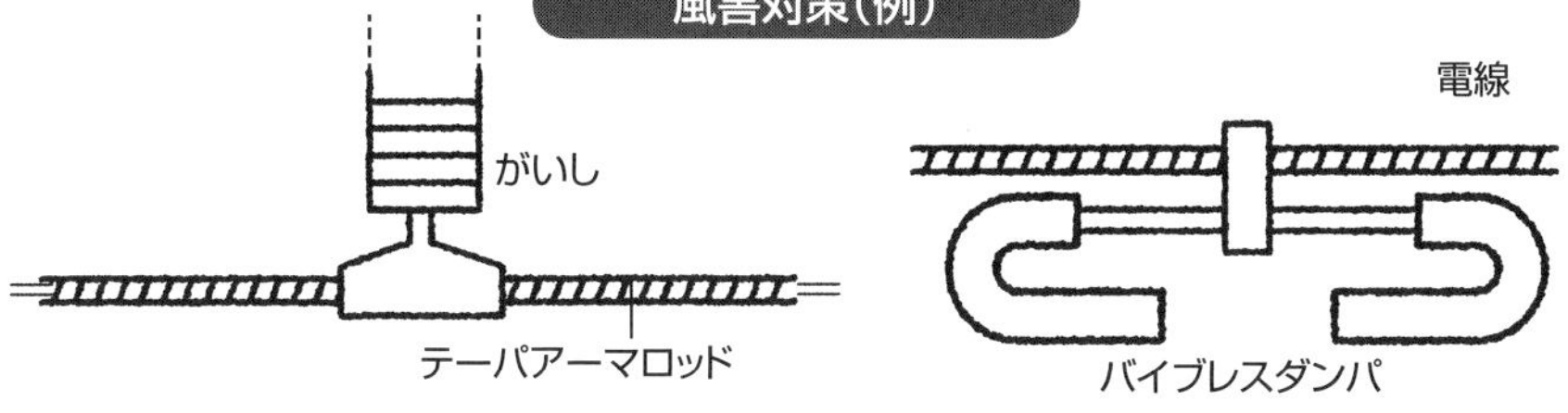

14 人の移動を担う電線たち

電気車に電力を安定供給する仕組み

移動する電気車に電力を供給することをき電といいますが、その中で、線路沿いに設けた電線路を電車線路といいます。【技術基準】第1条第7項では、『「電車線」とは、電気機関車及び電車にその動力用の電気を供給するために使用する接触電線』と定義しています。また、同基準の第52条第1項で、『直流の電車線路の使用電圧は、低圧又は高圧としなければならない。』とされており、第2項で『交流の電車線路の使用電圧は、2万5千ボルト以下としなければならない。』と規定されています。我が国では、直流1500Vと、交流20kVと25kVが主に用いられています。

電車線路で電線の代わりにレールを使ったものなどもありますが、電線を使った方式として、架空単線式が広く用いられていますので、ここでは、架空単線式を例に説明を行います。電車線路には、電力の送電線とは違った特性が求められます。送電線はゆるみがあり、垂れ下がっていますが、電車線路は一定高さでピンと張られていなければなりません。その関係は、バイオリンの弦と弓をイメージしてもらえればと思います。弦に当たるのが電車線で、弓に当たるのがパンタグラフになります。パンタグラフは、電車線に常に接する状態を維持するために、適度な押上力を加えています。また、電車線は、基本的にちょう架線とトロリ線、それらをつなぐハンガで構成されていますが、パンタグラフと接するトロリ線は、適度な張力で線路と平行になっていなければなりません。それを実現するために、さまざまな電車線方式が実用化されていますが、ここでは、ちょう架線が1本のシンプルカテナリ式を左頁に示します。き電線には、硬銅より線や硬アルミより線が使われています。また、トロリ線には、硬銅トロリ線、銅覆鋼トロリ線、アルミ覆鋼トロリ線などが使われています。

要点BOX
- ●き電方式には直流と交流がある
- ●電気線には適度な張力が必要
- ●基本構成はちょう架線、トロリ線、ハンガ

電気鉄道の構成（シンプルカテナリ式）

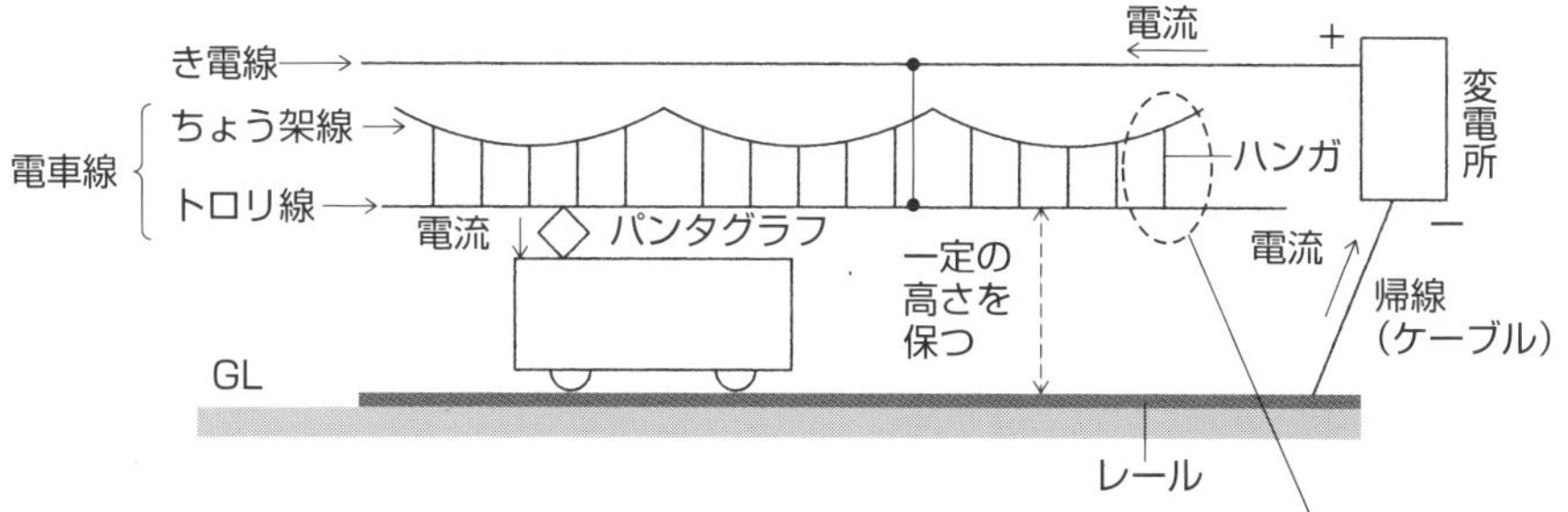

トロリ線の吊り方

バイオリンと弓の動き

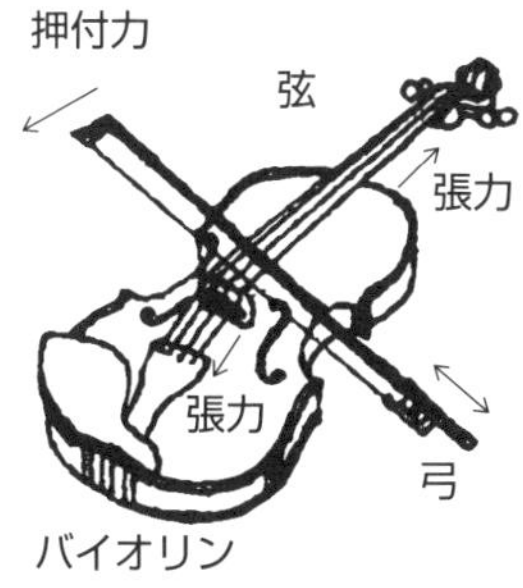

トロリ線とパンタグラフの動き

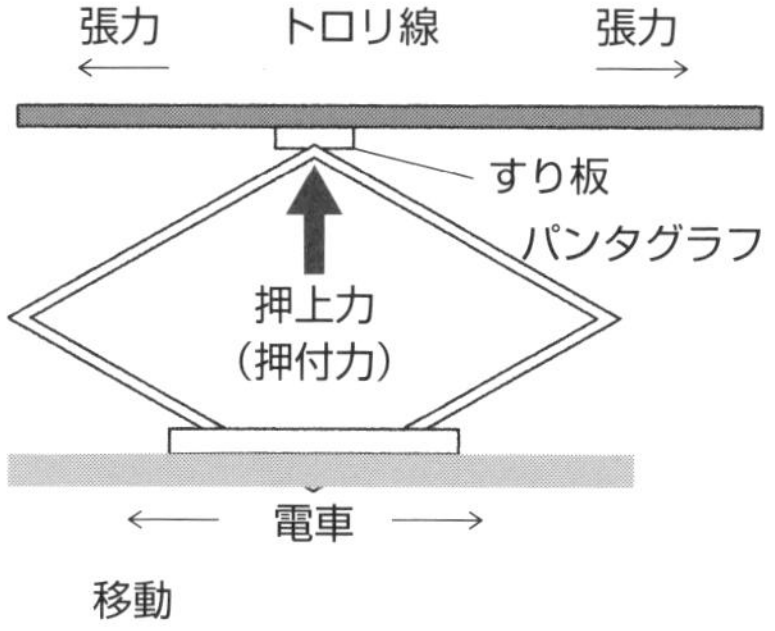

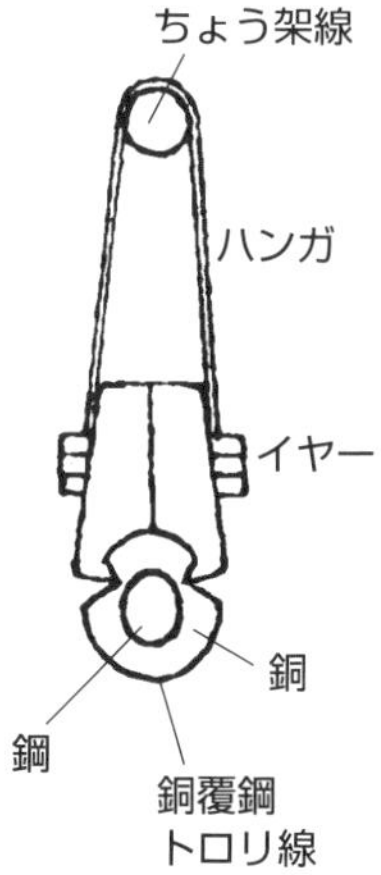

き電線・電車線材

種別	材質
き電線	硬銅より線、硬アルミより線
ちょう架線	亜鉛メッキ鋼より線、硬銅より線
トロリ線	硬銅トロリ線、銅覆鋼トロリ線、アルミ覆鋼トロリ線

15 常に張り詰めた状態を維持するために

張力維持のサポート材たち

電線は気温の変化等によって伸び縮みしますので、電車線に使われている電線は、一定の張力で常に引っ張らなければなければレールと平行な一定高さを保てません。また、トロリ線は風の力などで横ぶれします。そういった力に対しても、適宜変位を調整できるサポート材が必要になります。

(1)張力調整装置(バランサ)

トロリ線は外気温や負荷電流による発熱による線材の温度変化によって伸縮しますが、それによってトロリ線が緩むと、パンタグラフとの接触が保てなくなります。そうならないために、一定の間隔で張力調整装置(バランサ)を設置します。

(2)振止金具

ちょう架線は、鉛直方向のレールからの高さを一定化させる機能がありますが、風などによる水平方向の変位に対しては対応ができません。トロリ線に横に振れる力が働くと、ハンガで吊られているトロリ線は鉛直方向にも変位しますので、パンタグラフとの接触が維持できなくなります。それを防ぐのが振止金具になります。なお、トロリ線はレール間の中心線の上部に常にあるわけではありません。線路に対して一定の場所にあった場合には、パンタグラフの接触面であるすり板の同じ場所がすり減ってしまいますので、トロリ線はすり板の全面を移動するようにレールに対して一定の幅でジグザグに偏位して配置されています。

(3)曲線引金具

レールは常に直線上にあるわけではなく、必ず曲線部があります。一方、トロリ線は、基本的に直線的に張力をかけています。そのため、レールの曲線部ではトロリ線が線路から外れてしまいますので、レールの曲がりに合わせて、トロリ線を曲線の外側向きに引いて、すり板から外れないようにするために曲線引金具を設けています。

要点BOX
- ●張力を一定に保つ張力調整装置
- ●横振れを防ぐ振止金具
- ●レールの曲線に合わせる曲線引金具

き電配線概念図

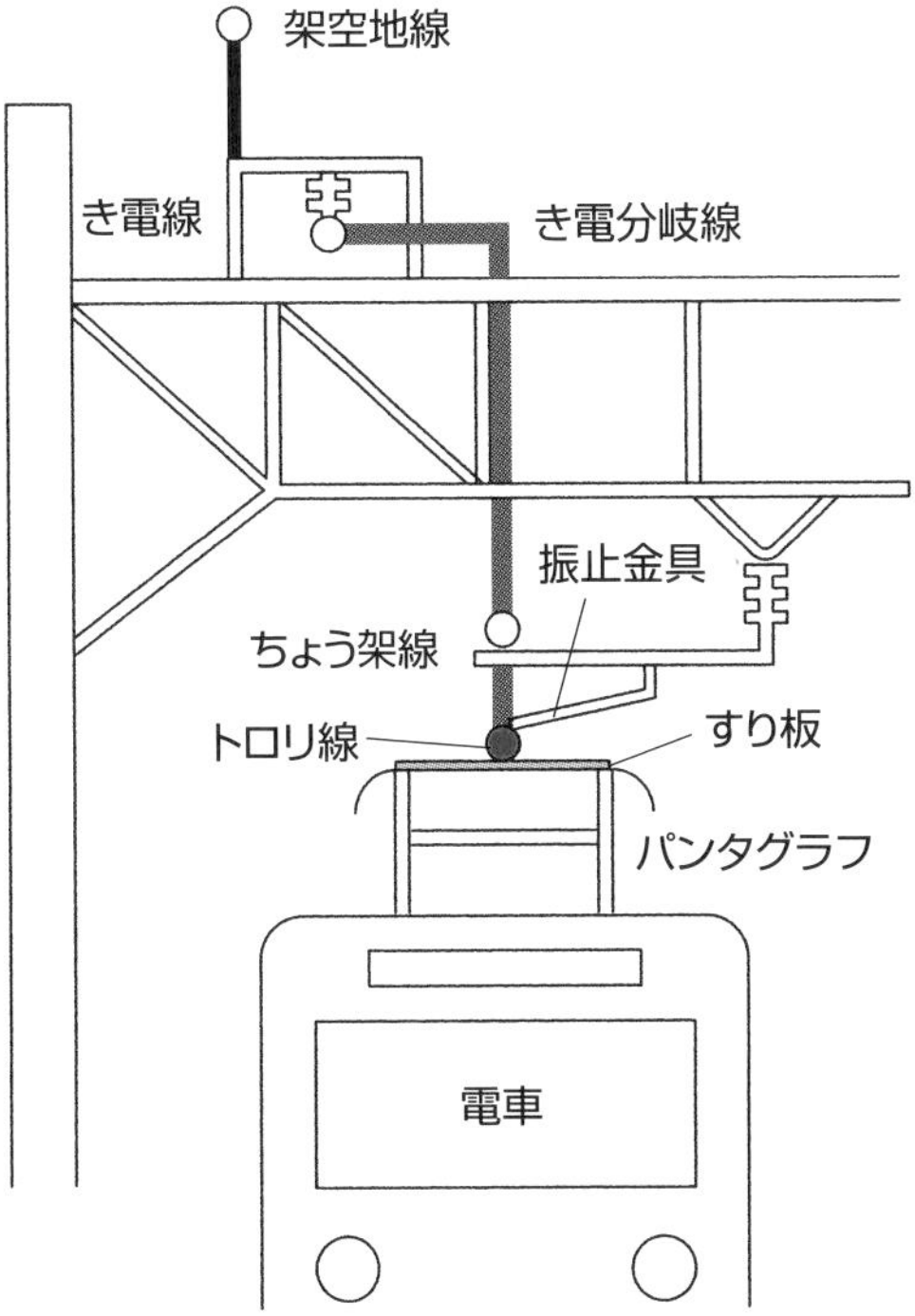

トロリ線とすり板の状況

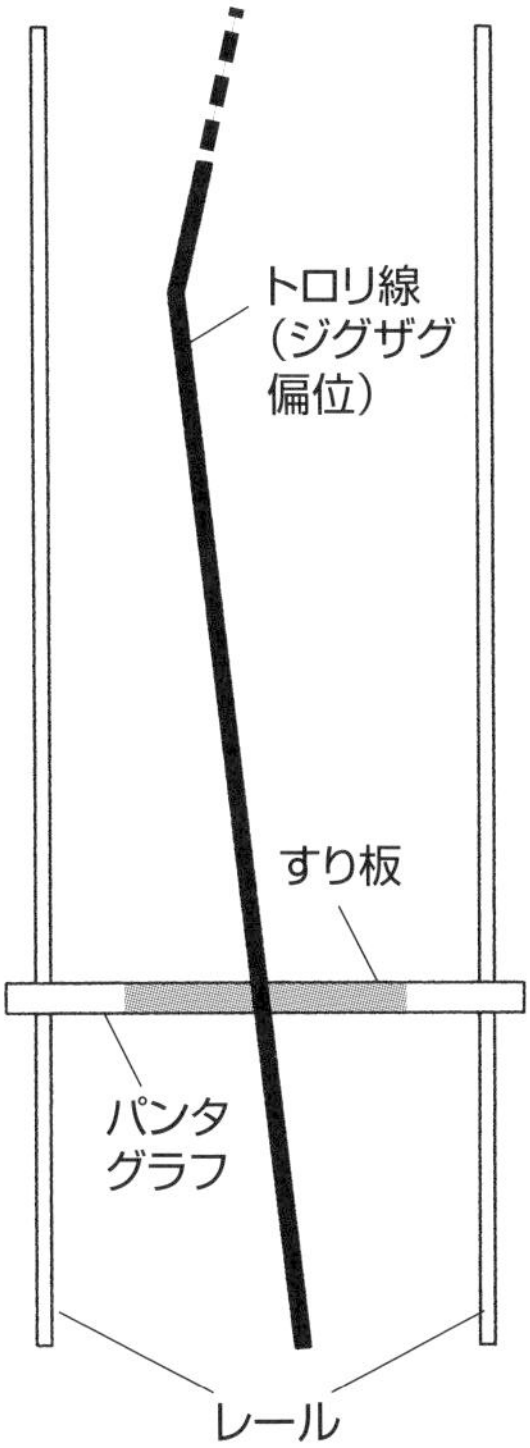

曲線引金具

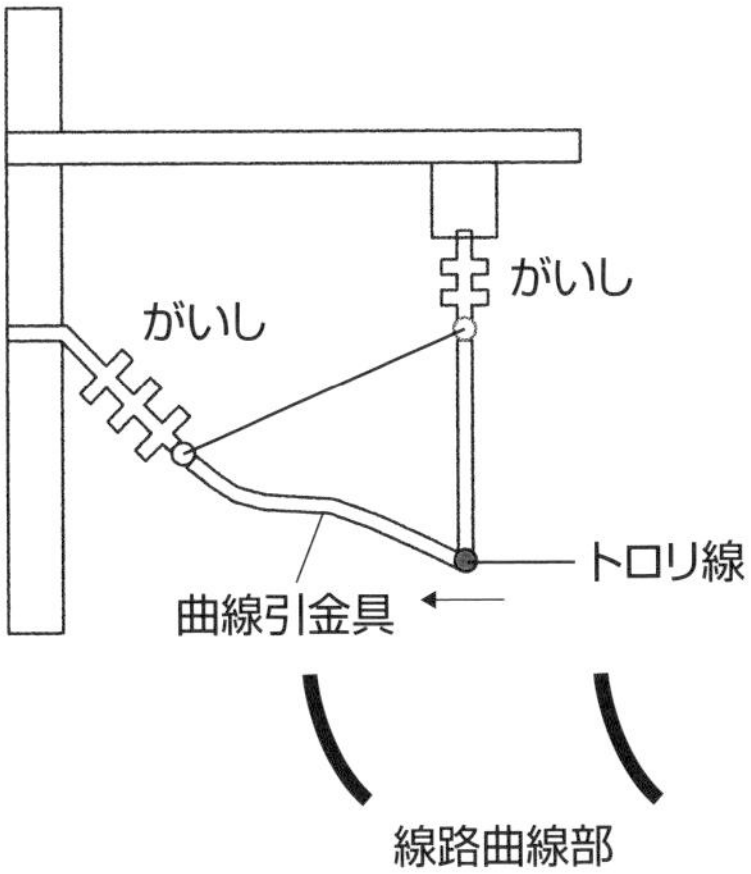

バランサ（ばね式）

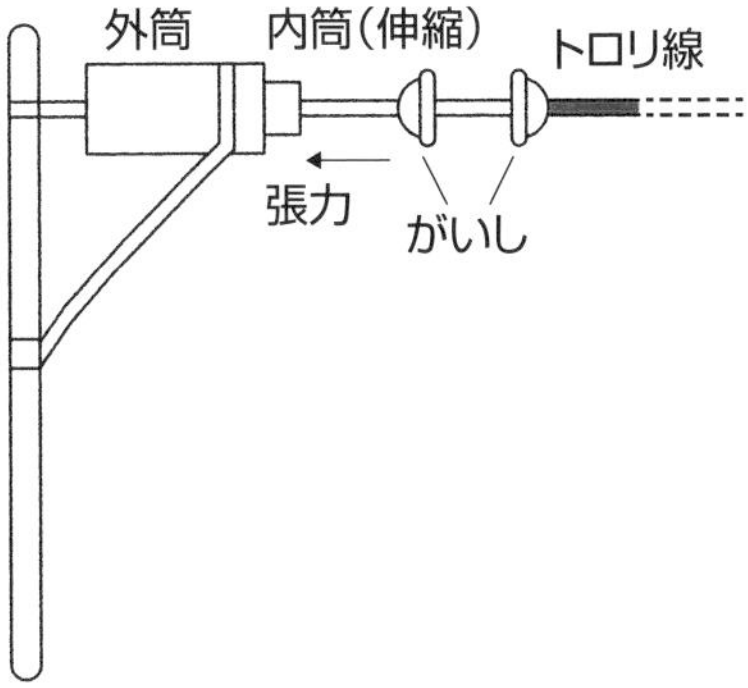

16 利便性と安全性を両立させるために

架空送電線は、大量の電気を廉価に発電場所から需要場所に送るために、冷却効果が高い空気中に裸電線を配架する手法で長距離の送電を実現したものです。また、電車線は、電車の動力等となる電気を、電車屋根部に設置されたパンタグラフのすり板との接触を介して、移動することが宿命の電車に安定して電気を供給するために使われるので、裸電線である必要があります。しかも、電車線は人口密度の高い都市部ほど多く活用されるだけでなく、電車線の配架高さは、人の生活する空間から5メートル程上の位置でしかないため、送電線よりもはるかに危険度が高い電線といえます。

このように、架空送電線も電車線も裸電線を使用しなければならないため、人や自然、構造物に対してさまざま問題を引き起こす危険性を持っています。そのため、利便性を生かすとともに安全性を高めるための基準が厳しく定められています。具体的には、電気設備に関する技術基準を定める省令（電気設備技術基準）に定められている内容から重要なものを抜粋して挙げてみます。

①第20条：電線路等の感電又は火災の防止
②第24条：架空電線路の支持物の昇塔防止
③第25条：架空電線等の高さ
④第27条：架空電線路からの静電誘導作用又は電磁誘導作用による感電の防止
⑤第28条：電線の混触の防止
⑥第29条：電線による他の工作物等への危険の防止
⑦第32条：支持物の倒壊の防止
⑧第40条：特別高圧架空電線路の市街地等における施設の禁止
⑨第42条：通信障害の防止
⑩第48条：特別高圧架空電線路の供給支障の防止
⑪第56条：配線の感電又は火災の防止

要点BOX

- ●送電線も電車線も裸電線を使う
- ●利便性とともに安全性を確保しなければならないので基準が定められている

電気設備に関する技術基準を定める省令の規定

条数	規定内容
第20条	電線路又は電車線路は、施設場所の状況及び電圧に応じ、感電又は火災のおそれがないように施設しなければならない。
第24条	架空電線路の支持物には、感電のおそれがないよう、取扱者以外の者が容易に昇塔できないように適切な措置を講じなければならない。
第25条 第1項	架空電線、架空電力保安通信線及び架空電車線は、接触又は誘導作用による感電のおそれがなく、かつ、交通に支障を及ぼすおそれがない高さに施設しなければならない。
第27条 第1項	特別高圧の架空電線路は、通常の使用状態において、静電誘導作用により人による感知のおそれがないよう、地表上1mにおける電界強度が3kV／m以下になるように施設しなければならない。ただし、田畑、山林その他の人の往来が少ない場所において、人体に危害を及ぼすおそれがないように施設する場合は、この限りでない。
第27条 第2項	特別高圧の架空電線路は、電磁誘導作用により弱電流電線路を通じて人体に危害を及ぼすおそれがないように施設しなければならない。
第28条	電線路の電線、電力保安通信線又は電車線等は、他の電線又は弱電流電線等と接近し、若しくは交さする場合又は同一支持物に施設する場合には、他の電線又は弱電流電線等を損傷するおそれがなく、かつ、接触、断線等によって生じる混触による感電又は火災のおそれがないように施設しなければならない。
第29条	電線路の電線又は電車線等は、他の工作物又は植物と接近し、又は交さする場合には、他の工作物又は植物を損傷するおそれがなく、かつ、接触、断線等によって生じる感電又は火災のおそれがないように施設しなければならない。
第32条	架空電線路又は架空電車線路の支持物の材料及び構造は、その支持物が支持する電線等による引張荷重、風速40m／秒の風圧荷重及び当該設置場所において通常想定される気象の変化、振動、衝撃その他の外部環境の影響を考慮し、倒壊のおそれがないよう、安全なものでなければならない。ただし、人家が多く連なっている場所に施設する架空電線路にあっては、その施設場所を考慮して施設する場合は、風速40m／秒の風圧荷重の2分の1の風圧荷重を考慮して施設することができる。
第42条 第1項	電線路又は電車線路は、無線設備の機能に継続的かつ重大な障害を及ぼす電波を発生するおそれがないように施設しなければならない。
第56条	配線は、施設場所の状況及び電圧に応じ、感電又は火災のおそれがないように施設しなければならない。

17 動物との共生を実現するための策

電気さくの設置は特別な許可

これまでに説明した架空送電線やき電線は、安全を確保するために、人の生活する空間から離れた高さに配架するというのが基本的な原則で、実際にさまざまなものに対する離隔距離も規定されています。それに対して電気さくは、地上の低い位置に配架される裸電線を使った装置になります。電線自体に特殊な材料を使うわけではありませんが、特別な規定で使用が認められている装置ですので、ここに紹介しておきたいと思います。

【技術基準】第74条には、「電気さくの施設の禁止」が規定されており、「電気さく（屋外において裸電線を固定して施設したさくであって、その裸電線に充電して使用するものをいう。）は、施設してはならない。」とされています。しかし、その後のただし書きで、「田畑、牧場、その他これに類する場所において野獣の侵入又は家畜の脱出を防止するために施設する場合であって、絶縁性がないことを考慮し、感電又は火災のおそれがないように施設するときは、この限りでない。」と規定されており、特定用途にだけ使用が許可されています。

施設する場合にも、【電技解釈】第192条で、適当な間隔で危険である旨の表示や、条件に適合する電気さく用電源装置の使用などの条件が示されています。基本的に、電気さくはさくを越えようとする動物たちを負傷させるのが目的ではなく、軽い感電を体験させて、さくへの接近を避けるように学習させることが目的の共生策です。しかし、農地などの条件によっては、適切に機能しない場合がありますので、注意しなければならない設備です。自然の中に設置されているため、雑草の繁茂や接地抵抗の変化によっては機能が果たせませんので、継続的な維持管理が必要となります。

規定に違反して100V電源を使ったために、死亡者がでる事故が定期的に発生しています。

要点BOX
- ●電気さくは特別に許可されたもの
- ●電気さくである旨の表示が必要
- ●使用電源や遮断器等の設置に条件がある

電気さくの回路

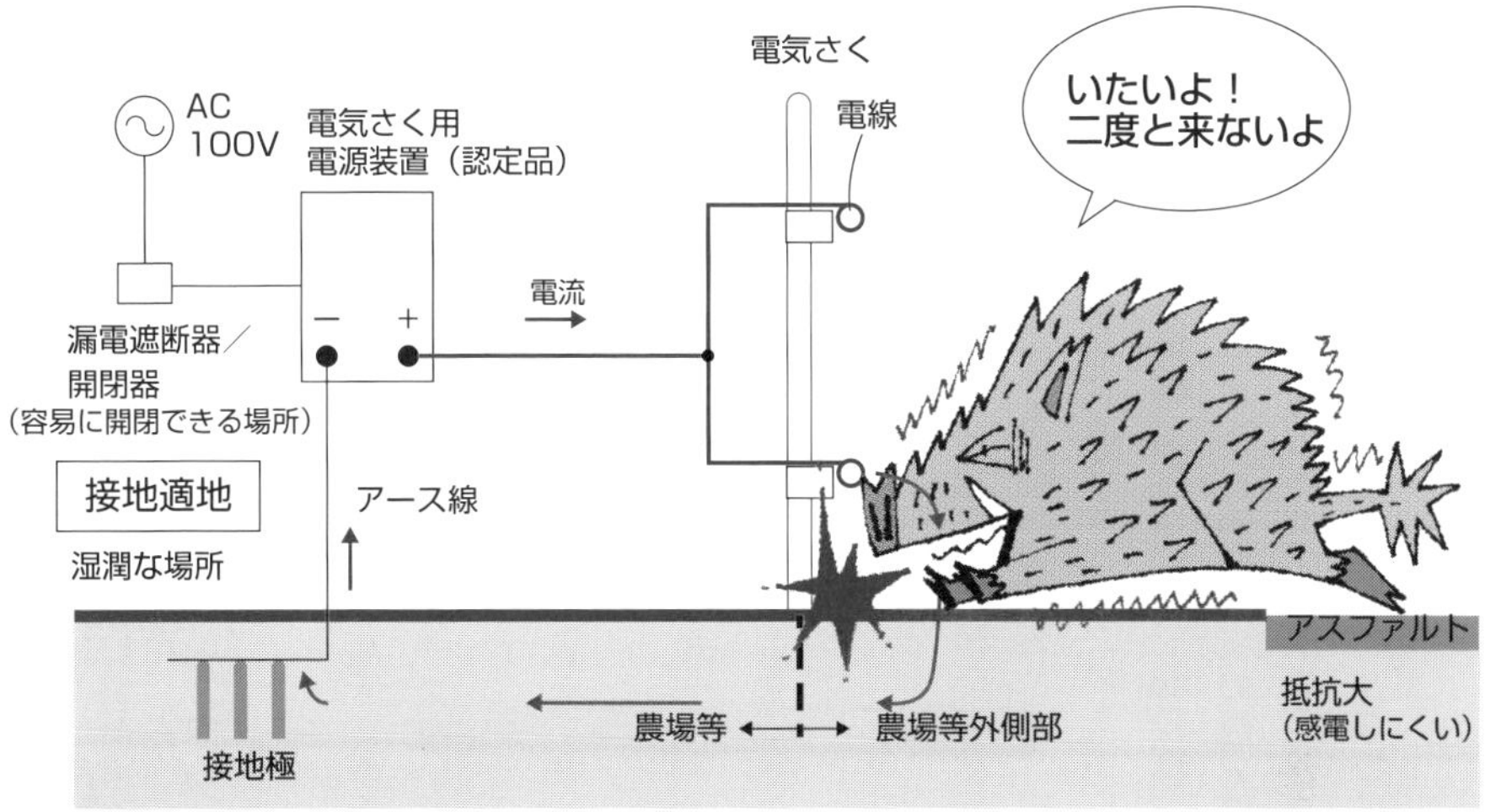

電流の流れ

電源装置 → 電気さく → 動物 → 大地 → アース線 → 電源装置

衝撃パルス

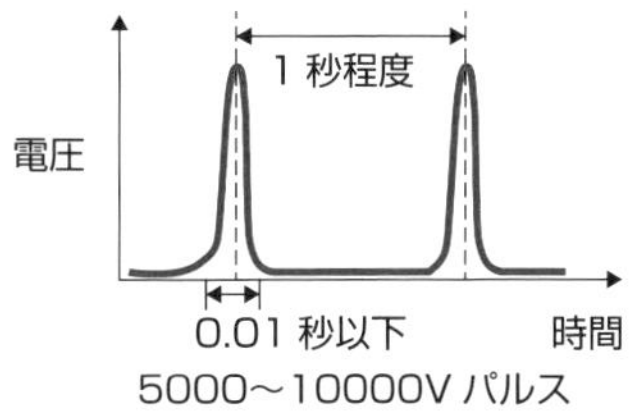

電気さくの表示

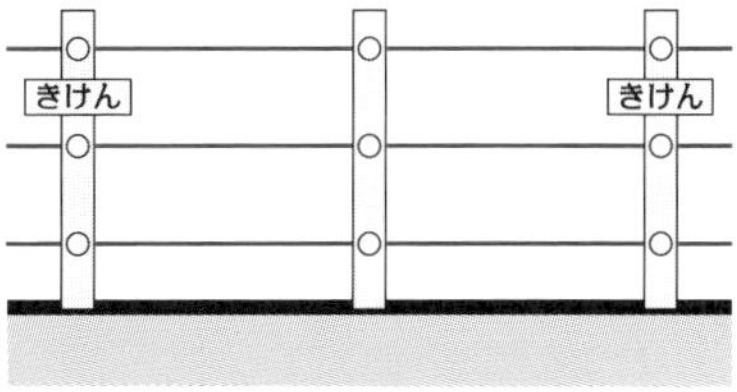

【電技解釈】第192条の電気さく施設条件のポイント

① 田畑、牧場等で野獣の侵入または家畜の脱出を防止するために施設する
② 施設した場所に、人が見やすいように適当な間隔で危険である旨の表示をする
③ 適合する電気さく用電源装置から電気の供給を受ける
④ 電気さく用電源装置の使用電圧30V以上の電源から供給を受ける場合、電気さくに電気を供給する電路には漏電遮断器を施設する
⑤ 電気を供給する電路には、容易に開閉できる箇所に専用の開閉器を施設する
⑥ 衝撃電流を繰り返して発生するものは、発生する電波または高周波電流が無線設備の機能に継続的かつ重大な障害を与えるおそれがある場所には施設しない

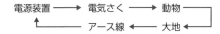

18 裸電線路を実現するセラミックス

絶縁距離を長くする工夫

裸電線を絶縁するために広く用いられているのががいしです。がいしには、磁器がいし、ガラスがいし、有機がいしがありますが、広く用いられているのは磁器（セラミックス）がいしになります。

(1)懸垂がいし

懸垂がいしは、左頁の断面図に示す通り、下面にヒダが付けられた磁器にキャップとピンをセメントで接着した構造で、ヒダを使ってキャップとピン間の絶縁距離を長くしています。使う場合には、送電電圧に合わせて複数個直列に接続して使います。懸垂がいしに引張荷重（上下方向力）が加わると、磁器部には圧縮応力が加わるよう設計されています。なお、送電用のがいしの絶縁破壊強度は40kV／㎜程度ですが、がいしに塩分が付着すると強度がその数分の1に低下してしまいます。そのため、標準の懸垂がいしよりもヒダを深くした耐塩懸垂がいしが海岸付近には使われています。

(2)長幹がいし

長幹がいしは、磁器の棒に適当な笠を付けて、縦方向の両端にキャップを付けた形状のがいしです。ひだが浅いため雨洗効果が大きいので、塩害対策地域にも活用できます。がいし全体が磁器でできているため、横方向からの衝撃荷重に弱いという欠点があります。

(3)ラインポスト（LP）がいし

LPがいしは、長幹がいしと同様に磁器体にヒダを付けたもので、下部にベース金具とピンを接着し、これで鉄構などに固定する構造になっています。

電気鉄道に使われるがいしは、き電電圧が直流で1500V、交流で20kVまたは25kVと送電線よりは低い電圧を使っていますので、コンパクトながいしが使われています。なお、日本の鉄道は海岸線を走る場合が多いため、ヒダを深くした耐塩型のがいしが多く使われています。

要点BOX
- ●磁器がいしが広く用いられている
- ●懸垂がいしは複数個直列にして使う
- ●電気鉄道用がいしはコンパクト型である

懸垂がいしの構造

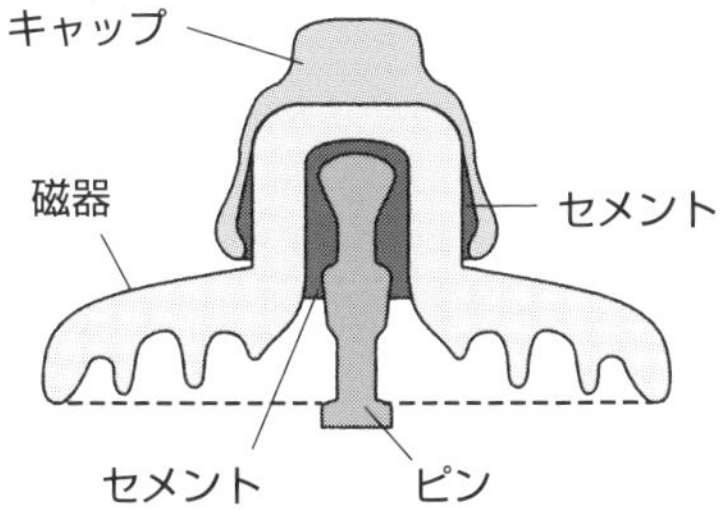

長幹がいし

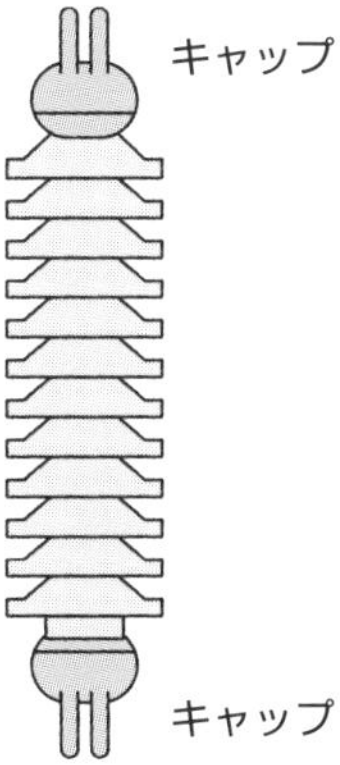

ラインポストがいし

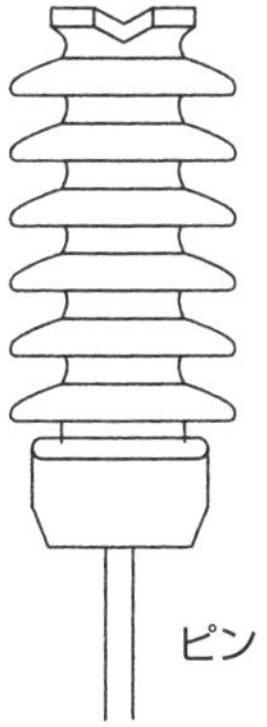

送電鉄塔のジャンパ装置概念図

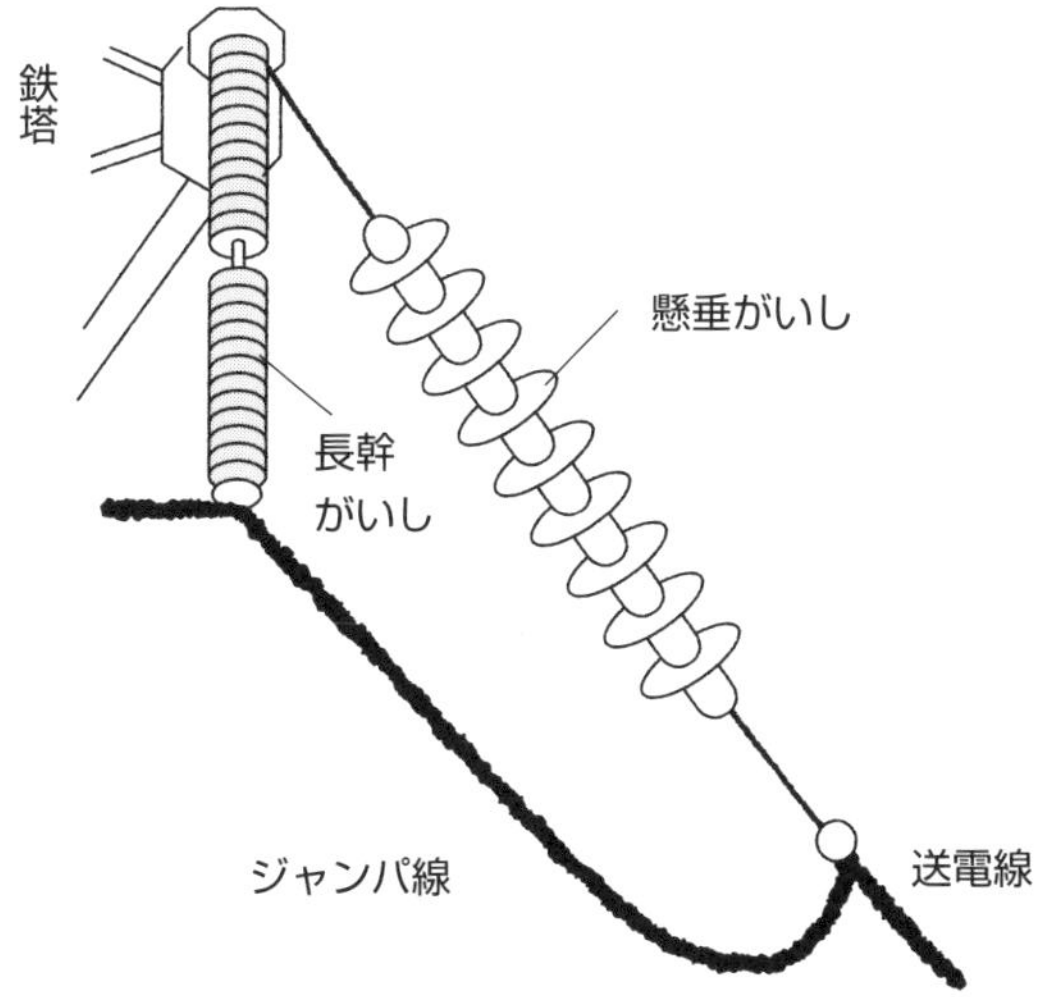

電車線用懸垂がいしの構造

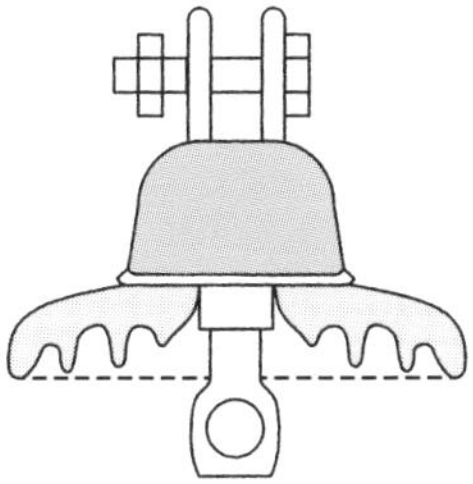

Column

「汽車に乗る」から「電車に乗る」へ

　著者は、高校1年生の頃に蒸気機関車（SL）で学校に通っていました。蒸気機関車に引かれている客車は、当然、自動ドアなどではないため、乗車ドアを開けて、そこから身を乗り出して、SLが吐き出す黒煙をあえて浴びて、仲間とはしゃいでいたことを覚えています。それも、高校を卒業する頃には、ディーゼル機関車が引くようになり、SLは過去の遺産となっていきます。それが、大学に進学するために上京すると、東京はすっかり電車社会になっており、ディーゼル機関車さえ東京では一部を除いて見かけなくなりました。上京する際に使った列車は「さくら」という寝台特急列車（ブルートレインとも呼ばれていた）でしたが、寝台車を引いていたのはディーゼル機関車でした。このように、公共交通機関の変遷を身をもって経験したわけですが、大学の専門は電気工学でしたので、乗り鉄である著者が、当然のことながら、電車に強く興味を引かれたのは言うまでもありません。

　電車は、多くの技術者にとって、強く興味を引かれるものです。日本の場合には、東日本では50Hzの周波数を使っていますが、西日本では60Hzの周波数を使っています。その頃は、インバータなどはまだ使われていませんでしたので、私の進学と同時期に東京に転勤で引っ越した両親は、洗濯機や冷蔵庫などのモータを取り換えなければなりませんでした。

　また、都市部は直流電化区間となっていますが、郊外は交流電化区間となっていますので、その切り替えはどうやっているのだろうかという興味を持ったりもしました。電車線についても、どうやってトロリ線の張力を維持しているのか、また、パンタグラフとき電線の接触部はどういった仕組みなのかなど、興味は尽きませんでした。

　大学時代に、すでに東海道新幹線は開通していましたので、興味は新幹線のき電システムや制御システムへと移っていきました。そうすると、再び東西の周波数の違いが気になってきます。調べてみると、東海道新幹線は東京まで60Hzの周波数で給電されていることを知り、東京近郊では、50Hzを60Hzに変換する変電所が設けられている事実を知りました。き電線の仕組みだけでも、楽しく勉強した記憶があります。

第3章

電力と信号を送るケーブルたち

19 都市部の電力幹線を担うケーブル

地中送電線用のケーブル

【技術基準】第40条では、「特別高圧の架空電線路は、その電線がケーブルである場合を除き、市街地その他人家の密集する地域に施設してはならない。」と規定されており、都市部ではケーブル送電が行われています。現在、高圧地中送電線に使われているケーブルには、次のようなものがあります。

(1) CVケーブル

CVケーブルは架橋ポリエチレン絶縁ビニルシースケーブルで、乾式のため取り扱いが容易で、高低差の大きな場所にも利用できます。絶縁性能や許容温度が90℃と高く、tanδ（誘電正接）や比誘電率が小さいので、充電電流が小さくなります。CVケーブルでは、かつて水トリー現象が発生して絶縁劣化が問題となりましたが、最近では製造技術の改善により、そういった現象が発生し難くなっています。

(2) OFケーブル（油入ケーブル）

OFケーブルは、ケーブル内に油の通路がある圧力形ケーブルです。電力ケーブルは電流が多くなると膨張し、電流が少なくなると収縮しますので、油圧をかけて絶縁油を常にケーブル内に充填させます。絶縁性能もよく、ボイドの発生を防止できますので、送電容量はCVケーブルより大きくなります。ただし、給油設備が必要となりますし、油による火災の心配があります。

(3) POFケーブル（パイプ形油入ケーブル）

POFケーブルは、油紙で絶縁した3心の導体を、一括して防食した鋼管内に収めて、絶縁油を圧力をかけて管内に充填したケーブルです。電気的に安定したケーブルですが、絶縁油を大量に必要とするという欠点があります。

(4) GIL（管路気中送電線）

GILは、導体にアルミパイプを使い、絶縁支持物にエポキシスペーサを使った送電線で、管路中にSF_6ガスを加圧充填しています。

要点BOX

- ●CVケーブルは扱いが容易
- ●OFケーブルの送電容量は大きい
- ●POFケーブルは絶縁油を大量に必要とする

電力用ケーブルの種類と使用電圧

種類	名称	使用電圧[V]
CVケーブル	架橋ポリエチレン絶縁ビニールケーブル	600～500,000
OFケーブル	油入ケーブル	66,000～500,000
POFケーブル	パイプ形油入ケーブル	154,000～500,000
GIL	管路気中送電線	154,000～500,000

3心CVケーブルの断面

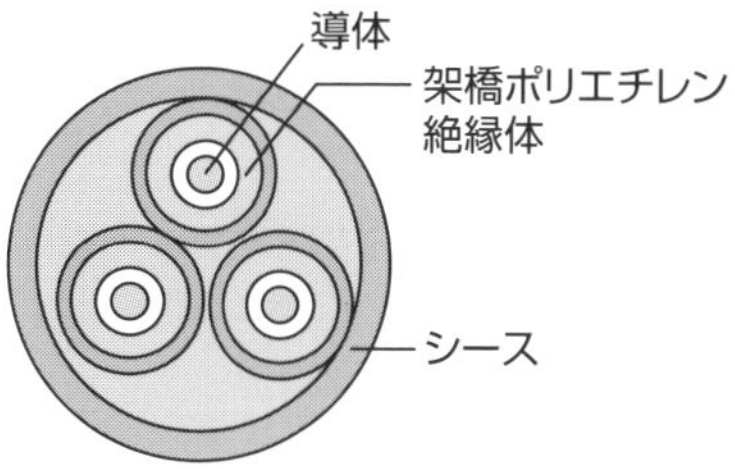

3心OFケーブルの断面

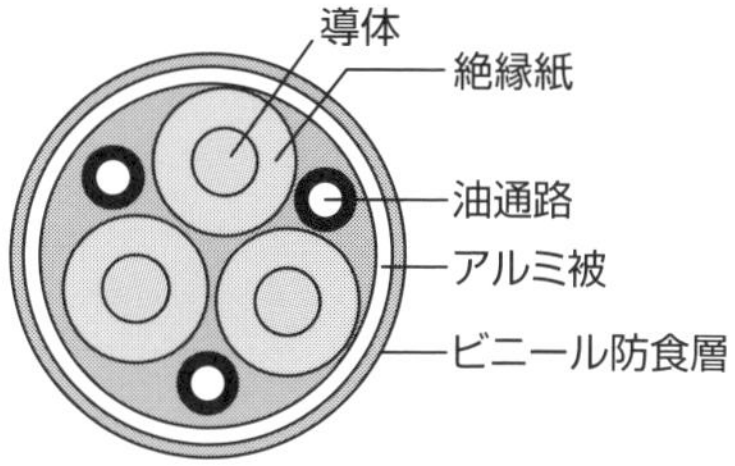

GILの断面

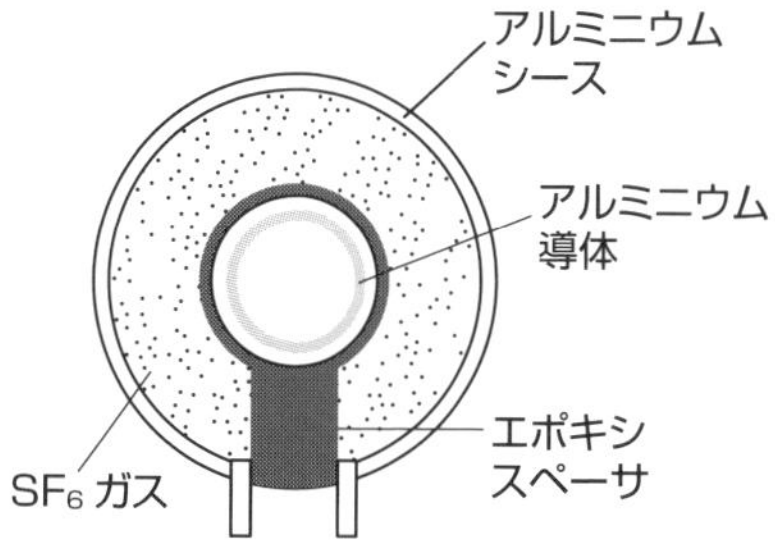

3心POFケーブルの断面

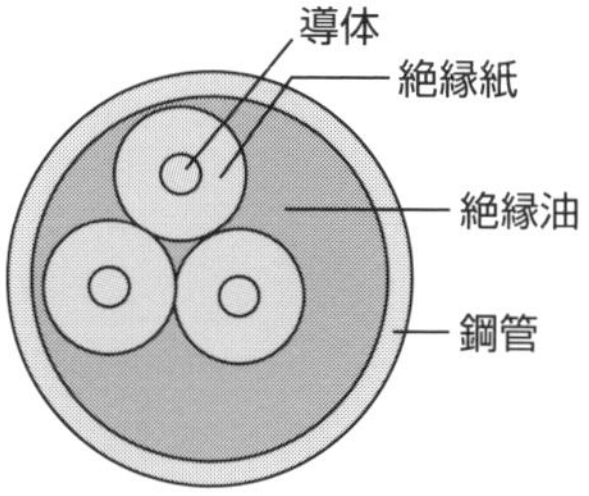

20 ケーブルを構成する材料たち

ケーブル材料の役割確認

広く用いられているソリッド型ケーブルに使われている材料の役割を説明します。また、ケーブルの形状として、単心ケーブル、3心共通シースケーブル、トリプレックスケーブルがありますが、それらの特徴を、CVケーブルを例に説明します。

(1)導体

導体としては、銅やアルミ、それらの合金や複合線が用いられます。導体サイズは、公称断面積で示されます。

(2)半導電層

半導電層は、導体と絶縁体間や絶縁体と金属遮へい層間に入れて、表面を平滑化し、エアギャップなどをなくすために設けます。

(3)絶縁体

絶縁体には、油浸紙やブチルゴム、エチレンプロピレン、架橋ポリエチレンなどが用いられます。ケーブルの絶縁耐力は絶縁体の種類と厚さで決まります。最近では、電力ケーブルでは架橋ポリエチレンが主に用いられます。

(4)金属遮へい層

金属遮へい層は、電気的な遮へいを行う目的で絶縁体外側に設けられます。

(5)シース(防食層)

シースは、ケーブルの外から加えられる機械的な力や、油や酸アルカリなどの化学的な成分から保護するために設けられます。材料としては、ビニル、ポリエチレン、クロロプレンなどの他に、腐食に強い鉛も用いられます。機械的な弱さを補うために、金属シースとしてアルミも用いられています。

(6)介在

介在は、ケーブルの絶縁心線間のすき間に充填される詰め物で、ケーブルを丸く仕上げるために用いられます。材料としては、綿糸、紙ひも、ジュート、合繊繊維などが用いられます。

要点BOX

- ●半導電層はエアギャップなどをなくす
- ●架橋ポリエチレン絶縁が多い
- ●ケーブルは外側に防食層を設ける

架橋ポリエチレンビニルシース(CV)ケーブルの特徴

種類	特徴
単心ケーブル	●ケーブルの熱抵抗が小さい ●3心共通シースケーブルより電流容量を多くとれる
3心共通シースケーブル	●トリプレックスケーブルより外径が小さい ●単心ケーブルと同様にケーブル外形が丸であるので布設が容易である ●絶縁体の誘電率がトリプレックスケーブルより小さい
トリプレックスケーブル	●端末処理は単心ケーブルと同様であり容易である ●共通シースタイプより熱抵抗が小さく10%程度電流容量を多くとれる ●共通シースタイプよりも重量を約10%軽減できる ●オフセットが小さくてすむのでマンホール寸法が小さくできる ●地絡時に相間短絡に移行し難い

単心ケーブルの断面

トリプレックスケーブルの断面

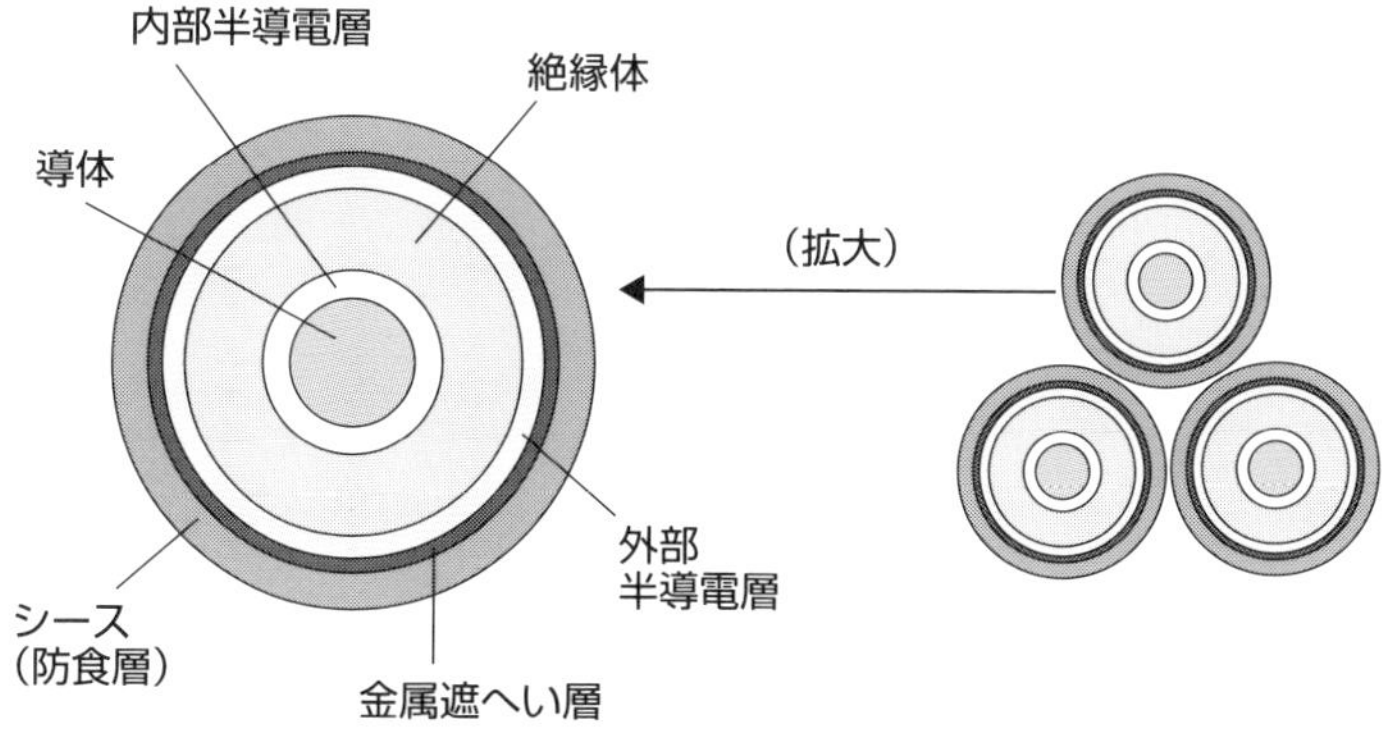

3心共通シースケーブルの断面

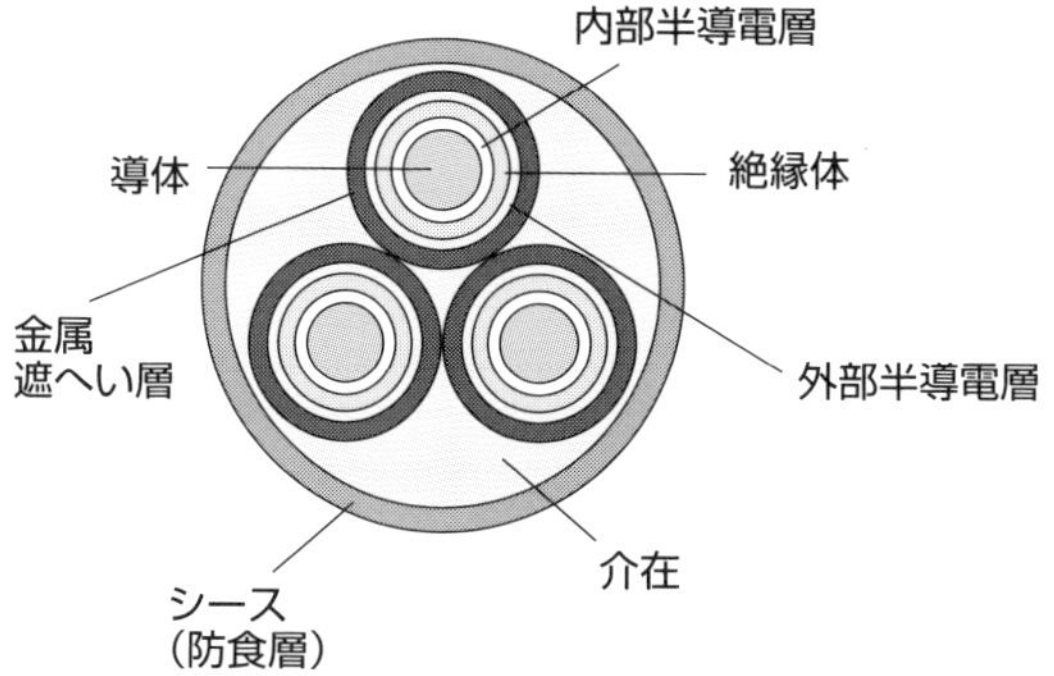

21 電柱での電線の使い分け

屋外配電用電線の種類

皆さんの住宅のそばに電柱があると思いますが、電柱に配架され、電力の配電に使われているのが屋外配電用電線です。電柱1本に限定しても、いくつかの電線が目的に応じて使われています。

(1)高圧配電線

電柱の上部に配架されているのは、6kVの高圧配電線になります。高圧配電線として主に使われるのが、屋外用架橋ポリエチレン絶縁電線(OC)と屋外用ポリエチレン絶縁電線(OE)です。OCの方がOEよりも許容電流は大きくなります。高圧配電線は、電柱の上部にあり風の影響を受けやすいので、最近では、被覆材の形状を山タイプや多面体タイプにして、低風圧化を図っています。

(2)高圧引下線

高圧引下線は、高圧配電線から柱上変圧器までをつなぐ電線で、高圧引下用エチレンプロピレンゴム絶縁電線(PDP)と高圧引下用架橋ポリエチレン絶縁電線(PDC)が用いられています。

(3)低圧配電線

低圧配電線には、主に屋外用ビニル絶縁電線(OW)が用いられていますが、低圧架空線路に用いられる鋼心アルミより線を導体に使った屋外用鋼心アルミ導体ビニル絶縁電線(ACSR-OW)なども用いられています。ビニル絶縁電線は耐候性に優れていますので、経済的な電線です。

(4)引込線

電柱から家屋までの架空引込線には、引込用ビニル絶縁電線(DV)が使われています。2個より合わせ形と3個より合わせ型に加えて、2心平形、3心平形があります。

(5)屋外配電用ケーブル

積算電力計までの引込口線としては、ビニル絶縁ビニルシースケーブル(VV)や架橋ポリエチレン絶縁ビニルシースケーブル(CV)が用いられます。

要点BOX
- ●高圧配電線にはOCやOEが使われる
- ●低圧配電線にはOWが使われる
- ●引込線にはDVが使われる

屋外配電用電線

種類	記号	主な用途
屋外用架橋ポリエチレン絶縁電線	OC	高圧配電線
屋外用ポリエチレン絶縁電線	OE	高圧配電線
高圧引下用エチレンプロピレンゴム絶縁電線	PDP	高圧引下線
高圧引下用架橋ポリエチレン絶縁電線	PDC	高圧引下線
屋外用ビニル絶縁電線	OW	低圧配電線
屋外用鋼心アルミ導体ビニル絶縁電線	ACSR−OW	低圧配電線
引込用ビニル絶縁電線	DV	引込線
ビニル絶縁ビニルシースケーブル	VV	屋外配電用ケーブル
架橋ポリエチレン絶縁ビニルシースケーブル	CV	屋外配電用ケーブル

配電線に使われている電線

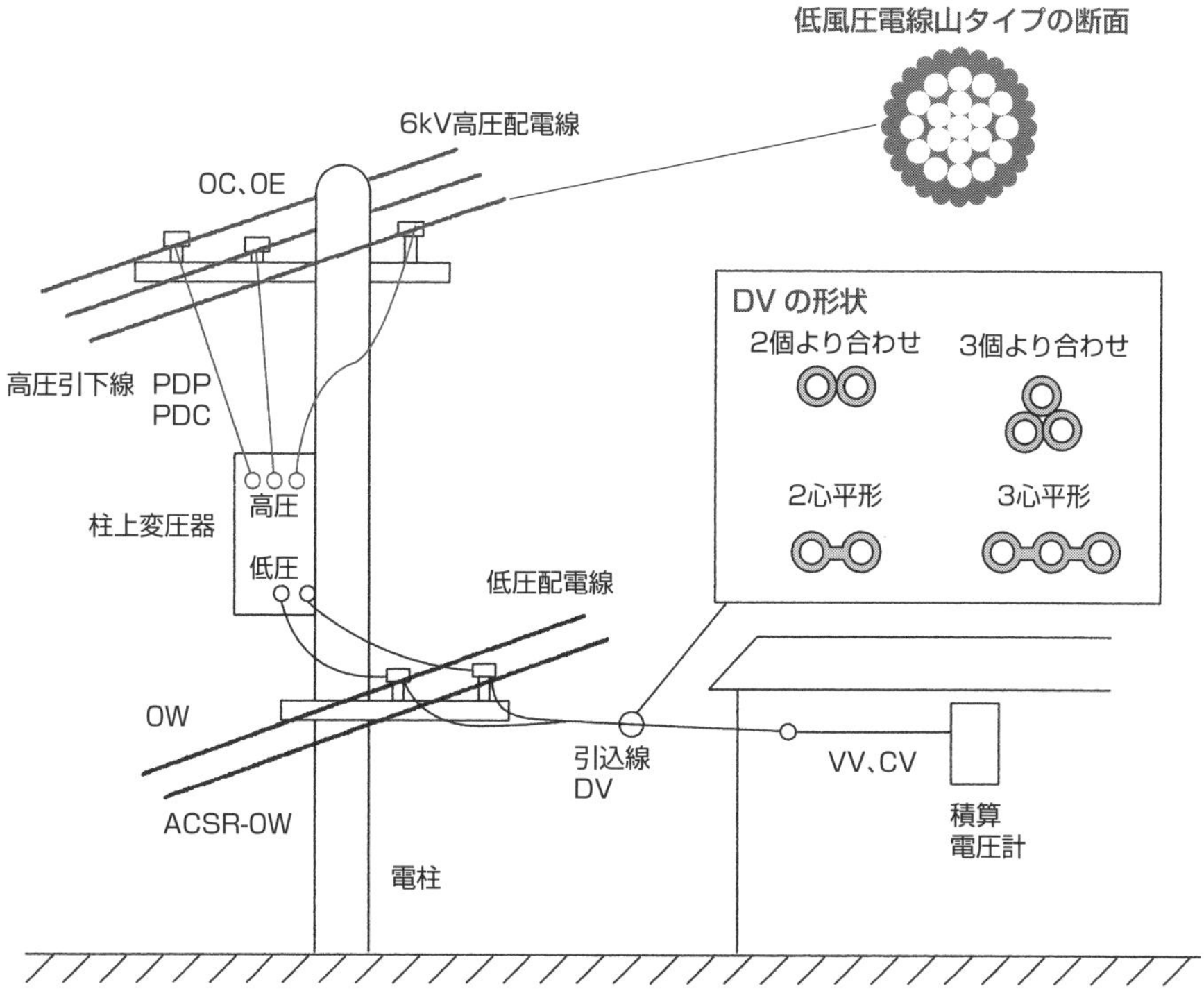

22 屋内で使われる電線たち

低圧電線は、建築物屋内の600V以下の電気工作物や電気機器に使われる電線で、次のようなものがあります。

(1)屋内配線用絶縁電線

屋内配線用には600Vビニル絶縁電線(IV)が広く使われています。ビニル絶縁電線は、絶縁体としてビニルを被覆しただけの簡単な構造の電線です。IV線と呼ばれる電線以外にも、耐熱性を高めた600V二種ビニル絶縁電線(HIV)や、特殊耐熱PVCを使ったSHIVなどもあります。配線に便利なように、黒、白、赤、緑、黄、青の6色が標準で製造されています。

(2)ビニル絶縁ビニルシースケーブル

600Vビニル絶縁ビニルシースケーブル(VV)には、IVと同一構造の電線を2から4条より合わせてビニールシースを施した丸形のVVRと、2から3条を平行に配置してビニールシースを施したVVFがあります。耐候性と耐熱性に優れており、一般家庭の屋内配線にはVVFが多く使われています。

(3)架橋ポリエチレン絶縁ビニルシースケーブル

架橋ポリエチレン絶縁ビニルシースケーブル(CV)は、信頼性が高く、長期の使用に耐えられるだけではなく、軽量で取り扱いが容易ですので、屋内配線としても広く用いられています。ビルや工場などでは、高圧配線としても多く使われますので、高圧・低圧ともに広く使用されている電線です。

(4)電気工作物・電気機器用電線

600V架橋ポリエチレン絶縁電線(IC)は、屋内の電気工作物や電気機器などに用いられます。ビニル絶縁電線よりも耐熱性がよく、許容導体温度が90℃まで使用できます。さらに耐熱性を高めたものとして、600Vけい素ゴム絶縁ガラス編組電線(KGB)があります。この電線は、広い温度帯での使用が可能です。

低圧回路用の絶縁電線

要点BOX

- ●IV線は屋内配線に使われている
- ●VVFは一般家庭配線に多く使われている
- ●CVは高圧・低圧の両方で使われる

低圧絶縁電線

種類	記号	特徴
600Vビニル絶縁電線	IV	許容導体温度60℃
600V二種ビニル絶縁電線	HIV	許容導体温度75℃
600Vビニル絶縁ビニルシースケーブル	VV	VVRとVVFがある
架橋ポリエチレン絶縁ビニルシースケーブル	CV	軽量、高信頼性
架橋ポリエチレン絶縁電線	IC	許容導体温度90℃

600Vビニル絶縁電線

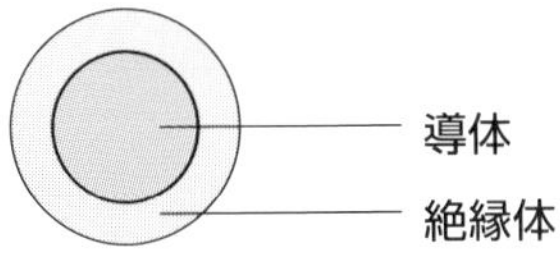

導体：軟銅
絶縁体：PVC（IV）、耐熱 PVC（HIV）、特殊耐熱 PVC（SHIV）
カラー：黒、白、赤、緑、黄、青の6色

600Vビニル絶縁ビニルシースケーブル

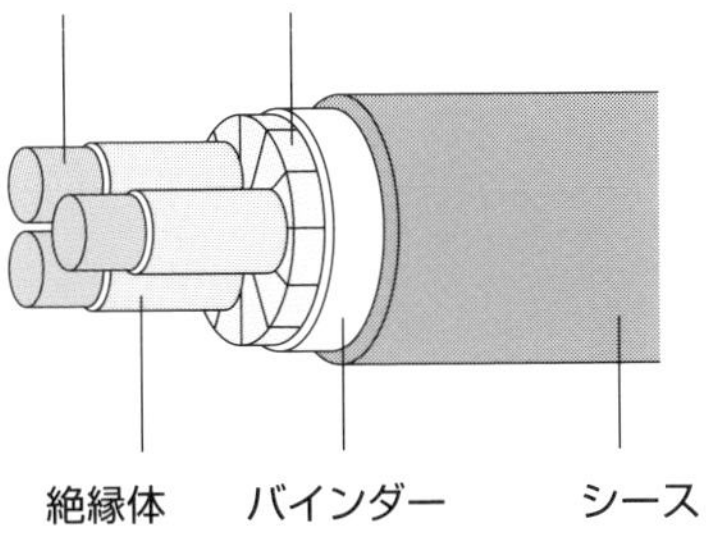

カラー：3心（黒、白、赤）

VVR(丸型)の構造

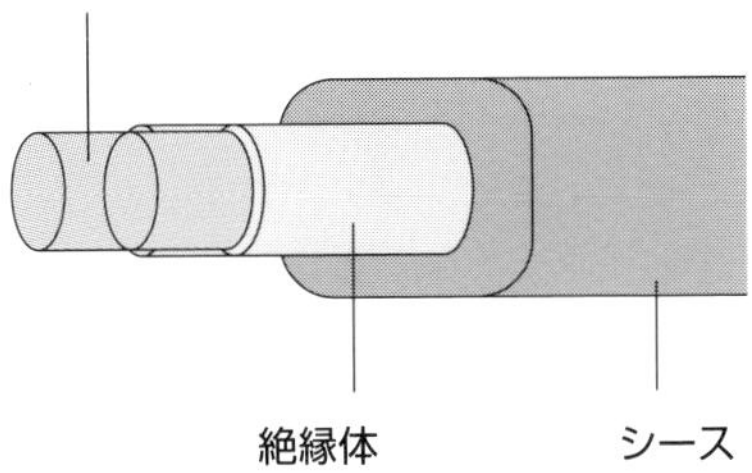

カラー：2心（黒、白）
3心（黒、白、赤）

VVF(平型)の構造

23 移動する機械に電気を伝える電線

キャブタイヤケーブルの特性

産業機械や電動工具などには、使用する上で、移動または任意の場所で働くことが宿命となっている装置や機械が多くあります。そういった動きのある装置や機械に安定的に電力を送るためには、ケーブルにも耐摩耗性、耐衝撃性、耐屈曲性、耐水性が求められます。そういったニーズに対応するケーブルとしてキャブタイヤケーブルがあります。キャブタイヤケーブルには、高圧キャブタイヤケーブルもあり、大型機械への給電を行っています。低圧キャブタイヤケーブルにはその構造の違いによって、次のものがあります。

(1)1種・2種

1種と2種は基本的に同じ構造をしており、導体と絶縁体の心線をシースで覆っただけのものをいいます。シースが天然ゴムのものが1種で、クロロプレインゴムなどを使ったものが2種になります。屋内でも屋外でも使用できます。

(2)3種

3種は、シースの中間層に補強層が設けられているため、耐衝撃性と耐摩耗性に優れています。補強材には帆布が一般的に用いられますので、絶縁体とシースは2種よりも厚くなっており、損傷を受ける可能性のある場所に適しています。

(3)4種

4種は、線心の間にクレードルコア(座床)が入っており、シースの厚さも3種より厚くなっていますので、さらに耐衝撃性と耐摩耗性が上がっています。

キャブタイヤケーブルには、絶縁体やシースに使われる材料の種類の組み合わせにより、左頁の表に示したような種類があります。それぞれのキャブタイヤケーブルの特性についても、合わせて左頁の表に整理しましたので、内容を確認して、適切に選択してください。

要点BOX

- ●移動機械にキャブタイヤケーブルが使われる
- ●キャブタイヤケーブルにはその構造の違いにより、1種から4種がある

キャブタイヤケーブルの断面

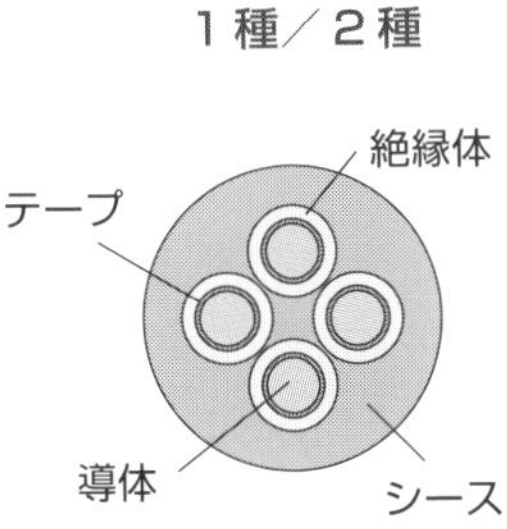

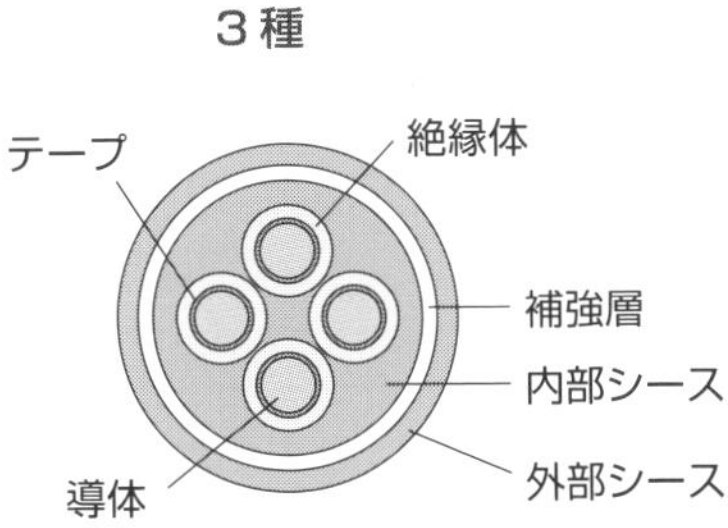

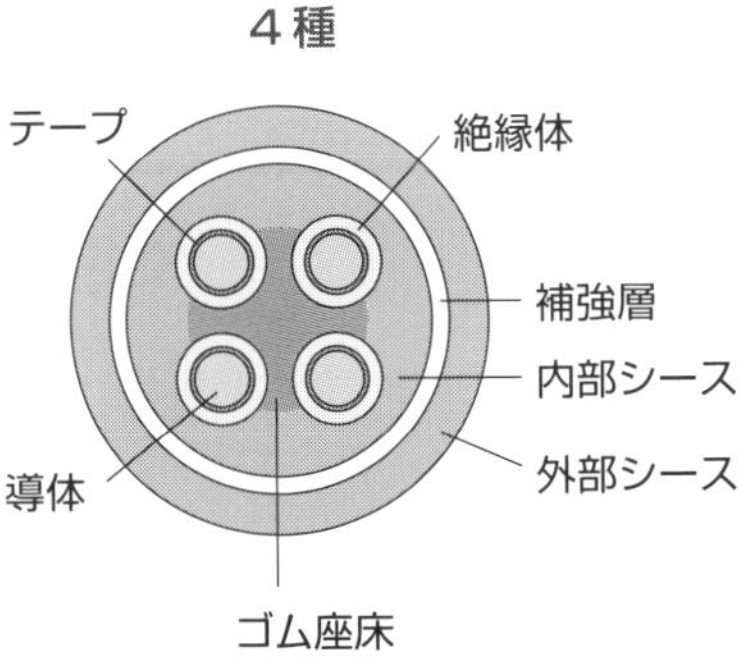

キャブタイヤケーブルの種類と特徴

種類	記号	絶縁体	シース	特性	備考
天然ゴム絶縁天然ゴムキャブタイヤケーブル	CT	天然ゴム	天然ゴム	耐候性、耐燃性、耐油性に劣るが、可とう性に優れ、安価	1～4種
天然ゴム絶縁クロロプレンゴムキャブタイヤケーブル	RNCT	天然ゴム	クロロプレンゴム	耐燃性、耐油性、耐薬品性、耐摩耗性に優れる	2～4種
EPゴム絶縁クロロプレンキャブタイヤケーブル	PNCT	EPゴム	クロロプレンゴム	耐燃性、耐油性、耐薬品性、耐摩耗性、電気特性、耐熱性に優れ、電流容量が大きくとれる CT、RNCTに比べ外形・質量が10～20%小さくなる	2～4種
ビニル絶縁ビニルキャブタイヤケーブル	VCT	ビニル	ビニル	耐油性、耐熱性が優れ、安価	2種のみ

出典:電線要覧（一般社団法人　日本電線工業会）

24 一般の人に最も身近な電線たち

ビニルコードとゴムコード

コードは、屋内で使用される定格300V以下の小型の電気機器に使用される電線です。電気機器のコードや延長コードなどとして広く使われており、差込プラグを取り付けて使用される例が多くなっています。そのため、日頃接する機会が最も多い電線といえます。コードは、ビニルコードとゴムコードに大別されます。

(1)ビニルコード

ビニルコードは、着色が自由にでき、美しい外観に仕上げることができるので、家庭用電気機器に広く活用されています。また、構造がシンプルで細い形状にできるだけでなく、重量も軽くできます。ただし、ビニルコードの使用に当たっては、高温度に弱い点と被覆が損傷を受けやすい点に注意する必要があります。そのため、電熱機器には使用できませんし、造営物に固定して使用したり、天井の転がし配線などには使用できません。ただし、二種ビニルコードは耐熱性が高いコードとなっています。また、巻込形電気掃除機や電気洗濯機等の電源コードには、可とう性と耐水性があるビニルキャブタイヤコードが使われています。

(2)ゴムコード

ゴムコードは、耐熱性が良いので、温度が高くなる電熱器などの電気機器に用いられています。また、つり下げ灯の電源線としても用いられています。ただし、油や酸には弱いという欠点があります。また、袋打コードや丸打コードは外部被覆が綿糸網組であるため、乾燥した場所に使われなければなりません。ゴムコードの絶縁体には、天然ゴム、スチレンブタジエンゴム(SBR)、クロロプレン、エチレンプロピレン(EP)などの種類があり、コードの種類も多くあります。ゴム絶縁キャブタイヤコードは、可とう性に富み、耐水性もあるため、電動工具の電源コードとして広く利用されています。

要点BOX

- ●家電製品にはビニルコード
- ●電気洗濯機にはビニルキャブタイヤコード
- ●電動工具にはゴムキャブタイヤコード

ゴムコード

種類	記号
ゴム絶縁よりコード	TF
ゴム絶縁袋打コード	FF
ゴム絶縁丸打コード	RF
SBR絶縁単心コード	SSF
SBR絶縁よりコード	STF
SBR絶縁袋打コード	SFF
SBR絶縁丸打コード	SRF
SBR絶縁平形コード	SSFF
クロロプレンゴム絶縁袋打コード	NFF
クロロプレンゴム絶縁丸打コード	NRF
クロロプレンゴム絶縁平形コード	NNFF
EPゴム絶縁袋打コード	EPFF
EPゴム絶縁丸打コード	EPRF
EPゴム絶縁平形コード	EPPFF
ゴム絶縁キャブタイヤ丸形コード	CTF
ゴム絶縁キャブタイヤ長円形コード	CTFK
ゴム絶縁クロロプレンゴムシースキャブタイヤ丸形コード	RNCTF
ゴム絶縁クロロプレンゴムシースキャブタイヤ長円形コード	RNCTFK
EPゴム絶縁クロロプレンゴムシーススキャブタイヤ丸形コード	PNCTF
EPゴム絶縁クロロプレンゴムシーススキャブタイヤ長円形コード	PNCTFK

出典:電線要覧(一般社団法人　日本電線工業会)

ビニルコード

種類	記号
単心ビニルコード	VSF
二種単心ビニルコード	HVSF
2個よりビニルコード	VTF
二種2個よりビニルコード	HVTF
ビニル平形コード	VFF
二種ビニル平形コード	HVFF
ビニルキャブタイヤ丸形コード	VCTF
二種ビニルキャブタイヤ丸形コード	HVCTF
ビニルキャブタイヤ長円形コード	VCTFK
二種ビニルキャブタイヤ長円形コード	HVCTFK

ビニル平形コードの断面（ビニルコード）

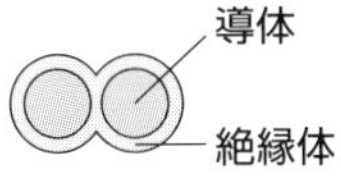

袋打コードの断面（ゴムコード）

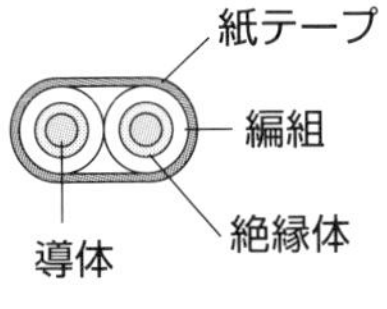

丸打コードの断面（ゴムコード）

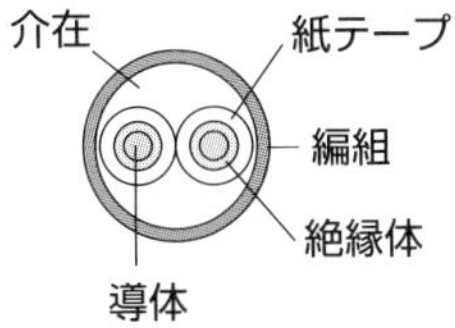

25 遠隔から確認して指示するために

発電所や工場、プラントにおいては、離れた場所から現場の状況を確認したり、操作を指示したりする機能が求められます。そのために用いられるのが制御用ケーブルや計装用ケーブルです。

⑴制御用ケーブル

制御用ケーブルは、大きな電力を送電する電力ケーブルとは違い、電流容量は少ないため、導体サイズが1・25から5・5mm^2のものが多く用いられています。一方心線数は、2から30心が一般的に使用されています。絶縁材としては、ビニルやポリエチレン、架橋ポリエチレンが多く用いられています。シースについては、一般的にはビニルが最も多く使用されていますが、化学プラント用においてはポリエチレンが多く用いられています。

⑵計装用ケーブル

計装用ケーブルは、工場などにおいて、信号伝送、遠隔操作、監視装置の計装用として用いられています。最近では、電子計算機が活用されていますので、回路電流は微弱なものとなっており、電線サイズは0・5から0・9mm^2と細いものが多く用いられています。そのため、絶縁体の厚さも薄くなっています。絶縁体とシースには、ビニルとポリエチレンが用いられていますが、伝送特性が要求される場合にはポリエチレンが適しています。

⑶遮へい付き

制御用ケーブルや計装用ケーブルは、工場やプラントなど信号伝送環境が悪い場所に使われるため、電力ケーブルからの影響を緩和するために、遮へい付きのものが使われています。外乱としては、静電誘導と電磁誘導が考えられます。静電遮へいには、銅やアルミなどの金属遮へい材やアルミ箔付ポリエステルテープなどが用いられます。一方、電磁遮へいには、軟鉄テープや軟鉄テープと銅またはアルミテープの合わせ巻などが用いられています。

要点BOX
- ●制御用ケーブルは心数が多い
- ●計装ケーブルは細い線のものが多い
- ●誘導障害対策への遮へい付きもある

制御用と計装用のケーブル

制御用ケーブル

種類	記号
制御用ビニル絶縁ビニルシースケーブル	CVV
制御用ポリエチレン絶縁ビニルシースケーブル	CEV
制御用ポリエチレン絶縁ポリエチレンシースケーブル	CEE
制御用架橋ポリエチレン絶縁ビニルシースケーブル	CCV
制御用架橋ポリエチレン絶縁ポリエチレンシースケーブル	CCE

制御用ケーブルの断面

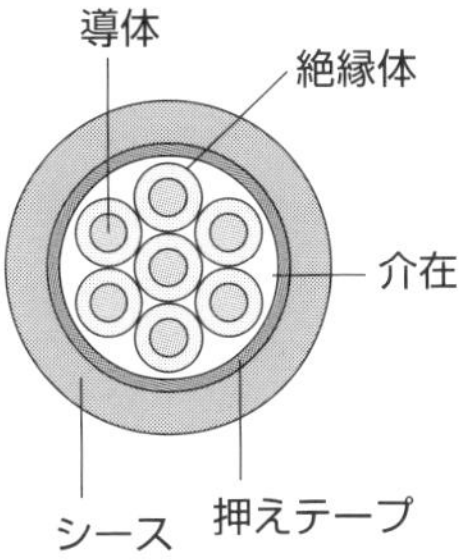

計装用ケーブル

種類	記号
弱電計装用ポリエチレン絶縁ビニルシースケーブル	JKEV
弱電計装用ビニル絶縁ビニルシースケーブル	JKVV
弱電計装用ポリエチレン絶縁ポリエチレンシースケーブル	JKEE

計装用ケーブルの識別・配列

対番号	1	2	3	4	5	6	7	8	9	10	11	12	13	14	15
第1種線心	青	黄	緑	赤	紫	青	黄	緑	赤	紫	青	黄	緑	赤	紫
第2種線心	白					茶					黒				

5 対　10 対　15 対

遮へいの種類と記号

種類	記号
銅テープ遮へい	−S
銅線編組遮へい	−SB
アルミ箔付テープ遮へい	−SLA
銅・鉄テープ遮へい	−SCF
鉄テープ遮へい	−SF

26 EMケーブルって何？

環境配慮型のケーブル

EMはエコマテリアルの意味ですが、合わせて耐燃性も有しています。耐燃性とは、【電技解釈】の第1条で「炎を当てても燃え広がらない性質」とされており、具体的には、燃焼させている炎を取り去った後60秒以内に自然に消える特性です。EM電線・ケーブルはハロゲン元素や鉛などの重金属を含まないので、次のような特徴を持っています。なお、ハロゲン元素とは、フッ素、塩素、臭素、ヨウ素、アスタチンの5つの元素の総称です。

①燃焼時に有害なハロゲンガスの排出がない
②埋立されても鉛等の重金属の土壌汚染がない
③火災時に発煙量が少ない
④火災時に腐食性ガスを発生しない
⑤焼却処分時にダイオキシン類の発生がない

EMケーブルはポリエチレン系の材料を用いていますので、ビニル材料に比べて多少硬い性質を持っています。しかし、許容曲げ半径は従来のケーブルと同じですので、施工の面では影響はありません。ただし、水酸化マグネシウムの難燃剤を配合していますので、ケーブル布設時に強く擦ったり、配管等の角に当たったりすると、白い跡が残る(白化現象)場合があります。そのため、施工の際には注意が必要です。また、多湿な場所に布設された場合にも、白化現象を生じる場合があります。

EM電線・ケーブルの耐熱温度は、従来電線よりも高く75℃ですので、場合によってはケーブルのサイズダウンが図れますが、ポリエチレンは紫外線によって劣化現象が生じますので、布設場所によっては、紫外線で劣化し、ケーブル表面にヒビが生じることがあります。

なお、EM電線・ケーブルは、従来のケーブルと容易に区別できるように、ケーブル全体に1条突起が付けられています。また、EM電線には、EMコードやEMキャブタイヤケーブルもあります。

要点BOX
●燃焼時にハロゲンガスが出ない
●火災時に発煙量が少ない
●焼却処分時にダイオキシン類の発生がない

従来ケーブルとEMケーブルの違い

種別	部位	従来電線・ケーブル	EM電線・ケーブル
絶縁電線	絶縁体	ビニル	耐燃性ポリエチレン
ケーブル	絶縁体	ビニル	ポリエチレン
		ポリエチレン	ポリエチレン
		架橋ポリエチレン	架橋ポリエチレン
		EPゴム	EPゴム
		ビニル	ポリオレフィン
	シース	クロロプレンゴム	耐燃性ポリエチレン
		ビニル	耐燃性ポリエチレン

EM電線の特徴（ビニル電線との比較）

性能	ビニル電線・ケーブルとの比較
耐電圧性	同等
耐絶縁性	優れている
耐熱性	75℃（ビニルは60℃）
耐水性	同等（白化現象は生じる）
耐候性	紫外線劣化あり
耐薬品性	同等
取り扱い性	やや劣る（白化現象・硬い）
太さ	同等の外径
重量	やや軽い

電力ケーブル材料比較

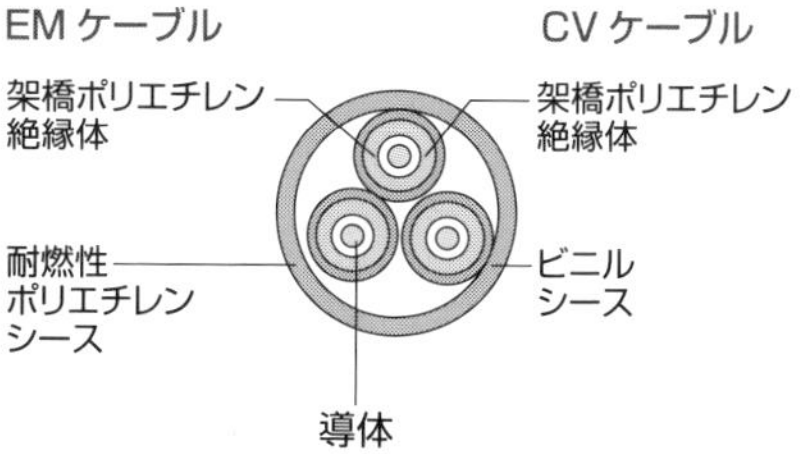

2種キャブタイヤケーブル材料比較

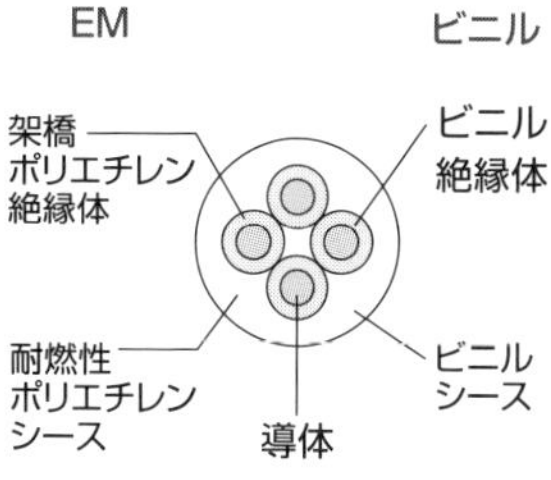

制御用ケーブル材料比較

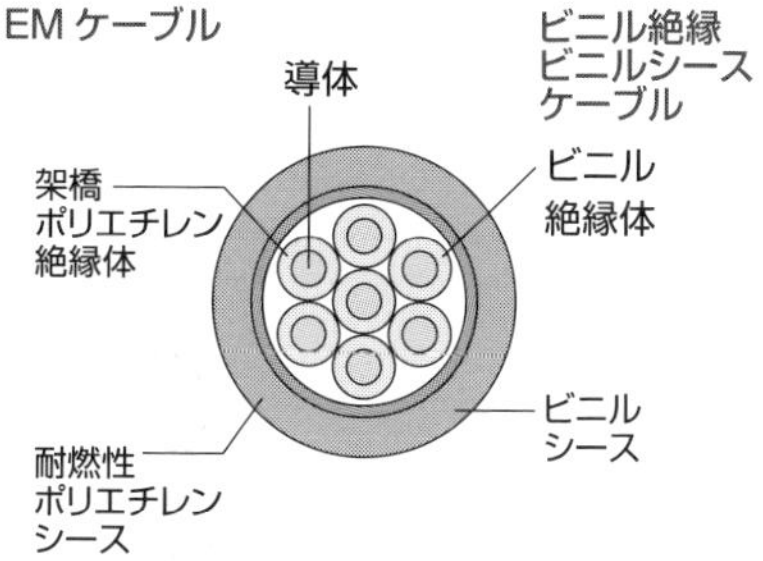

Column

電工ドラムは正しく使いましょう!

電工ドラムは工事現場では非常に多く使われている工事資材です。また、結構、一般の人も使用しているようで、場合によってはコードリールなどとも呼ばれています。しかし、この電工ドラムが適切に使われていない場面が多く見受けられます。

少なくとも電工ドラムには屋外型と屋内型がありますので、その点は注意しなければなりません。工事で使い慣れている人はさすがにその点は間違えていないと思いますが、使っている際に、ケーブルを少ししか引き出さずに使っている例は散見されます。すべて引き出すと元に戻すのが面倒だからとか、短時間の使用だから大丈夫ということで、最小限の長さしか引き出さないで使用する例は多いようです。電工ドラムはケーブルが密に巻かれていますので、巻かれたままで使うと熱の放散ができなくなり、温度が上がってしまいます。第1章でも説明した通り、電線は温度が上がると抵抗値が上がり、さらに電流が流れにくくなります。抵抗で損失された電力は熱となってさらにケーブルの温度を上げてしまいます。その結果、許容電流値内の使用をしているにもかかわらず危険が生じるのです。最近では温度センサ付きの燃焼防止保護機能付きのものもありますが、基本的には、正しい使い方である電線をすべて引き出して使うようにする習慣を身につける必要があります。

仕事で使っている人は習慣化すれば良いのですが、著者は地元の自治会の夏祭りで、電工ドラムの誤った使用例を見かけました。電工ドラムにはレンタルがありますので、自治会でレンタルして使っていたのですが、コンセントが近い場所にあったため、出店を担当している住民が、電工ドラムのケーブルをほとんど引き出さずに使っていました。しかも、負荷は綿アメの製造機ですので、電流値も高いと想定されました。そこで、「これは危ない」と声をかけてケーブルを引き出したのですが、それが担当者からの叱責を受ける結果となりました。そこで、時間をかけて電工ドラムの危険性を説明したところ、何とか信じてもらえ、そのまま使ってもらうことができました。それでも引き出したケーブルをできるだけ広げておいたので、担当者が交代するたびに同じ説明をさせられたのには閉口しました。

第4章

情報通信社会を支える
ケーブルのいろいろ

27 情報をメタルで交信する

通信回線は信号電流を往復させる2本の導体を基本構成とする電線です。導体には電気用軟銅線を使い、絶縁体にポリエチレンやポリ塩化ビニルを用いて心線を作ります。この心線をより合わせて2本の通信線を形成させるわけですが、そのより合わせ方に、次の方法があります。

①対より：2本の心線をより合わせる
②星形カッド：心線4本を正方形の頂点にそろえてより合わせる（対角線上の2心線が対）

星形カッドの場合には、対よりの場合よりも対の導体間の距離が大きくとれるので、対よりよりも絶縁膜を薄くできます。これらのより線を使った屋外型のケーブルには次のようなものがあります。

(1)市内対ポリエチレン絶縁ケーブル

市内ケーブルは、市内電話局から加入者への配線として使われているケーブルで、屋外型の通信ケーブルとして最も多く使われているケーブルです。市内ケーブルとしては、市内対ポリエチレン絶縁ビニルシースケーブル（CPEV）と市内対ポリエチレン絶縁ポリエチレンシースケーブル（CPEE）があります。屋外に使われるケーブルのため、耐紫外線性に優れたシース材料が用いられています。通信線は外部からの外乱を防ぐ遮へいを用いる場合が多くありますが、遮へいの方法によって、このケーブル記号の後に、遮へいの記号が付けられます。

(2)自己支持形ケーブル

架空線路には、支持鋼より線とケーブル本体を一体化した自己支持形ケーブルが広く用いられています。支持線と通信ケーブルの形状によって、次の種類があります。このうち、だるま形が最も一般的に用いられています。

①だるま形（SSD）
②巻付け形（SSS）
③平行形（SSF）

要点BOX
●よりの仕方で対よりと星形カッドがある
●耐紫外線に優れたシース材を使用する
●架空配線では自己支持形もある

より合わせ方法

対より

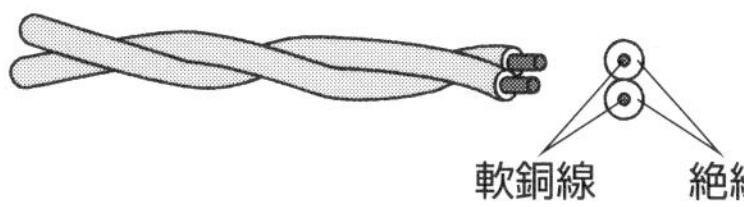

星形カッド

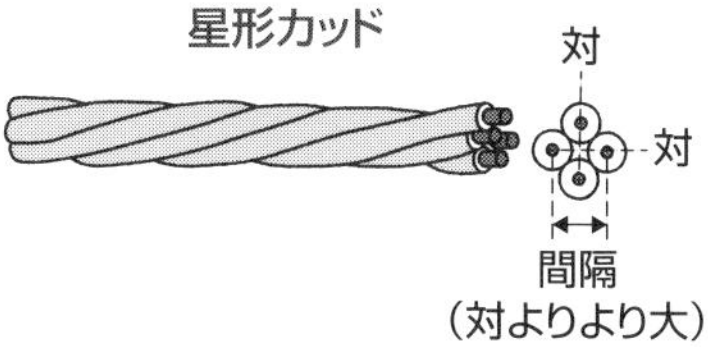

識別と配列（CPEV／CPEE）

対の種類＼線心	第1種線心	第2種線心
第1線種心色（普通対）	赤	白（自然色）
第2線種心色（トレーサ対）	青	白（自然色）

CPEV/CPEE
10 対ケーブル識別

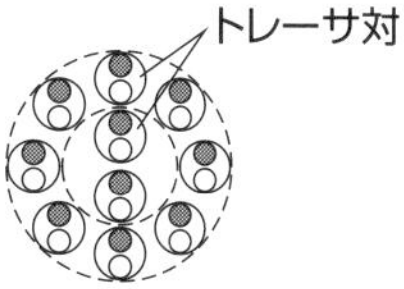

遮へいの記号

各対遮へい	
なし	各対遮へいなし
PSC	各対軟銅テープ遮へい
PSB	各対軟銅線編組遮へい

一括遮へい	
なし	遮へいなし
SC	軟銅テープ遮へい
SB	軟銅線編組遮へい
SCF	銅鉄テープ遮へい
SA	アルミテープ遮へい
SAM	アルミ箔張付けプラスチックテープ遮へい

だるま形（SSD）

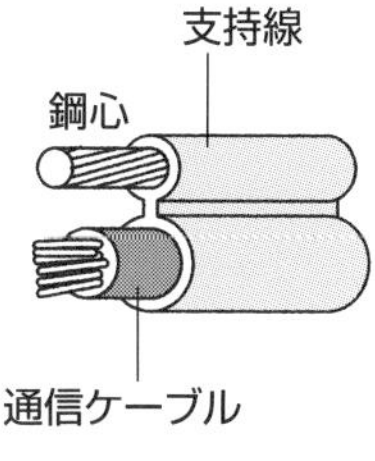

巻付け形（SSS）

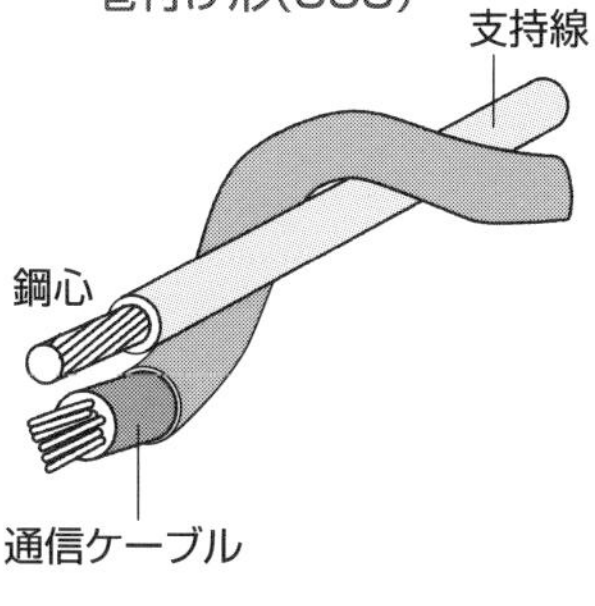

平行形（SSF）

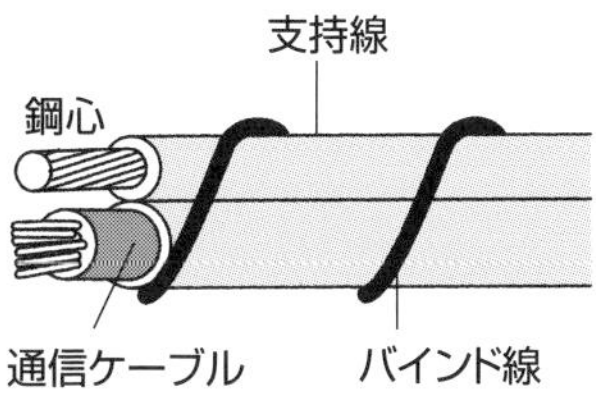

28 屋内使用の情報伝送用ケーブル

FCPEVとUTP

通信ケーブルについても、架空配線だけではなく、埋設配線が増えてきています。地下の管路やトラフ等に収納する場合には、耐水性のためにラミネートシースを施したものを使いますが、直埋ケーブルの場合には、波付鋼管がい装（MA）付きケーブルを用います。また、海底ケーブルの場合には、鉄線がい装（WA）ケーブルが用いられています。

一方、架空配線または埋設配管から屋内に引き込まれた通信ケーブルは、屋内では次のようなケーブルを使って情報が伝達されます。

(1)局内ビニル絶縁ビニルシースケーブル

電話局内や構内交換設備などでは局内ビニル絶縁ビニルシースケーブル（SWVP）が用いられます。このケーブルは、絶縁体に色やプリントマークが施されており、全線心が識別可能です。

(2)構内用市内ケーブル

利用者建屋内での構内通信回線用としては、着色識別ポリエチレン絶縁ビニルシースケーブル（FCPEV）が用いられます。このケーブルは、前項に示したCPEVとは違い、全線に識別のための着色がなされています。

(3)通信用屋内ビニル平形電線

保安器と電話機間には、屋内用通信電線（TIVF）が用いられます。この電線は、2心または3心を平行に配置し、ビニルで被覆したシンプルな構造をしています。

(4)LANケーブル

LANケーブルとしては、非シールドより線（UTP）が用いられています。UTPは2対の電線4組で構成されている電線です。両端にRJ-45コネクタというモジュラジャックを取り付けており、これを使って通信機器に接続されます。UTPケーブルは保証する伝送速度や周波数のクラス分けとして「カテゴリ」という区分がされています。

要点BOX

- ●局内ではSWVPが用いられる
- ●構内通信にはFCPEVが用いられる
- ●LANにはUTPが用いられる

着色識別ポリエチレン絶縁ビニルシースケーブル(FCPEV)の対ユニット識別

対番号	1	2	3	4	5	6	7	8	9	10	11	12	13	14	15
第1種線心	青	黄	緑	赤	紫	青	黄	緑	赤	紫	青	黄	緑	赤	紫
第2種線心	自然色					茶					黒				

屋内用通信電線(TIVF)

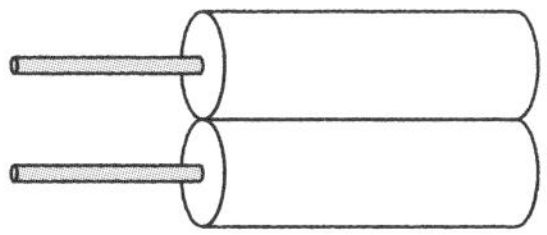

CAT6 UTPの断面

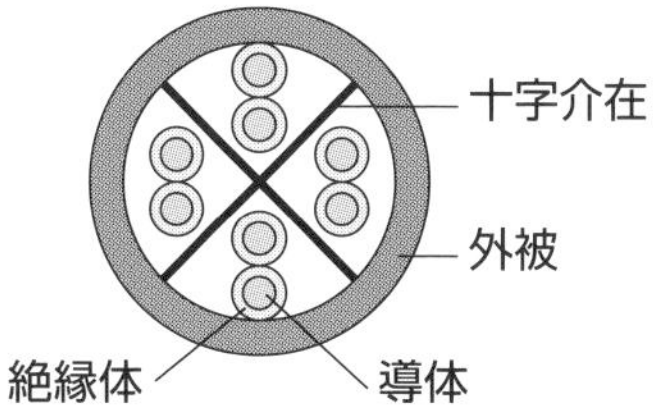

UTPパッチコード

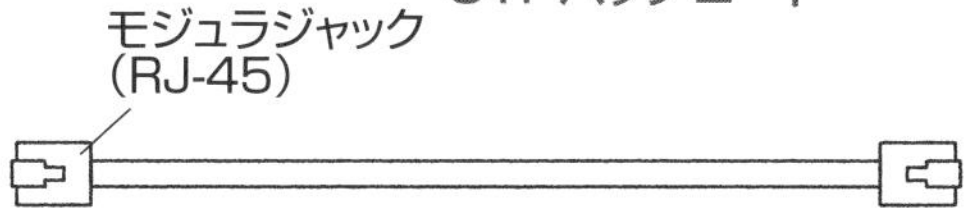

UTPケーブルの種類と伝送帯域

	最大通信速度	伝送帯域
カテゴリ5	100M bps	100 MHz
カテゴリ5e	1G bps	100 MHz
カテゴリ6	1G bps	250 MHz
カテゴリ6A	10G bps	500 MHz
カテゴリ7	10G bps	600 MHz
カテゴリ7A	10G bps	1000 MHz
カテゴリ8	40G bps	2000 MHz

29 大量情報伝送のために

光ファイバ自体は、直径0・125㎜程度の細いガラス線です。これをケーブルにするために、まず素線を作り、素線を使って心線を作り、この心線を複数収納して光ファイバケーブルとします。

(1)素線と心線

光ファイバケーブルを作る際には、まず光ファイバに紫外線硬化樹脂の被覆を施し、0・25㎜径とした素線を作ります。その素線に熱可塑性樹脂を被覆して、0・9㎜の心線を作ります。または、素線を複数本平行に並べて、それらを一括して被覆したテープ心線を作ります。テープ心線には、2心、4心、8心などがあります。これらの心線を使って次に示すようなケーブルやコードを作ります。

(2)テープスロット型ケーブル

テープスロット型ケーブルは、複数のテープ心線を重ねて、各スロットに収容しますので、高密度な実装が可能なケーブルです。スロットの深さを深くして収納できるテープ心線の数を増やしたり、スロットの数を増やすことで、1本のケーブル内に1000を超す心線を内包するものもあります。

(3)層型ケーブル

層型ケーブルは、中心にテンションメンバ(鋼心)を持ち、その周りに0・9㎜の心線を配置したケーブルです。テンションメンバにFRPを使ったノンメタリックタイプもあります。

(4)スペーサ型ケーブル

スペーサ型ケーブルは、0・9㎜の心線を溝型のスロットスペーサに収納したもので、外部からの側圧や衝撃に強いケーブルです。

(5)自己支持形ケーブル

架空線路には、第27項のメタル通信ケーブルで説明した自己支持形ケーブルを用います。形式も同様に、だるま形(SSD)、巻付け形(SSS)、平行形(SSF)があります。

要点BOX

- ●多心数のテープスロット型ケーブル
- ●ノンメタリックタイプのケーブルもある
- ●自己支持形ケーブルも使われる

光ファイバの素線と心線

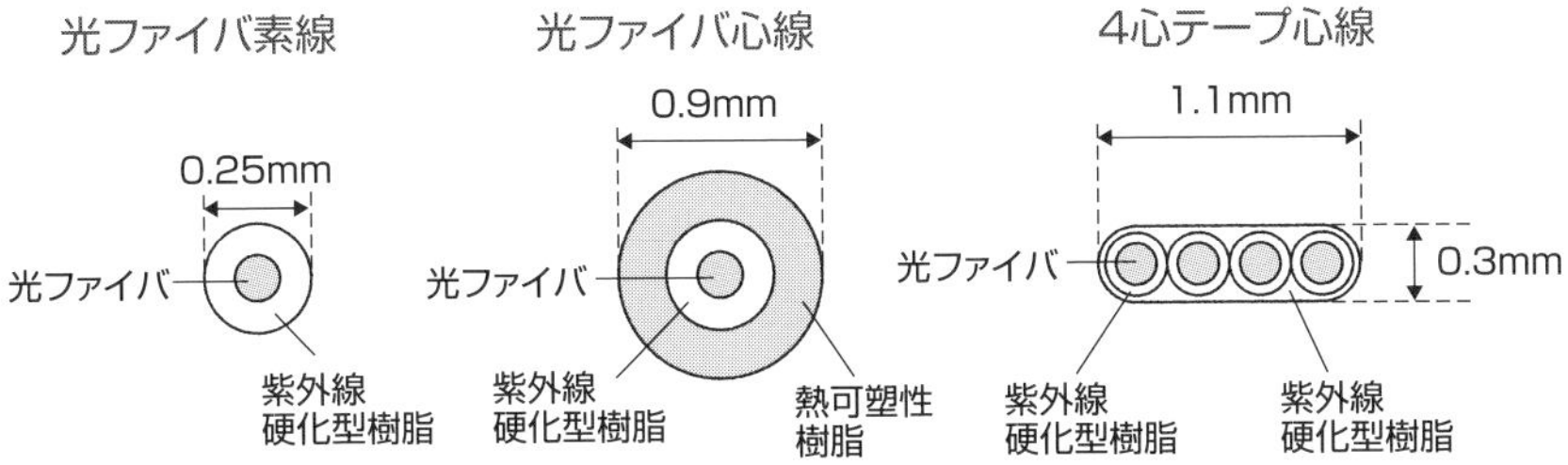

光ファイバケーブルの断面

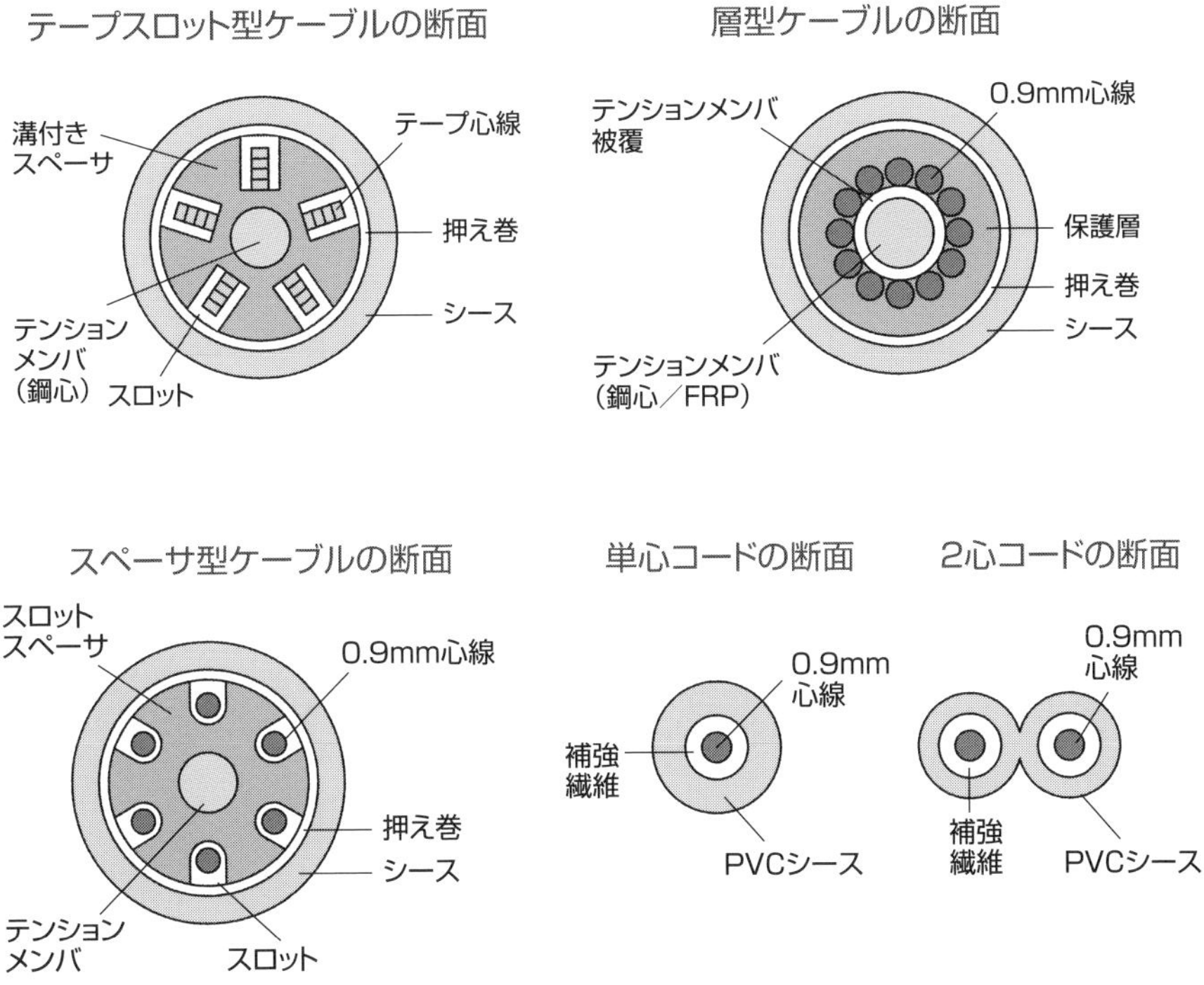

30 環境から光ファイバを保護するがい装

海底光ファイバケーブルの構造

光ファイバは、電話局間や携帯電話基地局間などの通信線として広く用いられていますので、条件によってさまざまな環境要素から影響を受けます。

(1)がい装

光ファイバを、側圧や衝撃、動物や鳥、虫などから守るために、金属がい装や防食シースが設けられます。がい装には次のようなものがあります。

①波付鋼管がい装（MAZE）

②ステンレスラミネートシース（HS）

③鉄線がい装（WAZE）

(2)海底光ファイバケーブル

インターネットとはWWW（ワールドワイドウェブ）というように国際間通信を前提にしています。過去には、通信衛星を使った国際通信が行われていましたが、通信衛星は地球から3万6千km上空にあるため、通信距離は往復の7万2千kmにもなり遅延が生じます。一方、海底ケーブルを使うと太平洋横断距離は9千km程度で、光の速度は30万km毎秒ですので、遅延が少なくて済みます。しかも、伝送量は非常に多いので、海底光ファイバケーブルは社会になくてはならないものとなっています。

(3)海底光ファイバケーブルの構造

海底光ファイバケーブルは、海岸部から海に下げていきますが、海岸部から一定の距離までは、海底を掘削して埋設していきます。それより深くなると、海底の変化に沿って海底表面に布設していきます。太平洋では、一番深いところで8千mの海底に布設されています。海岸に近い部分では、船舶のイカリやサメなどによる攻撃などもあるため、がい装が多重化されたケーブルを使いますが、深くなるにつれてがい装が軽微になり、水深1500mを超えると無がい装ケーブルになっていきます。最も深い所では8百気圧がケーブルにかかりますが、直径2cm程度の無がい装ケーブルが情報を的確に運んでいます。

要点BOX

- ●環境対応のためがい装が使われる
- ●光ファイバは国際通信を担っている
- ●深い海底ほど細いケーブルになる

国際通信の仕組み

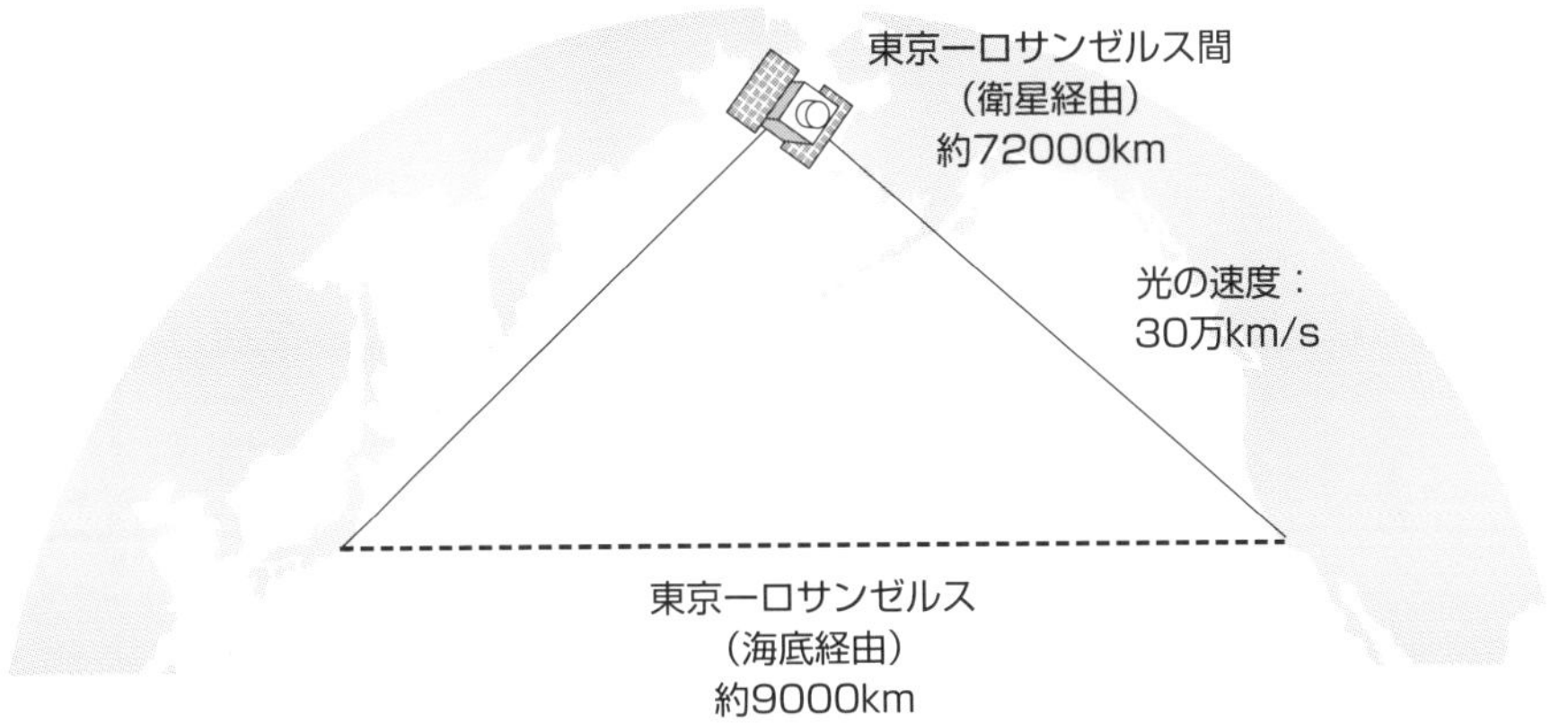
東京ーロサンゼルス間
（衛星経由）
約72000km
光の速度：
30万km/s
東京ーロサンゼルス
（海底経由）
約9000km

海底光ファイバケーブルの種類と使い方

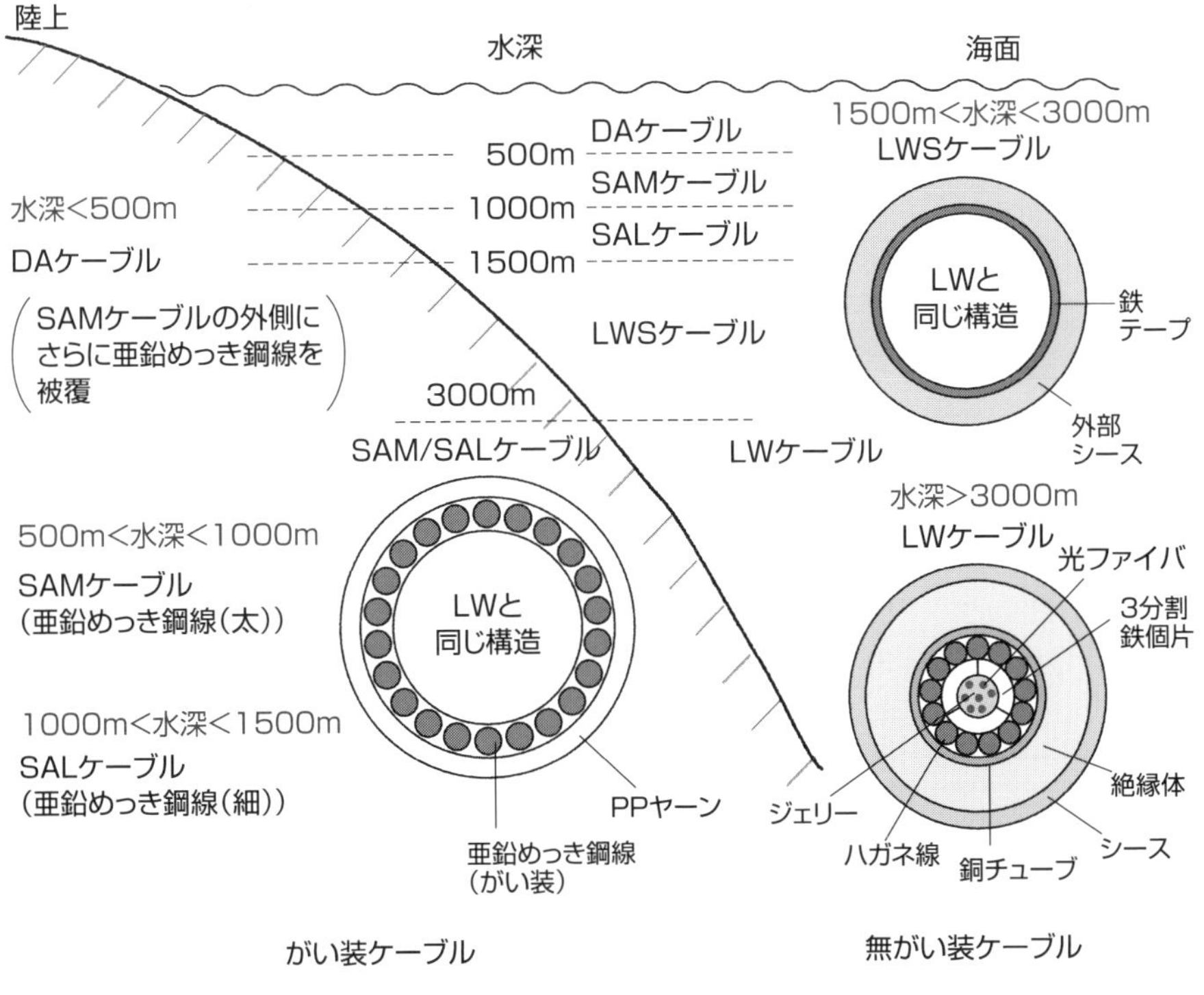
陸上
水深
海面
500m
1000m
1500m
3000m
DAケーブル
SAMケーブル
SALケーブル
LWSケーブル
1500m<水深<3000m
LWSケーブル
LWと
同じ構造
鉄
テープ
外部
シース
水深<500m
DAケーブル
（SAMケーブルの外側に
さらに亜鉛めっき鋼線を
被覆）
SAM/SALケーブル
LWケーブル
水深>3000m
LWケーブル
光ファイバ
3分割
鉄個片
500m<水深<1000m
SAMケーブル
（亜鉛めっき鋼線（太））
1000m<水深<1500m
SALケーブル
（亜鉛めっき鋼線（細））
LWと
同じ構造
PPヤーン
亜鉛めっき鋼線
（がい装）
ジェリー
ハガネ線
銅チューブ
絶縁体
シース
がい装ケーブル
無がい装ケーブル

31 同軸ケーブルの特性

4K・8K放送を見るために

同軸ケーブルは、1本の内部導体と中空の円筒形の外部導体とをポリエチレン等の絶縁体やスペーサを使って同心円状に配置した不平衡形通信ケーブルです。外部導体としては、軟銅線編組が用いられますが、二重・三重になったものやアルミ箔付などを重ねるものがあります。最近では、主に放送用や計測機器用、単独の監視カメラシステムなどに使われています。

(1)同軸ケーブルの特徴と略号

同軸ケーブルで高周波を伝送すると、表皮効果によって、内部導体では外表面に、外部導体では内表面に電流が集中して流れるため、外部に電流が漏れません。そのため、遮へい効果が高く、外部ノイズに強いという特徴があります。また、同軸ケーブルは、メタルより対線に比べて、伝送帯域が広いという特長を持っています。

同軸ケーブルの構造と略号については左頁に示しますが、特性インピーダンス75Ωのものはテレビ用として用いられており、一般に4Cと5Cが用いられています。50Ωのものは送信局などの業務用や、精度の高い測定を行う必要がある計測機器用として用いられています。

(2)減衰特性

ケーブルを通して高周波な帯域を伝送する場合には、減衰が生じます。それは同軸ケーブルでも同様で、同軸ケーブルでは、一般に周波数の平方根に比例して減衰が増大します。減衰量を少なくするためには、内部導体の太さを太くするか、絶縁体が厚いほど減衰は小さくなります。また、シールドの数を増やしていくと減衰は抑えられます。

(3)ブースタの活用

基本的に、伝送距離が長くなると、信号の減衰は大きくなりますので、その場合には、途中にブースタ(増幅器)を入れて、信号を増幅します。

要点BOX

- 同軸ケーブルは不平衡形通信ケーブル
- 高周波な帯域は減衰が大きくなる
- 信号はブースタで増幅できる

同軸ケーブルの構造と略号

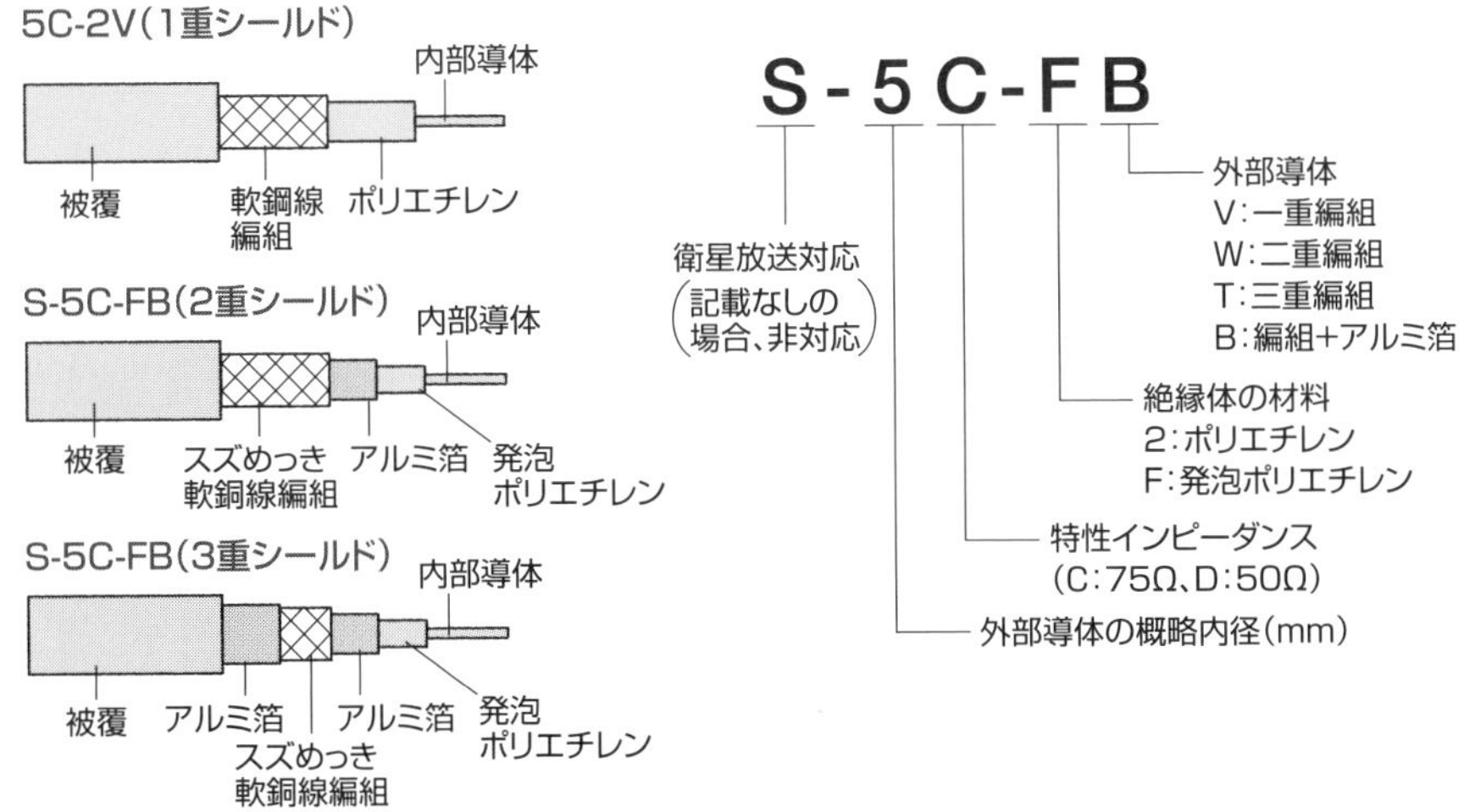
5C-2V(1重シールド)
内部導体
被覆
軟銅線編組
ポリエチレン
S-5C-FB(2重シールド)
内部導体
被覆
スズめっき軟銅線編組
アルミ箔
発泡ポリエチレン
S-5C-FB(3重シールド)
内部導体
被覆
アルミ箔
スズめっき軟銅線編組
アルミ箔
発泡ポリエチレン
S-5C-FB
衛星放送対応
(記載なしの場合、非対応)
外部導体
V:一重編組
W:二重編組
T:三重編組
B:編組+アルミ箔
絶縁体の材料
2:ポリエチレン
F:発泡ポリエチレン
特性インピーダンス
(C:75Ω、D:50Ω)
外部導体の概略内径(mm)

テレビ共聴設備の構成例

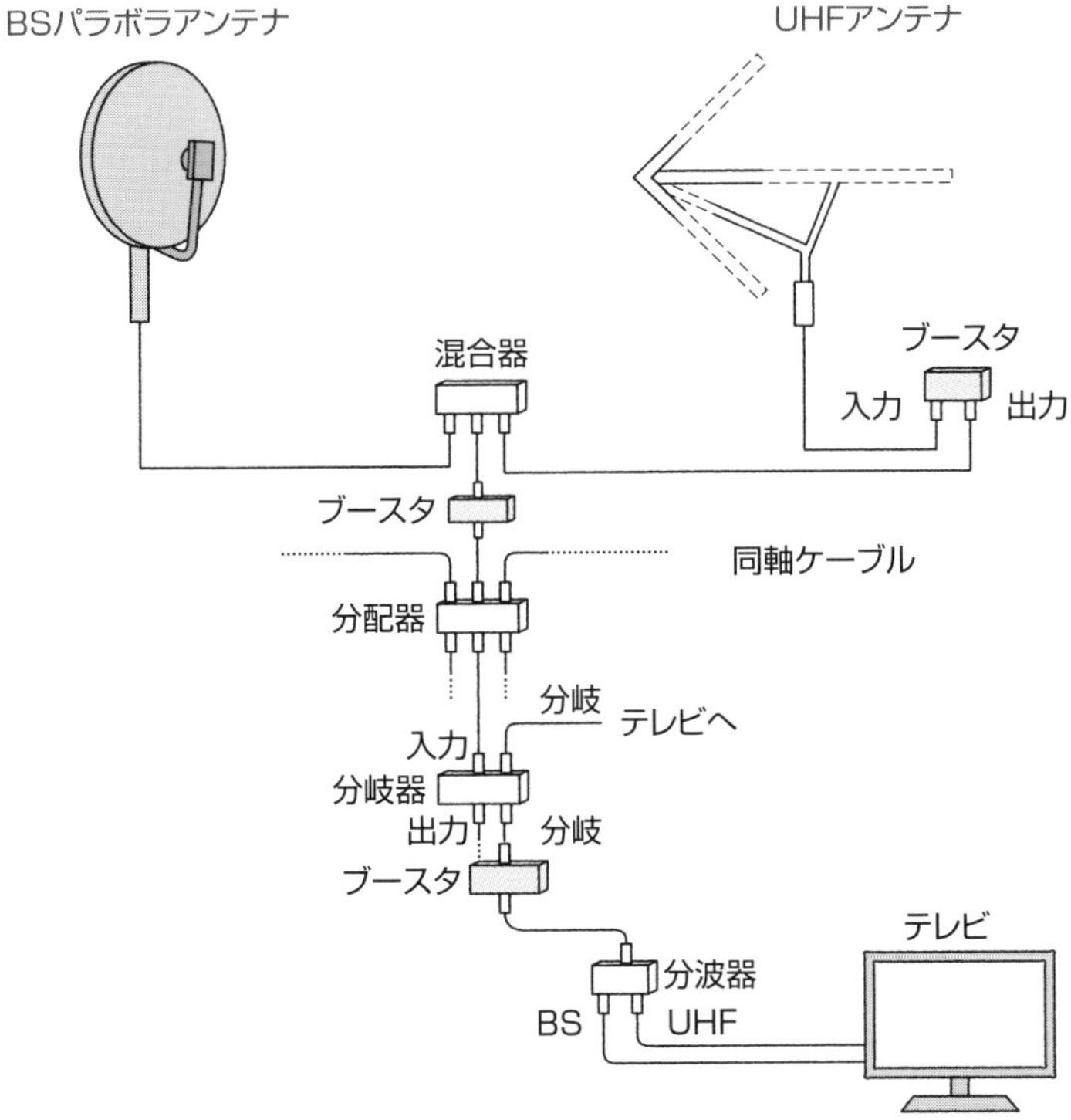
BSパラボラアンテナ
UHFアンテナ
ブースタ
入力
出力
混合器
ブースタ
同軸ケーブル
分配器
分岐
テレビへ
入力
分岐器
出力
分岐
ブースタ
テレビ
分波器
BS
UHF

32 地下鉄で携帯電話が使える訳

漏えい同軸ケーブルの効果

同軸ケーブルは信号エネルギーが外部に漏れることなく伝送できるケーブルです。しかし、漏えい同軸ケーブルは、それとは逆に、外部に信号を漏らすのが特徴のケーブルです。

(1)漏えい同軸ケーブルの構造と特徴

漏えい同軸ケーブルは、基本的に同軸ケーブルと同様に、1本の内部導体(軟銅線または銅パイプ)と中空の円筒形の外部導体とをポリエチレン等の絶縁体やスペーサで同心円状に配置した構造になっています。ただし、外部導体に電波専用の窓(スロット)を設けているのが特徴で、これによって、アンテナ機能を発揮します。対応する周波数帯は、150MHzから800MHz程度となっています。また、電波の到達距離は長くても数十m程度と限定された区域内になります。

(2)交通機関への適用

漏えい同軸ケーブルは、新幹線の列車無線として活用されています。使用している周波数は400MHzで、指令通話用、業務連絡用、車上機器監視用の他に、車内ニュースや車内無線LANサービスなどに活用されています。また、地下鉄や道路などのトンネルや地下街などの電波不感地帯での携帯電話の通信アクセス手法としてや、道路トンネル内のFMラジオ放送中継などとしても活用されています。交通機関等に用いられる漏えい同軸ケーブルは、直径50mm程度のものになります。

(3)特定エリアへの適用

漏えい同軸ケーブルは、通信距離がケーブルから数mという限られたエリアにしか電波を放射できない代わりに、反射波によるマルチパスなどによる品質劣化もないため、高い通信品質での通信が可能です。また、セキュリティの面でも優れていますので、オフィスや倉庫、直線的に移動する機器を使用する工場などにも活用されています。

要点BOX
- ●漏えいすることが使命のケーブル
- ●電波不感地帯で活用されている
- ●セキュリティ対策としても活用されている

漏えい同軸ケーブル(LCX:Leaky Coaxial Cable)

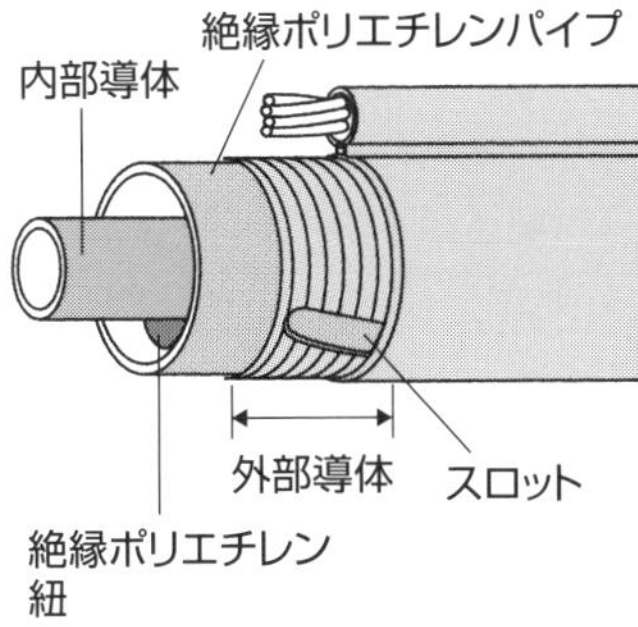

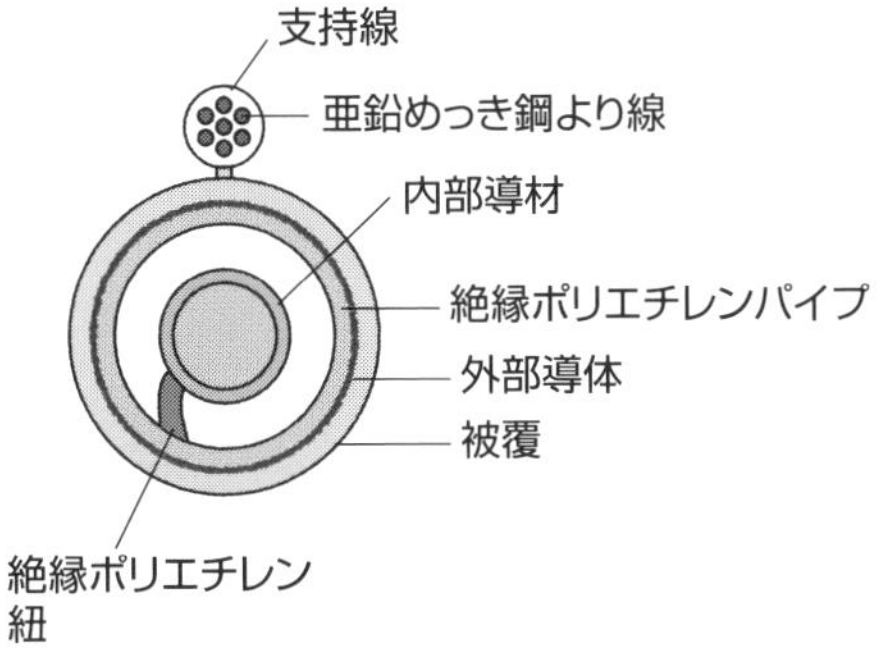

道路トンネルシステム

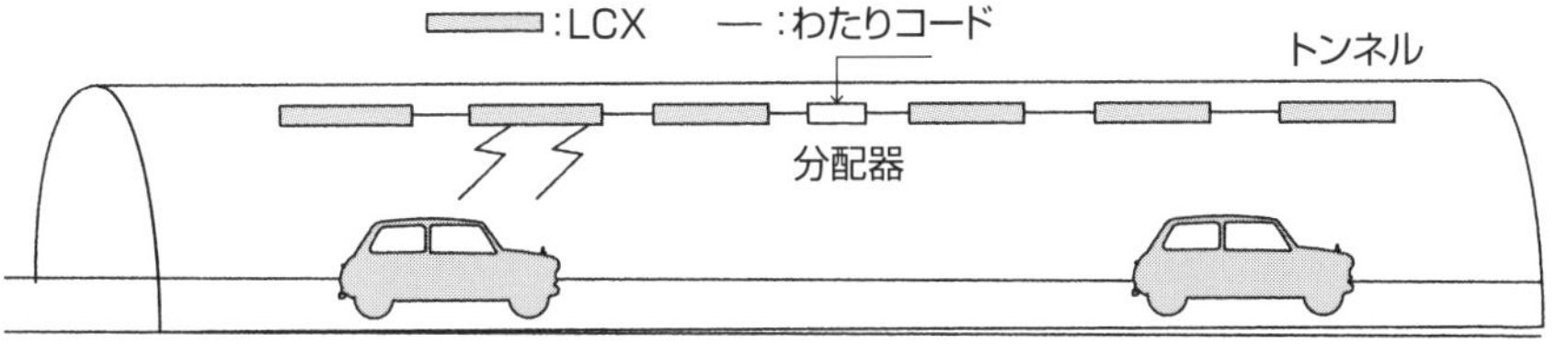

倉庫システム(在庫管理)

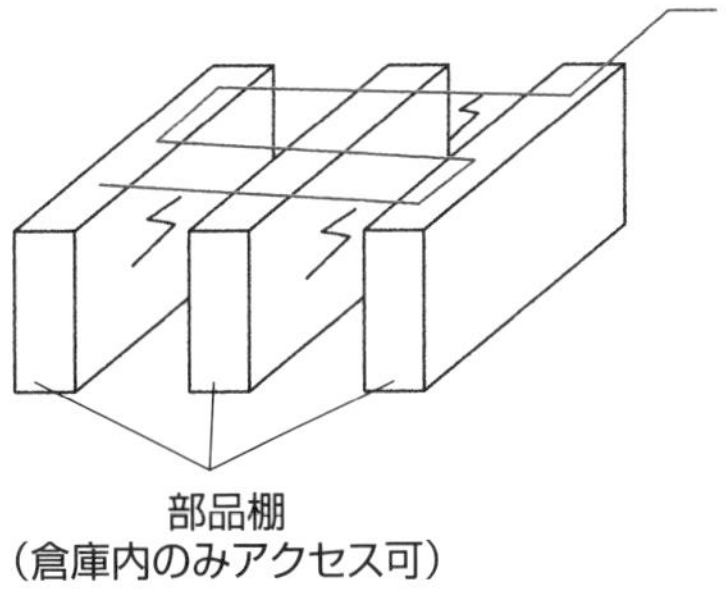

オフィスシステム(無線LAN)

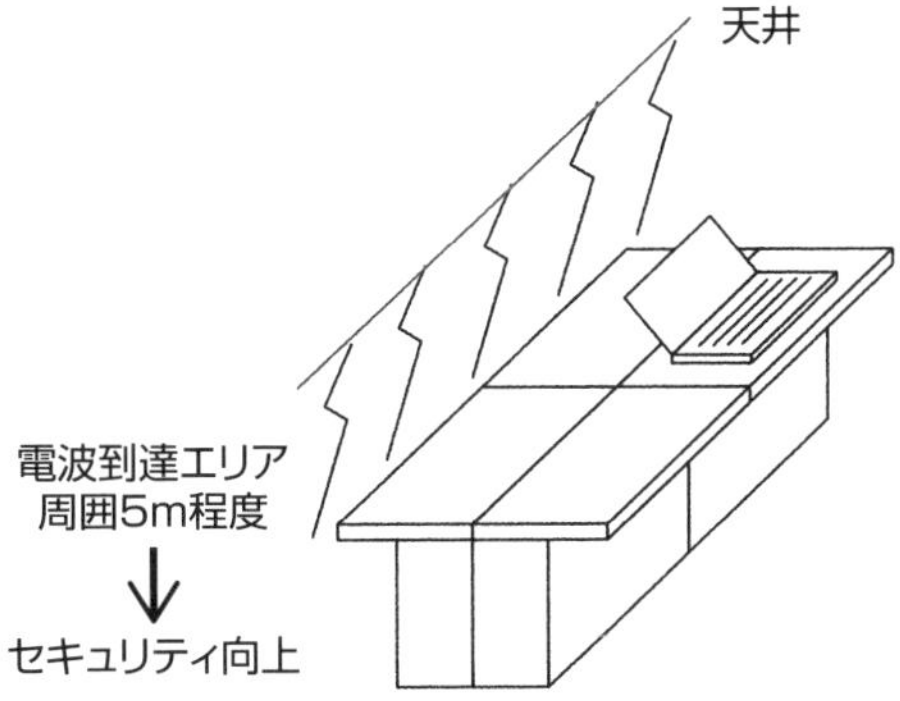

Column

5Gも8Kも ケーブルあってこそ

最近では5Gの無線通信サービスが注目を浴びています。5Gサービスを使って2時間の映画コンテンツをダウンロードする場合には2秒しかかからないといわれています。また、自動運転や遠隔医療サービスなど、あらゆるものがインターネットでつながるIoTについても、高速無線通信サービスとともに始まるといわれています。そういった話を聞くと無線通信のすごさだけが印象に残ります。しかし、無線通信が使われているのは、個々の端末と基地局間になります。この間の通信速度が速くなるわけですが、速いということは、高い周波数の電波を使うことを意味しています。高い周波数の電波を使うと電波の減衰が大きくなりますので、5G、将来的には6Gという通信が使われるためには、これまでよりも基地局の数を増やしていく必要があります。それでは基地局間の通信は何が担っているかというと、光ファイバ通信なのです。

また、インターネットは世界を結んでいる通信システムになります。ですから国際通信が大容量で高速である必要があります。そこを担っているのも、やはり光ファイバである点はすでに説明しました。ですから、この部分を抑えていることがグローバルな活動をする企業には重要な要素となっています。そのため、ここを通信会社に委ねるのではなく、世界の巨大IT企業も自前でまかなおうと考えるようになってきています。

一方、放送分野においては、4K・8Kという言葉をよく聞くようになっており、自宅にも4Kテレビをと考える人が増えています。

しかし、これまでのように、家電量販店で4K対応テレビを買ってくれれば4K放送が見られるというほど単純ではありません。4Kテレビと合わせてパラボラアンテナを買い替える必要があるのです。それだけではなく、やはり4K・8K放送も高い周波数の電波帯を使っていますので、パラボラアンテナと4Kテレビ間をつなぐ同軸ケーブルも、衛星放送対応のものを使用する必要があります。

また、集合住宅のテレビ共聴システムでは同軸ケーブルでの減衰量が多くなりますので、ブースタの増設や交換が必要なケースもあります。

このように、ケーブルが通信の要の素材である点は変わっていないのです。

第5章

巻線と使用環境に対応した電線たち

33 巻かれて生きる電線たち

電気機器内でひそかに働く電線

電力や信号を離れた場所に送るのが目的ではなく、電気的エネルギーと機械的エネルギーを相互に変換するために、電気機器内でコイル状に巻かれて使われる電線を巻線といいます。巻線は、海外ではワインディングワイヤとかマグネットワイヤと呼ばれています。巻線は、大きな電気機器としては、発電所の発電機や変圧器などから、電子回路が使われる腕時計までと、広い範囲で使われています。巻線は、使われる機器の特性に合わせて製造されているため、きわめて多くの種類があります。

(1)巻線の構造による分類

巻線を構造的な面から分類すると、エナメル線、横巻線、複合絶縁巻線(エナメル横巻線)に分類できます。

(2)巻線の耐熱性による分類

巻線では、耐熱クラスがJISで定められています。耐熱クラスを機器の銘板などに表示する際に、スペースがない場合には、指定文字で示してもよいとされています。

(3)巻線の導体による分類

巻線に使われる導体材料としては、基本的には銅線が使われますが、軽量である必要がある場合にはアルミ線も使われます。特殊用途としては、ニッケルや銀などのめっき線、銅銀合金線なども使われる場合があります。

以上のうち、横巻線について説明します。横巻線は、導体上に繊維や紙・フィルムなどを、一重、二重または*n*重に被覆した線です。

繊維横巻線は、綿糸、絹糸、無アルカリガラス糸などを丸線や平角線に巻き付けたものです。また、紙・フィルム横巻線は、クラフト紙やポリエステルフィルム、芳香族ポリアミドフィルム、ポリイミドなどを巻き付けたもので、耐熱性が要求される回転機などに用いられます。

要点BOX
- ●エナメル線、横巻線、複合絶縁巻線がある
- ●耐熱クラスがJISで定められている
- ●導線に銅線やアルミ線が使われる

マグネットワイヤに求められる特性

① 絶縁厚さが薄く均一である
② 曲げ、伸び、擦れなどに被膜が強い
③ 耐熱性がある
④ 絶縁破壊電圧が高い
⑤ 電気特性が良い
⑥ 溶剤や薬品に強い
⑦ 加水分解しない
⑧ 耐水・耐湿性がある

耐熱クラスの呼び方（JIS C4003）

実績熱耐久指数又は相対熱耐久指数［℃］		耐熱クラス［℃］	指定文字
≧90	<105	90	Y
≧105	<120	105	A
≧120	<130	120	E
≧130	<155	130	B
≧155	<180	155	F
≧180	<200	180	H
≧200	<220	200	N
≧220	<250	220	R
≧250	<275	250	−

横巻線の構造

紙巻平角銅線

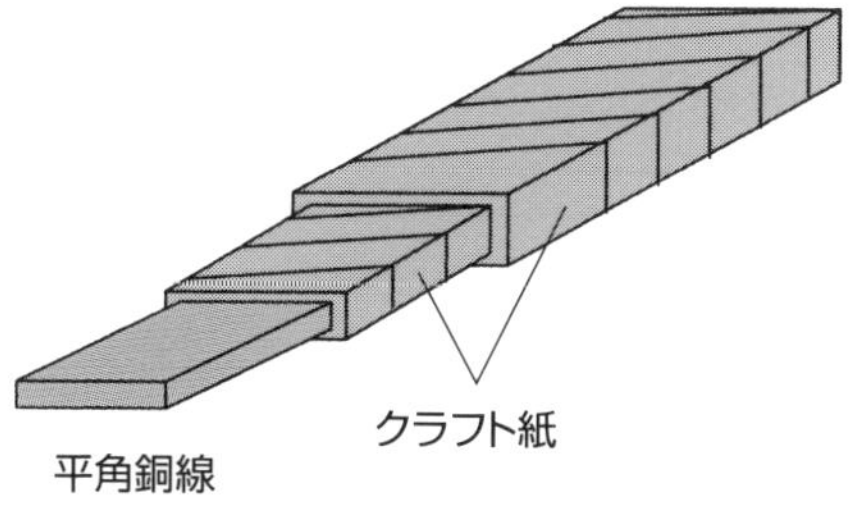

34 樹脂を焼き付けられた電線たち

いろいろなエナメル線

エナメル線は導体にワニスといわれる樹脂を焼き付けたもので、被膜の厚さによって、厚い方から0種、1種、2種、3種がJISで定められています。ワニスは、通常複数回焼き付けますが、その際に同一のワニスを焼き付けるものと、異種のワニスを焼き付けて機能性を高めているものがあります。機能としては、高速巻き付けに対応できるような機械的な保護目的、工程を省略するための接着目的、特殊な環境下でも安定させるための化学的保護目的などがあります。具体的には、巻線作業時に滑りやすい自己潤滑エナメル線や、加熱融着や溶剤融着ができる自己融着エナメル線があります。

(1)ホルマール線

ホルマール線は、ポリビニルホリマール樹脂を主成分としたワニスを使った温度指数105℃のエナメル線で、機械的強度と耐熱衝撃性が優れており、変圧器などに用いられています。

(2)ポリエステル線

ポリエステル線は、温度指数155℃のエナメル線で、マグネットコイルや小型モータ、家電製品などに使われています。

(3)ポリウレタン線

ポリウレタン線は、温度指数120℃のエナメル線で、着色が容易で、被膜をはく離させることなく、直接はんだ付けができます。スピーカのボイスコイルや小型モータに使われています。

(4)ポリイミド線

ポリイミド線は、温度指数240℃のエナメル線で、耐熱機器用モータや航空機用機器などに用いられています。

(5)ポリアミイミド線

ポリアミイミド線は、温度指数220℃のエナメル線で、電動工具や電装用モータなどに用いられています。

要点BOX

●0種、1種、2種、3種がある
●滑りやすい自己潤滑エナメル線
●加熱や溶剤融着ができる自己融着エナメル線

エナメル線の特徴と用途

線種	温度指数	長所	短所	用途
ホルマール線	105℃	皮膜が機械的に強い 可とう性がある 耐熱衝撃性が良い 加水分解に強い	クレンジングが発生しやすい	変圧器
ポリエステル線	155℃	電気特性が良い 耐熱性が良い 耐溶剤性が良い	加水分解に弱い 耐熱衝撃性が弱い	汎用モータ マグネットコイル 小型モータ
ポリイミド線	240℃ 280℃	耐熱性が良い 過負荷特性が良い 耐薬品溶剤性が良い	皮膜が機械的に弱い	耐熱機器用モータ 航空機用機器 電装用モータ 誘導加熱コイル
ポリアミイミド線	220℃	皮膜が機械的に強い 耐熱性が良い 過負荷特性が良い	可とう性が少ない	耐熱機器用変圧器 電動工具用モータ 電装用モータ
加熱融着線	200℃ 220℃	通電加熱や恒温槽で接着できる		各種コイル
溶剤融着線	155℃ 200℃	ワニス処理なしでコイル固めできる		モータ用コイル

自己潤滑エナメル線の断面

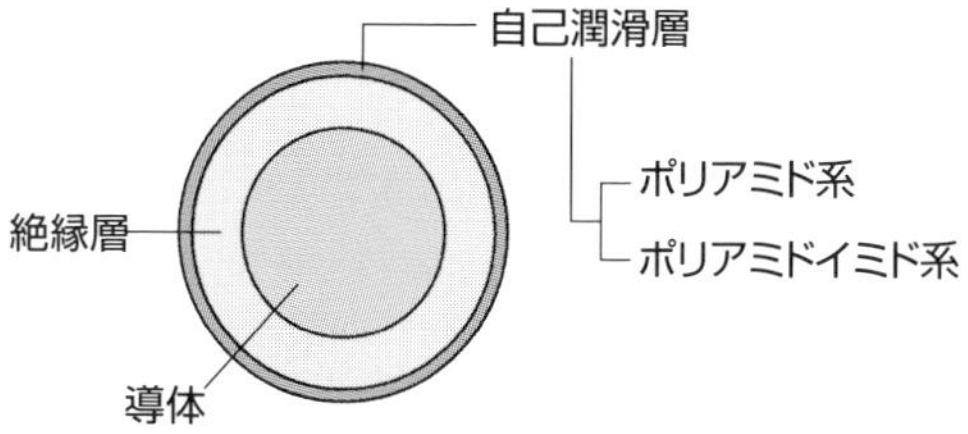

自己融着エナメル線の断面

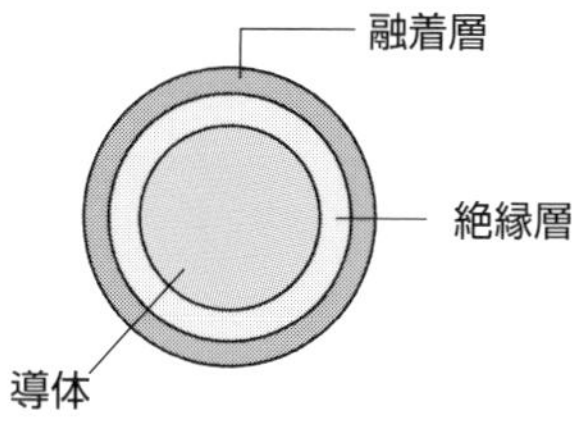

35 火事でも設備を動作させるための電線たち

耐火電線と耐熱電線

建物内で火災が発生した場合には、屋内消火栓設備やスプリンクラー設備を動かす必要があります。しかし、電線やケーブルは熱に弱いため、火災の炎で機能を失ってしまっては、そういった設備は動作しない結果になります。特に、多条布設されたケーブルがある場所に火災が発生した場合には、ケーブルが相互に影響して延焼を助長する危険性がありま す。それを少しの時間でも防ぐために、シース材料に難燃性ビニルや難燃ポリエチレンを用いたものが作られています。なお、難燃性とは【電技解釈】で、「炎を当てても燃え広がらない性質」と定義されていま す。また、火災時に煙が大量に発生してしまうと、避難する人たちの障害になりますので、煙の発生を抑えたケーブル材料も使われています。さらに、ハロゲン系の有毒ガスが発生しないように、ノンハロゲン材料をシースに用いるようになっています。

(1) 耐火電線（ＦＰ）

耐火電線は、消防庁に認定された電線で、30分間で８４０℃に達する火災温度曲線で加熱されても耐える電線です。露出配線用としてだけ使えるＦＰと、電線管内やダクト内と露出配線の両方に使えるＦＰＣがあります。

(2) 耐熱電線（ＨＰ）

耐熱電線は、消防庁に認定された電線で、15分間で３８０℃に達する温度曲線で加熱されても耐える電線です。

(3) 警報用ポリエチレン絶縁ケーブル（ＡＥ）

警報用ポリエチレン絶縁ケーブルは、火災報知設備などの耐熱保護を必要としない小勢力回路（使用電圧60Ｖ以下）に使用されるケーブルです。

なお、これらのケーブルは、消防法によって、それぞれの消防設備のどの部分に使えるかが詳細に規定されていますので、設計の際には、その内容を理解して適切に選定する必要があります。

要点BOX
- ●火災に対して難燃性が求められる
- ●耐火電線と耐熱電線がある
- ●使用場所が消防法で決められている

消防用電線

記号	種類	内容・用途
FP	耐火電線	消防庁に認定された電線で、30分間で840℃に達する火災温度曲線で加熱されても耐える電線
HP	耐熱電線	消防庁に認定された電線で、15分間で380℃に達する温度曲線で加熱されても耐える電線
AE	警報用ポリエチレン絶縁ケーブル	火災報知設備などの耐熱保護を必要としない小勢力回路(使用電圧60V以下)に使用されるケーブル

屋内消火栓設備・屋外消火栓設備

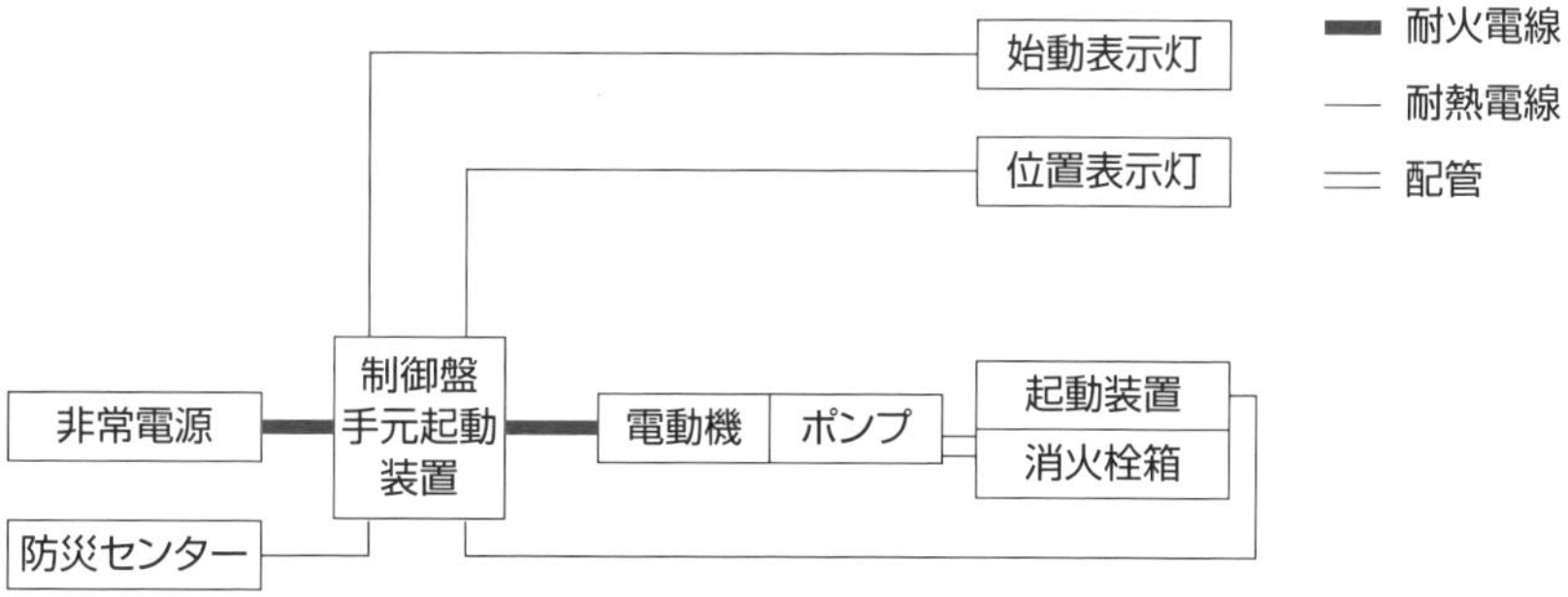

スプリンクラー設備・水噴霧消火設備・泡消火設備

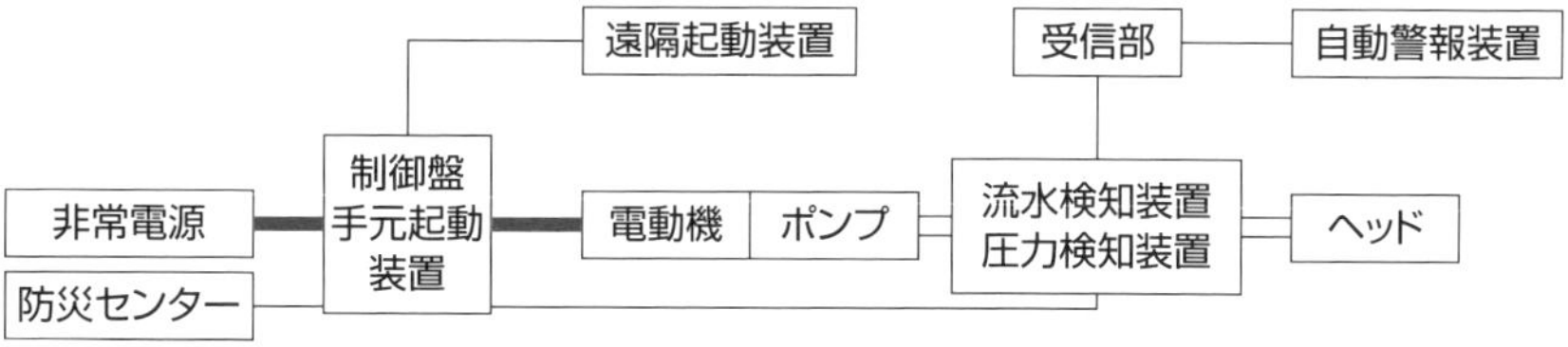

非常ベル・自動式サイレン

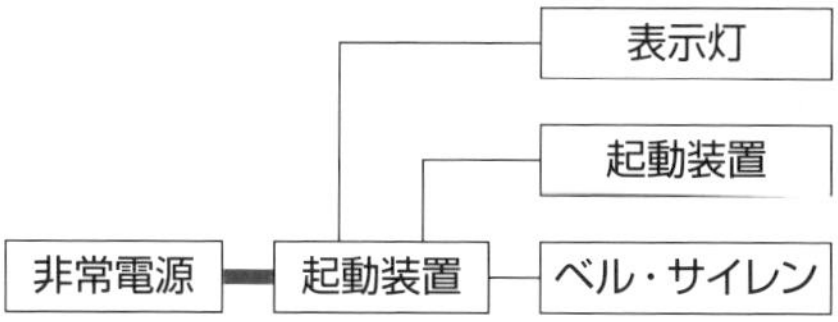

非常放送設備

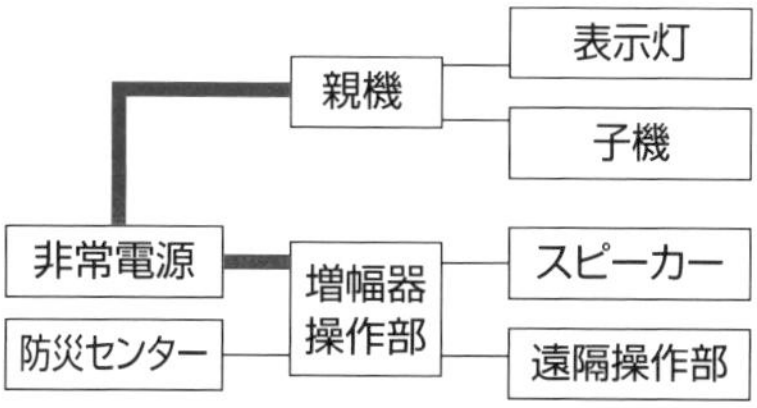

36 高温環境を扱う電線たち

MIケーブルとヒーティングケーブル

被覆が施されている電線やケーブルはシースや絶縁体の最高温度で使用環境が限定されますが、高温下でも使いたいという要求や、長尺の対象物を温めたいという要求があります。そういった要求に応えるケーブルには、次のようなものがあります。

(1)無機絶縁ケーブル(MI)

無機絶縁ケーブルはMIケーブルと呼ばれ、導線が鋼やステンレス鋼でできた管の中に配置されており、導線間を酸化マグネシウムなどの無機物で充填して絶縁しているケーブルです。約1千度の高温下や高圧下でも使用できます。原子力発電所や火力発電所、化学プラントなどで活用されています。また、廃棄物焼却炉や金属の熱処理装置の熱電対などの計測器にも用いられています。

(2)ヒーティングケーブル

ヒーティングケーブルは、発熱体に電流を流しジュール熱を利用して対象物を温める電線です。道路の融雪や凍結の防止のために使われる他に、化学プラントではタンクや配管の保温や加熱、バルブなどの保温などに使われています。家庭で使われているトースター内にある電気加熱用のニクロム線とは違い、導線が高温で発熱するわけではなく、一定の発熱量で制御される電線です。

発熱体としては銅ニッケル、ニッケルクロム、鉄クロムなどの合金を使います。これらの発熱体を耐熱性に優れた有機材料で絶縁し、外部からの保護を目的とした有機材料のがい装を施しています。道路などのように、上からの荷重がかかる場所などに使用する場合には、シースに空洞溝などを設けて、外圧を緩和するようになっています。配管用のヒーティングケーブルでは、有機材料にカーボンなどを混ぜた発熱体を、耐熱性に優れた絶縁体で被覆したケーブルも使われます。また、管の外周部全体を保温材で覆う場合も多くあります。

要点BOX
- ●高温下で使われるMIケーブル
- ●道路を融雪するケーブル
- ●タンクや配管の保温目的のケーブル

MI(Mineral Insutated)ケーブルの構造

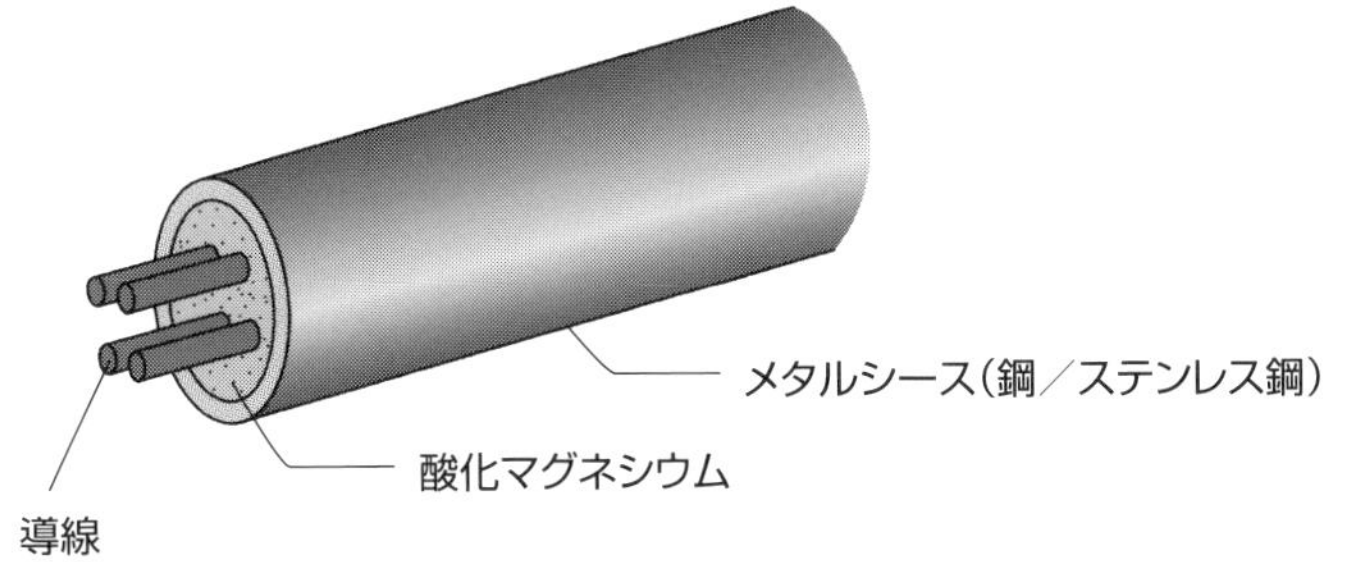

道路ヒーティングケーブル

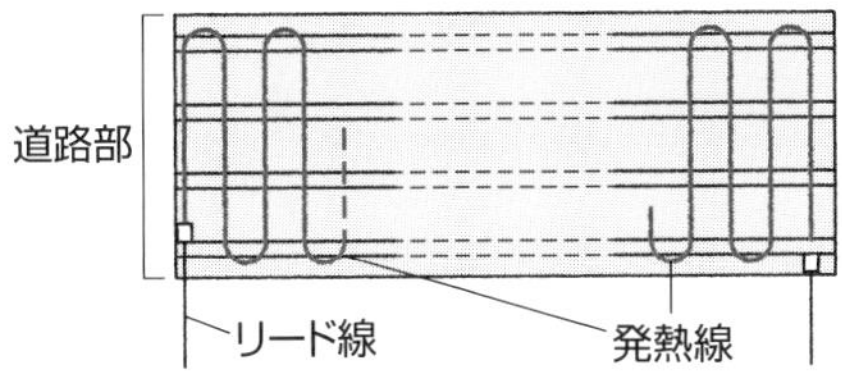

道路ヒーティングケーブルの埋設方法

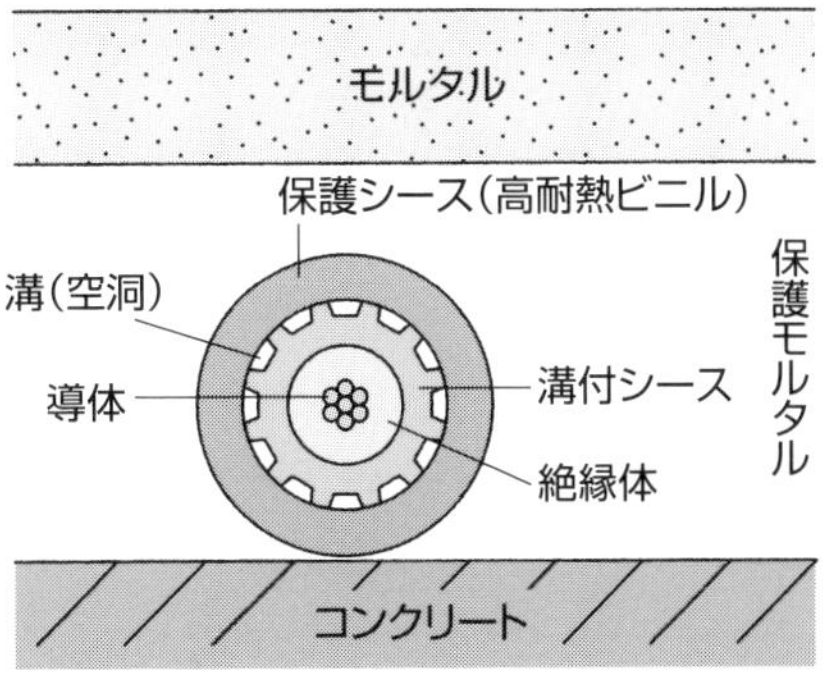

配管・バルブヒーティングケーブル

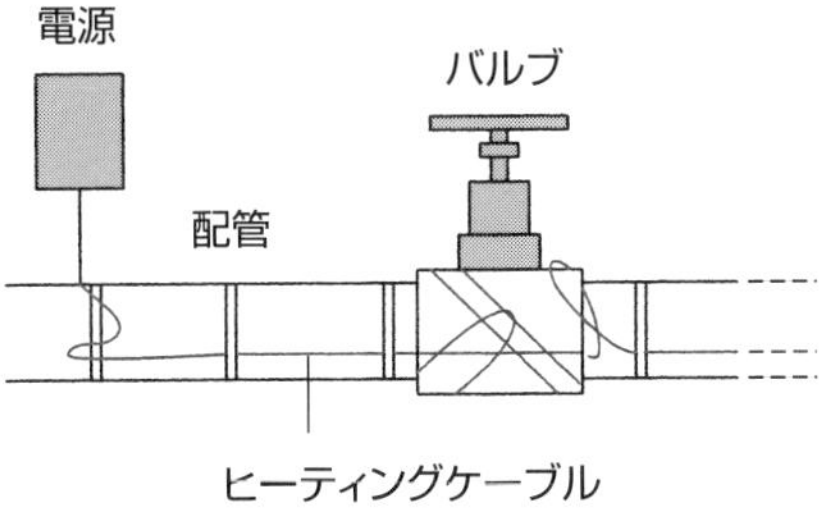

ヒーティングケーブルの構造

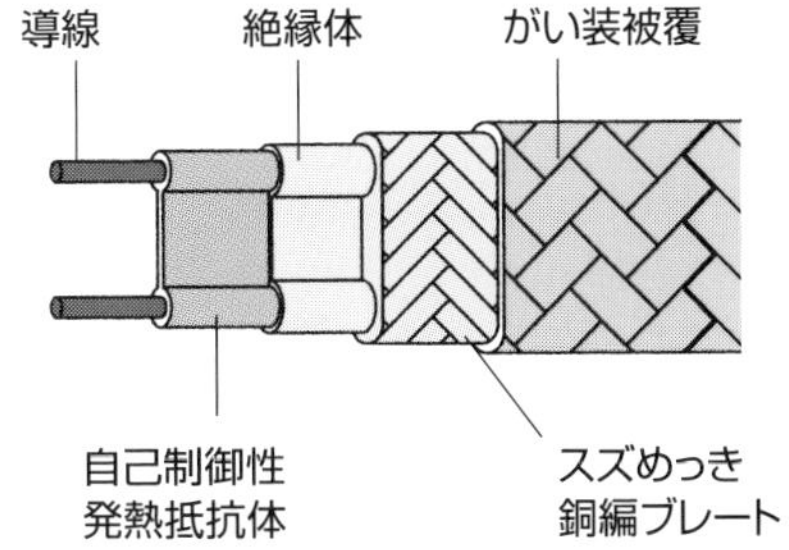

37 移動体に電力や信号を送る電線の構造

エレベータケーブルとクレーンケーブル

エレベータやクレーンに用いられているケーブルは、基本的にキャブタイヤケーブルです。

(1)エレベータケーブル

エレベータケーブルは、多くの人たちに利用されているケーブルの1つといえます。最近では、各階乗場ドアがガラス張りになっているものが多くありますので、エレベータが来るのを待っている間に、釣合おもりが目の前を通っていくと同時に、ケーブルが動いていくのを見かけると思います。エレベータケーブルは、昇降路内を上下に移動するかごに電力や制御信号、通信などを伝送する電線です。最近では、カゴ内に監視カメラを設けているものがありますので、ケーブル内には、電力線だけではなく、遮へい付き通信線、同軸ケーブル、光ファイバなどが内包されています。ケーブルは途中階に設けられた固定の給電点から下がった後に、U字型に上昇し、移動するカゴに接続されています。移動のたびにU字の最下点の位置が変わりますので、継続的に曲げ伸ばしが行われる結果になります。耐久性としては、3百万回以上の曲げ伸ばしに耐えられる必要があります。ケーブルには丸形と平形があります。また、補強線を入れたものとないものがあります。補強線を入れる場合には、丸形では中心部に、平形では左右の2箇所に入れます。

(2)クレーンケーブル

工場などでは、天井走行クレーンなどが使われますが、それらに電力や信号を伝えるのもキャブタイヤケーブルになります。こういったケーブルの場合には、走行の際に、周辺構造物との接触の可能性もあるため、強度がある程度求められますし、捻じれなどのストレスがかからないようにする必要があります。また、工場では油などの化学成分が存在しますので、そういった化学物質に強いシースを使う必要があります。

要点BOX
- ●移動用ケーブルには耐久性が求められる
- ●多くの種類の電線が内包されている
- ●工場用は化学物質に強いことが求められる

エレベータケーブルの状況

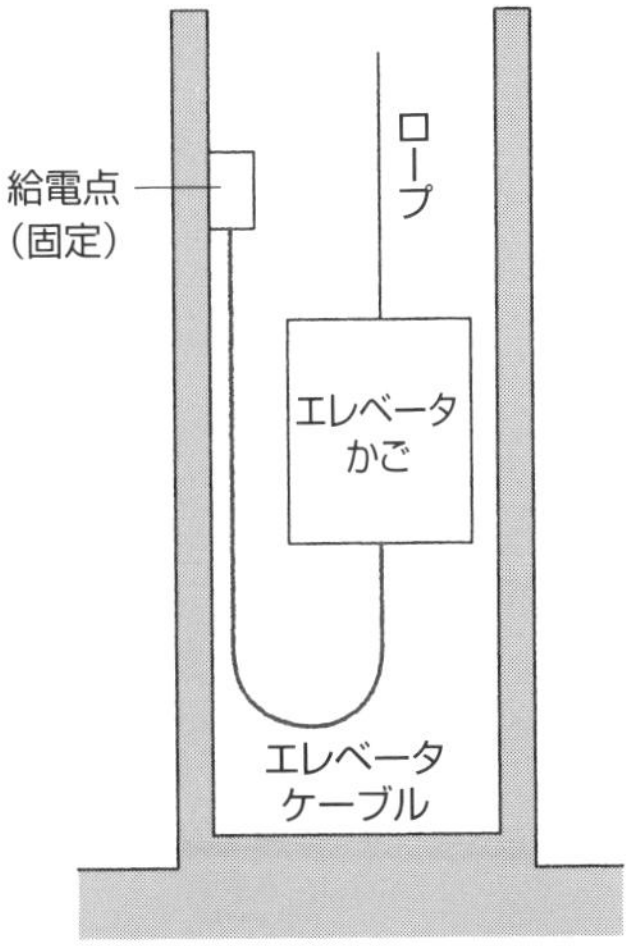

平形エレベータケーブルの断面

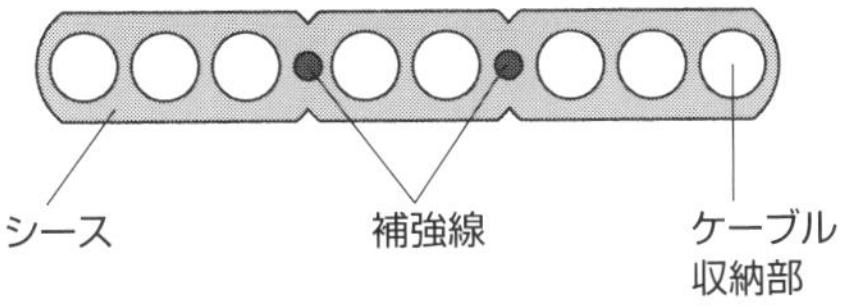

施設条件

●吊り間隔はケーブル外径の12倍以上
●給電点からケーブルが屈曲する部分までの直線距離は最低ケーブル外径の20倍以上

クレーン用電線の使用例

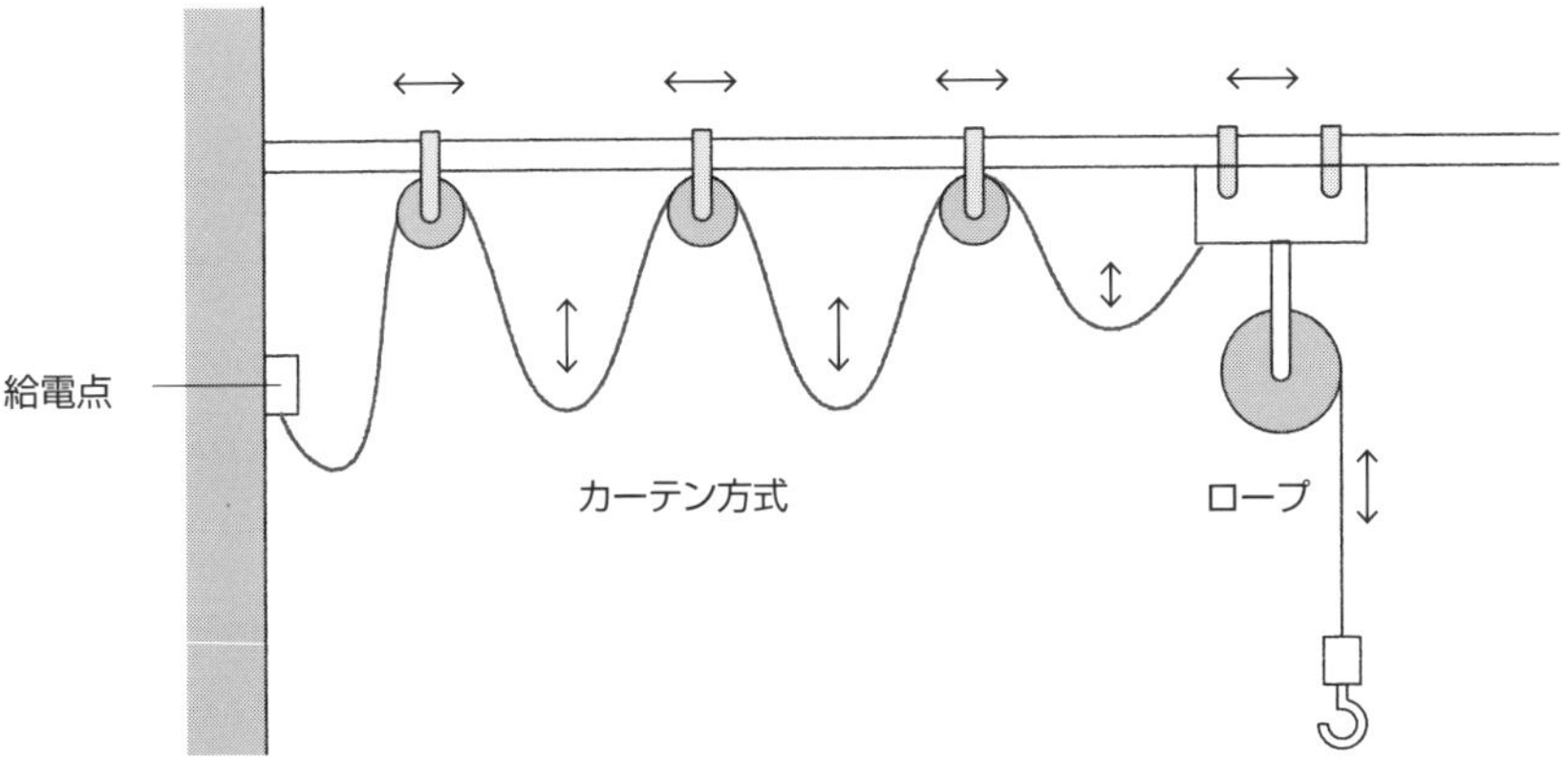

カーテン式用ケーブルの断面

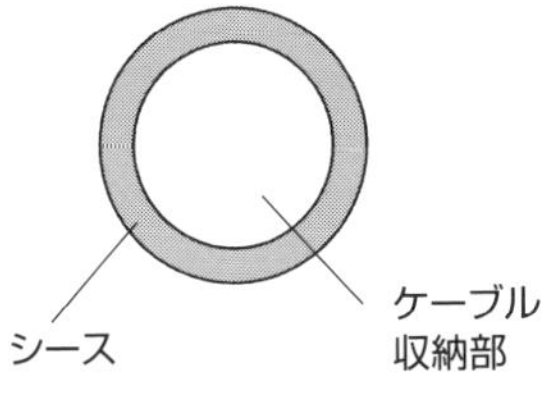

38 自動車を安全・快適にする電線たち

ワイヤーハーネスの環境対応

自動車の電子化は以前から進められてきており、今後も電動化が進められていきます。自動車は工場で一定量生産する製品ですので、自動車の製造現場で、電線束から引き出して配線や結線作業を行っていたのでは生産が滞ってしまいます。そのため、ワイヤーハーネスという、末端がコネクタ処理された各車種用の完成電線ユニットとして工場に納められます。1台の自動車に使われる電線は、高級車では2千本近くにもなるといわれており、総延長にすると3千mにもなるといわれています。最近では電気自動車が増えてきていますので、動力用に使われる電線も増えており、総重量にすると30kgにもなってきています。電気自動車は、電池の重量が重いので、継続走行距離を長くするためには、軽量化が進められています。そのため、車体のプラスチック化も進められています。ですから、自動車用の電線においても軽量化が求められています。

ワイヤーハーネスに使われる電線やそのユニット化の方法は、単一的ではありません。エンジン回りに使われるエンジンハーネスには耐熱性が求められますし、屋根に収めるルーフハーネスは耐熱性に加えて、薄さも求められます。また、ドア内のドアハーネスは、雨水が入ってきても問題ないようにしなければなりませんし、電子機器を扱うフロントハーネスについては、ノイズに影響されないよう、シールド付きとする必要があります。一方、床下に使用されるハーネスは、走行中の飛び石から保護するためにパイプに収納するなどの対策が必要となります。

このように、自動車用ワイヤーハーネスに使われる電線については、使用される場所の環境特性に合わせたものを用いる必要があります。そのため、自動車用電線としてさまざまな種類が作られており、それらが組み合わされて活用されています。

要点BOX
- ●自動車にはワイヤーハーネスが使われる
- ●1台の車に使われる電線量は多い
- ●使用場所によって必要な特性が変わる

自動車用低圧電線

大分類	概要	耐熱温度
一般電線	自動車用ビニル低圧電線（AV）	80℃
	自動車用薄肉型低圧電線（AVS）	80℃
	自動車用極薄肉型低圧電線（AVSS）	80℃
	自動車用超薄肉塩化ビニル絶縁低圧電線（CIVUS）	85℃
耐熱電線	自動車用架橋塩化ビニル耐熱低圧電線（AVX）	100℃
	自動車用極薄肉型架橋塩化ビニル耐熱低圧電線（AVSSX）	100℃
	自動車用極薄肉型非架橋耐熱低圧電線（AVSSH）	100℃
	自動車用架橋ポリエチレン耐熱低圧電線（AEX）	120℃
シールド電線	自動車用銅箔シールド電線	80℃
	自動車用アルミ箔シールド電線	80℃
	自動車用編組シールド電線	100℃
フラットケーブル	自動車用フラットケーブル	80℃
バッテリケーブル	自動車用バッテリケーブル	80℃
	自動車用耐熱バッテリケーブル	100℃
	自動車用耐熱バッテリケーブル	120℃

自動車用一般電線の細径化

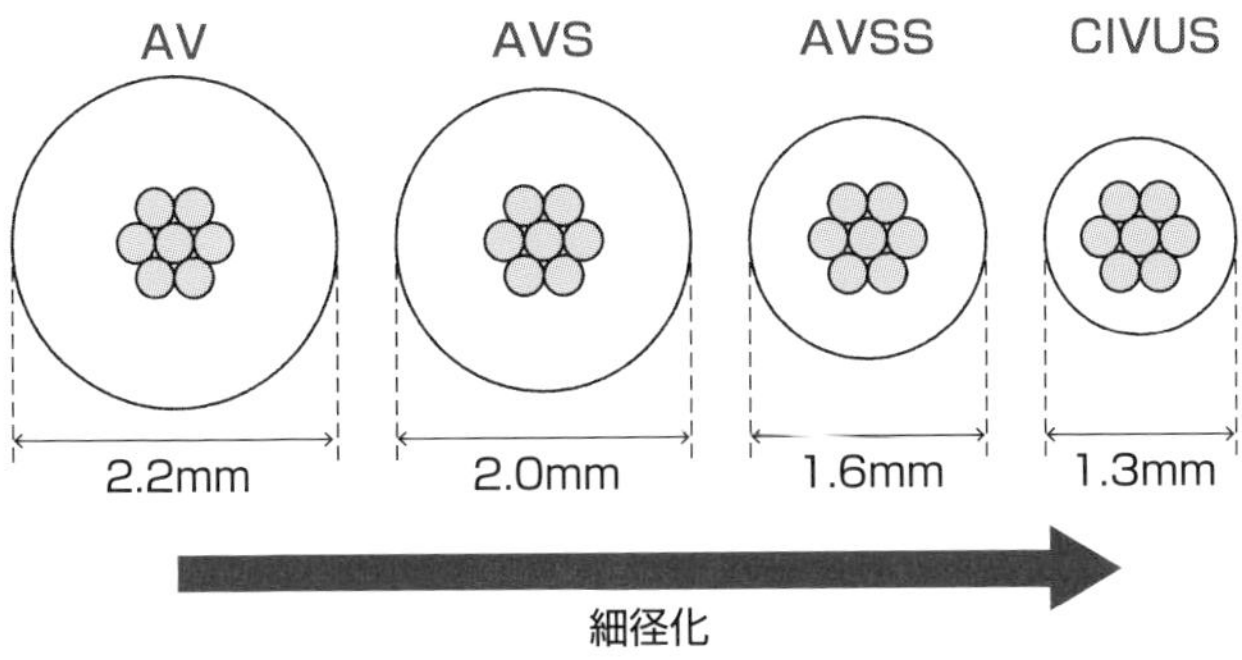

39 のりものに使われている電線たち

交通機関用電線の特徴

交通機関は、人の移動に大きな貢献をしていますが、そこに使われる電線には軽量化が求められます。また、万一の火災事故などの際に有毒ガスが発生しないようにノンハロゲンのものや、延焼に時間がかかるように難燃性や耐延焼性が求められます。代表的な交通機関について概要を説明します。

(1)鉄道

鉄道は、振動が常時加わるため、ケーブルには機械的な強度が求められます。動力、制御、照明用には、難燃性架橋ポリエチレン絶縁電線（ＷＬ）が主に用いられています。台車と車体間の動力用には、外部からの損傷を防ぐために、クロロプレインゴムシースを施したＷＬＣが用いられます。特徴的なのは、車両と車両間をつなぐジャンパ線です。この電線には過酷なストレスがかかるため、ＥＰゴムなどの絶縁体を使い、シースに機械的な強度が高いクロロプレンゴムを用いています。

(2)船舶

船舶の配線は狭い場所に布設されますが、外傷防止のためや、溶接時の火花による影響を避けるために、亜鉛めっき鋼線や銅合金線を使ったあじろがい装を施したケーブルが広く用いられています。また、船舶火災が広がらないように、延焼防止工法や線材に難燃電線を使用しています。

(3)航空機

航空機では、機内配線も非常に多くあるため、軽量化が求められます。また、航空機の運航に必要なケーブルは過酷な環境にさらされるため、布設される場所の環境に合わせて、電気的、機械的、熱的、化学的な特性を持った電線が選択されて使われています。具体的には、エンジン回りは高温にさらされるため耐熱性が求められますし、航空機内での火災は致命傷となるため、ふっ素樹脂絶縁電線なども用いられています。

要点BOX
- ●鉄道車両間には強度があるジャンパ線
- ●船舶には外圧に強いあじろがい装ケーブル
- ●航空機には耐熱性があるふっ素樹脂絶縁電線

交通機関に使われている電線

電車　電車内の配線状況

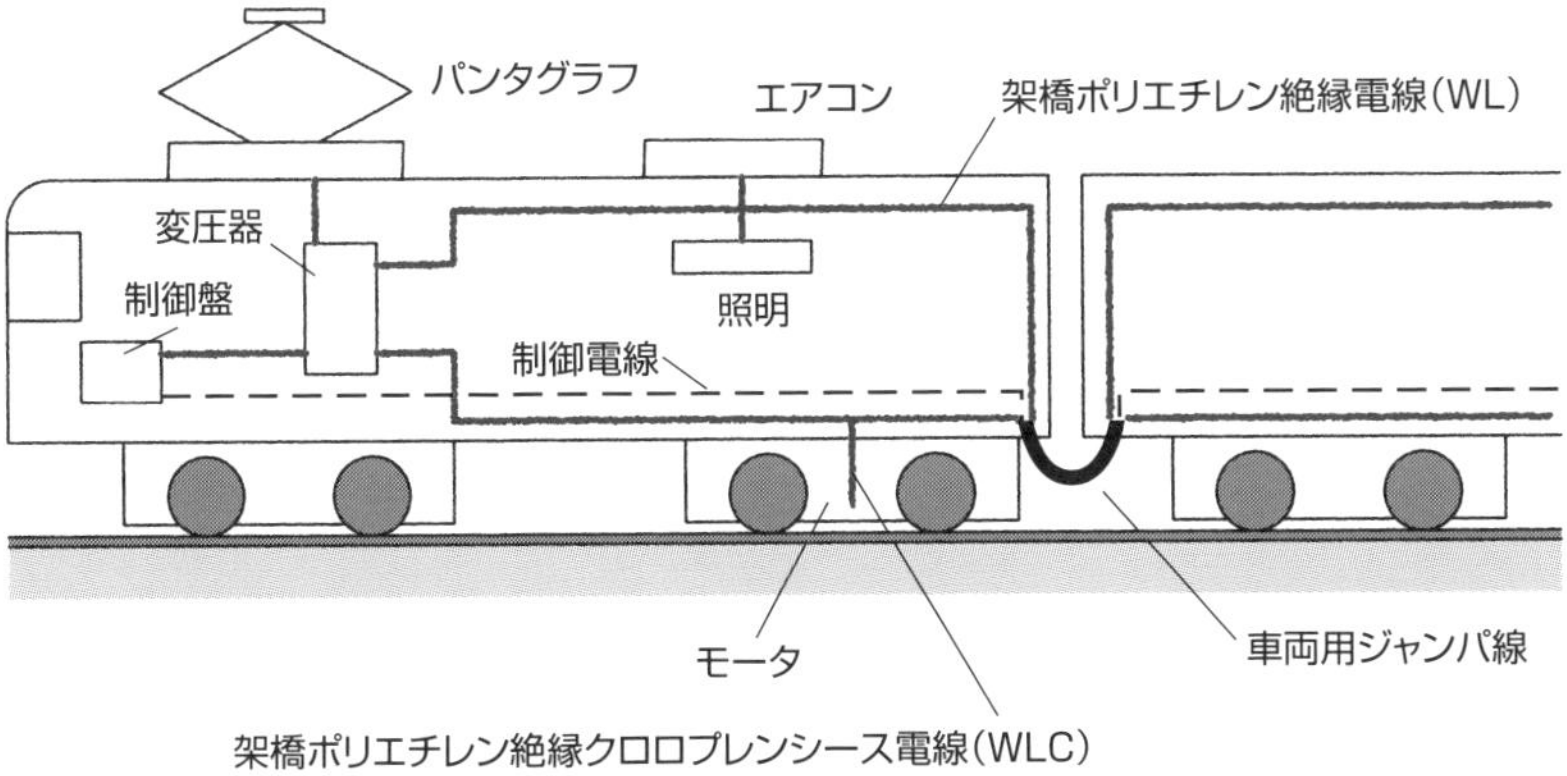

船舶

あじろがい装LANケーブルの構造

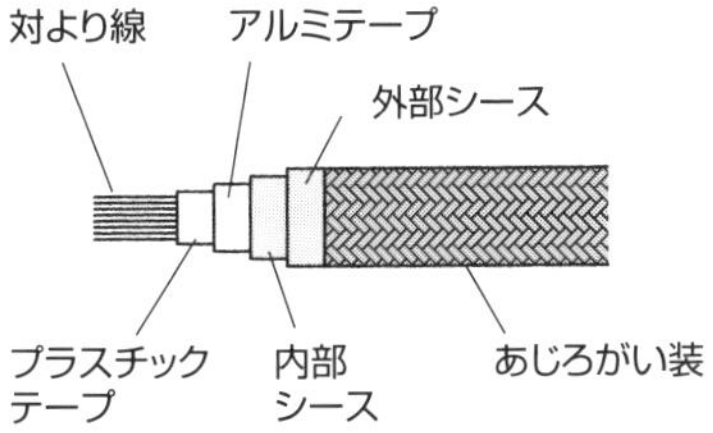

あじろがい装電力ケーブルの断面

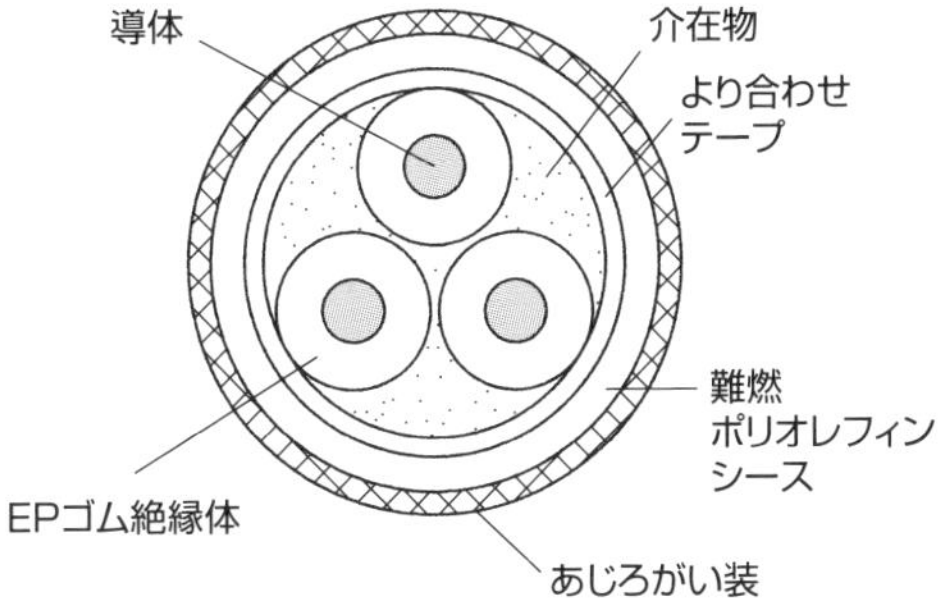

航空機　フッ素樹脂絶縁電線の断面

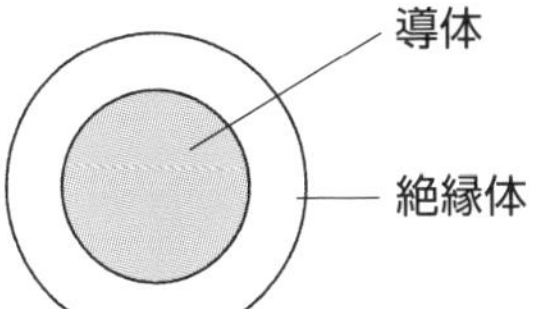

使用温度範囲

FEP	：	−250〜+200℃
PFA	：	−200〜+260℃
ETFE	：	−100〜+150℃

40 建設現場における省力化策

プレハブ化とユニット化

建設工事において、電気工事が行われるのは後半になってからです。土木工事から躯体工事の間に、工期が遅れていく傾向は、最近では常態化しています。そのため、電気工事においては工期短縮が求められます。ケーブル工事において結構な時間を取られるのが、分岐作業や結線作業になります。しかも、作業現場は、冬は寒く、夏は暑いという劣悪な環境の場でもあります。それだけではなく、太物の電線の分岐・端末処理は結構な技術力を求められます。最近では、建設業に従事する人も少なくなってきており、建設業においては、工期短縮と省力化、省技能化が強く求められています。そのため、次のような対策が進められています。

(1)プレハブ化

高層ビルの電力幹線工事においては、分岐パターンがある程度決まった部分があります。そういった場所向けの高圧や低圧ケーブルの分岐・端末を電線メーカーの工場で行い、プレハブ化して現場納入する事例が増えています。工場内で専門技術者による高度な作業が行われることで、品質の向上やコスト削減が図れるばかりでなく、工事現場の安全性、施工の効率性、信頼性の向上、工期の短縮など、さまざまな効果が得られます。

(2)ユニット化

集合住宅やホテル、社宅などの工事においては、同じような間取りの部屋がいくつかあります。そういった場合に、低圧配線をユニット化する方法が採用されています。ユニット化する部分は、電源からスイッチ、電灯、コンセントまでの配線になります。これらの配線を工場で結線し、モールド化して工事現場に持ち込みます。これによって、現場の省力化が図れ、品質の向上も図れます。それればかりではなく、工事現場での電線の無駄は多いので、工場での省資源化も図れます。

要点BOX
- ●建設現場は人手不足である
- ●プレハブ化では品質の向上も図れる
- ●ユニット化では省資源化も図れる

分岐付プレハブケーブル

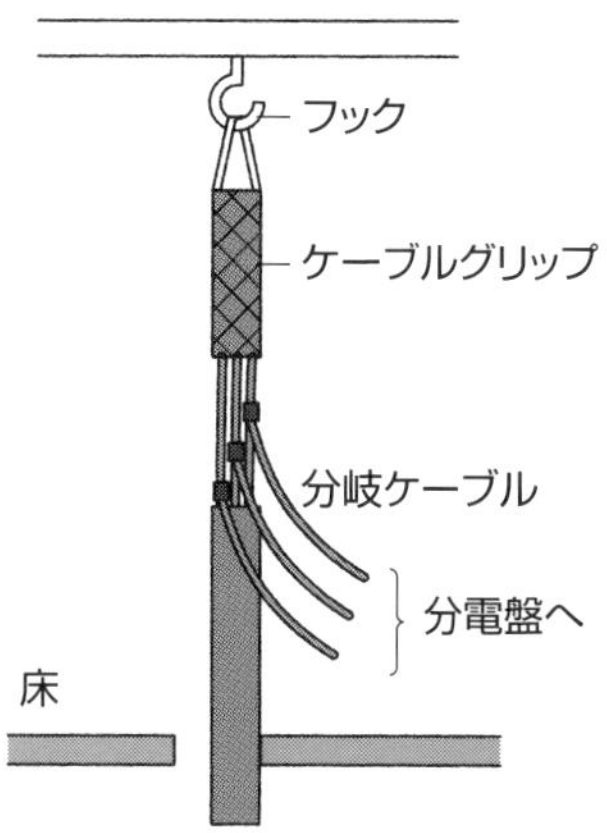

コネクタ付プレハブケーブル

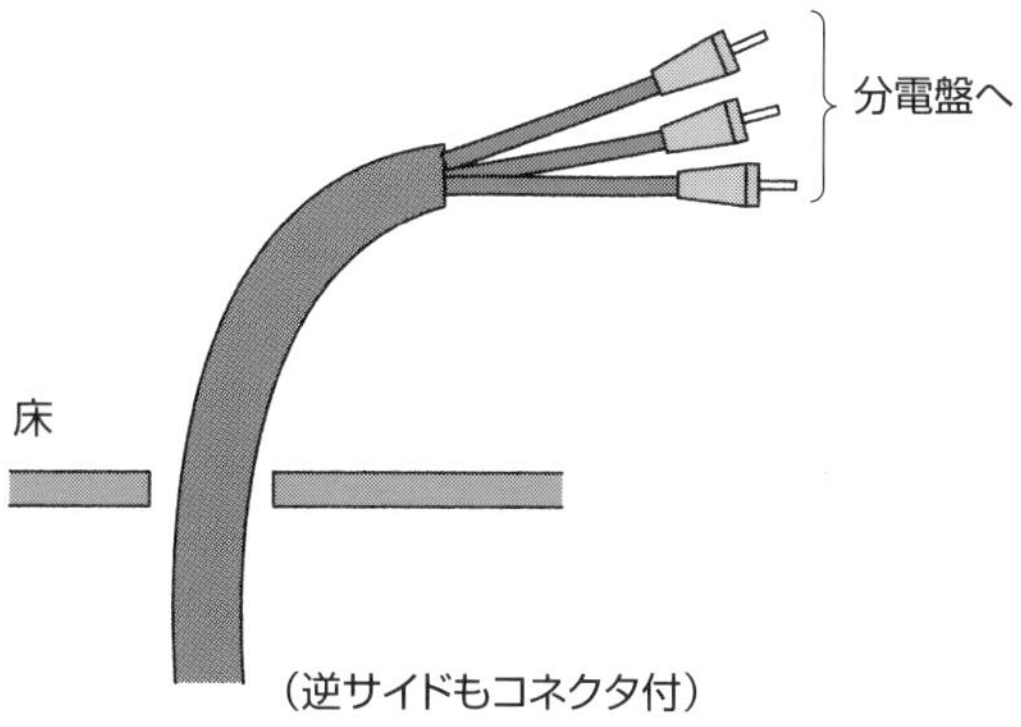

ユニットケーブル

配線図表記例

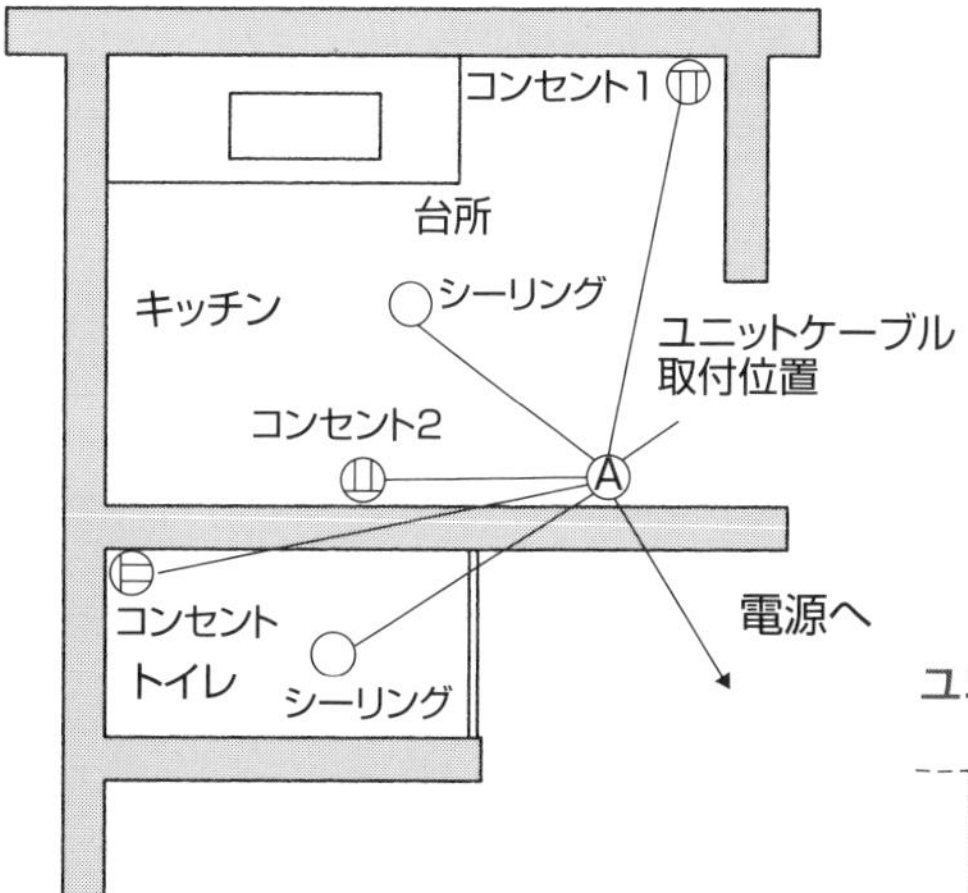

ユニットケーブル（半円筒型）

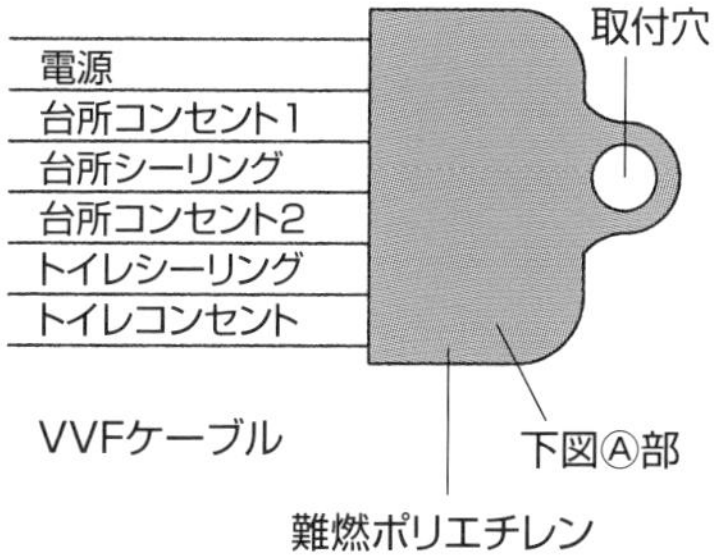

ユニットケーブル配線例

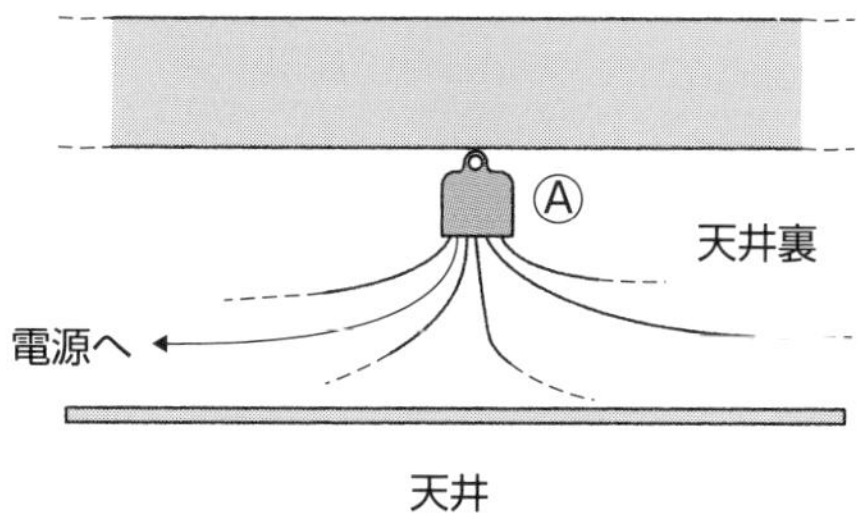

Column

ショーケンで傷（体）験？

　建設工事が終盤を迎える頃のイベントの1つとして消防検査、略して消検（ショーケン）が行われます。地元の消防署から検査員が来て、建築物や消防関係設備等について検査をするのですが、その光景を一般の人にわかりやすく説明すると、テレビで女医を主人公にしたドラマの院長回診の行列を思い浮かべてもらうとよいと思います。消検では、多い場合には数十人の関係者が列をなして建物内を確認して回ります。医者が白衣で回診する行列とは違い、参加者がさまざまな色彩の自社の作業着を着て参加しますので、色彩的にはとても賑やかです（雑多というべきか？）。ただし、これは儀式というわけではなく、大事な検査なので、関係者がすべて参加して行われるため大人数の行列になります。電気設備でも、消防設備関係のケーブルに規定がありますし、火災報知設備なども電気設備の担当ですので、重要な検査です。

　消防署から参加している係官も、事前に図面等を確認して参加しています。建物の引き渡し後に火災が起きると、消防署員が現場に駆け付け、消火栓などを実際に使うのですから、当然、1つ1つの現状を真剣に確認していきます。

　検査を受ける側も電気設備だけではなく、消火栓関係を担う衛生設備の担当者もいますし、建築設計の担当者も関係する場所が多くあります。中には専門的な設備もありますので、設備メーカーの担当者にも参加してもらっています。それぞれの部屋は狭いところもありますので、自分の関係する設備がある部屋に近づくと、前に出ていきます。次に、関係のない部屋に移動し始めると、目立たないように後ろに下がって担当する人へ場所を譲ります。関係する設備について質問があると説明を行い、「ここに銘板があります。」などと示して確認してもらいます。若い頃は、説明ができずにどぎまぎすることもありましたが、その際の気まずさは最悪です。検査の内容は多く、とても時間がかかるので、関係していない人は早く終わって自分の担当設備に進みたいと思っています。「さっさと説明しろよ！」という言葉が聞こえてきそうな感じで、冷や汗をかきます。そういった場合は、設備メーカーの技術者に助けてもらいながら技術者として成長していきます。

第6章

身を挺して電線を守る配線材たち

41 電線を守る保護管たち

堅牢な金属管の特性

電線管とは、電気設備や通信設備に使われる円形断面をした保護管で、電線やケーブルの引き込みや引換えが可能なものをいいます。そのうち、金属製のものが金属管で3種類あります。金属電線管の直管の標準長さは3・66mで、G管とC管には両端にねじが切られています。

(1)厚鋼電線管(G管)

厚鋼電線管は肉厚な金属製の電線管で、内と外の両面に溶融亜鉛メッキが施されているため、屋外での使用が可能です。図面ではG管と表示され、呼び径は内径を表します。直射日光が当たる屋上や、排気ガスが気中に含まれる地下駐車場などでの利用が可能です。なお、溶融亜鉛メッキは犠牲防食作用を持っていますので、被覆に多少の傷が生じても、自己修復する機能があります。

(2)薄鋼電線管(C管)

薄鋼電線管は、肉薄な管に亜鉛メッキを施した電線管です。図面ではC管と表示され、呼び径は外径を表しますので、収容する電線の本数には注意する必要があります。使用場所としては、EPSや天井、壁など、屋内の露出場所になります。

(3)ねじなし電線管(E管)

ねじなし電線管は、薄鋼電線管よりも肉厚が薄い電線管で、図面ではE管と表示されます。ネジ切りをしない分肉厚が薄くなっていますので、強度的には弱くなります。薄鋼電線管よりも占積率に余裕がありますが、配管接続時には、ねじなしカップリングなどの部材を使用する必要があります。

(4)金属製可とう電線管

金属製可とう電線管は、二種金属可とう電線管だけが作られていますので、これが基本になります。表面に亜鉛メッキが施されており、手で曲げられます。建物間のエキスパンションジョイント部や、電動機などの機器との接続部などに用いられます。

要点BOX

- ●薄鋼と厚鋼の電線管がある
- ●ねじ付きとねじなしの電線管がある
- ●二種金属可とう電線管も使われている

厚鋼電線管(G管)

呼び	外径(mm)	厚さ(mm)	質量(kg／m)
G16	21.0	2.3	1.06
G22	26.5	2.3	1.37
G28	33.3	2.5	1.90
G36	41.9	2.5	2.43
G42	47.8	2.5	2.79
G54	59.6	2.8	3.92
G70	75.2	2.8	5.00
G82	87.9	2.8	5.88
G92	100.7	3.5	8.39
G104	113.4	3.5	9.48

薄鋼電線管(C管)

呼び	外径(mm)	厚さ(mm)	質量(kg／m)
C19	19.1	1.6	0.690
C25	25.4	1.6	0.939
C31	31.8	1.6	1.19
C39	38.1	1.6	1.44
C51	50.8	1.6	1.94
C63	63.5	2.0	3.03
C75	76.2	2.0	3.66

ねじなし電線管(E管)

呼び	外径(mm)	厚さ(mm)	質量(kg／m)
E19	19.1	1.2	0.530
E 25	25.4	1.2	0.716
E 31	31.8	1.4	1.05
E 39	38.1	1.4	1.27
E 51	50.8	1.4	1.71
E 63	63.5	1.6	2.44
E 75	76.2	1.8	3.30

金属製可とう電線管の使用例

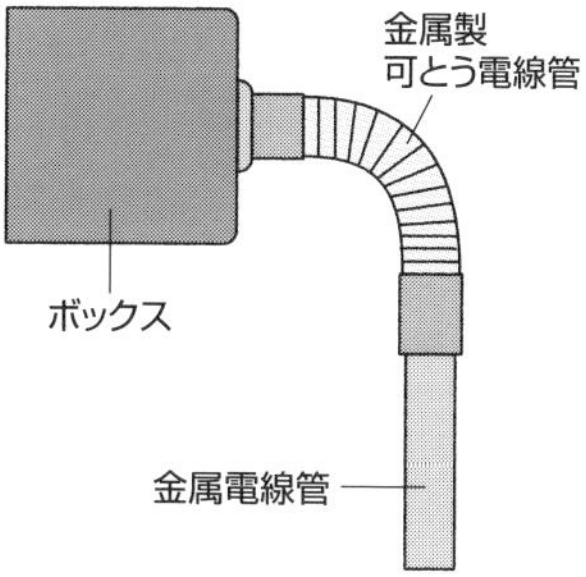

42 美観向上のための電線管

柔軟性が高い合成樹脂管

合成樹脂管は、重量が軽く、金属管のように電磁誘導などによる発熱や損失が発生しないために、広く採用されています。

(1)合成樹脂電線管(VE管)

VE管は、硬質塩化ビニルを主体とした電線管で、定尺長さは4mです。外部からの衝撃には弱く、紫外線などへの対候性はありません。耐久性はよくないですが、管自体に絶縁性があり軽量ですので、屋内だけではなく、屋外でも用いられています。価格も金属管に比べて安価で、現場での加工も容易ですし、腐食もしません。しかし、可燃性があり、熱による伸縮もありますので、主に地下ピット内などに用いられています。

(2)合成樹脂可とう電線管

合成樹脂可とう電線管は柔軟な電線管であり、軽量で安価であるばかりではなく、ナイフなどで切れるほど加工性もよいので、広く活用されています。納品形態も数十mの長尺巻であり、在庫する場合も場所をとりません。

(3)合成樹脂可とう電線管(PF管)

PF管は、耐食性と加工性に優れており、自消性(火源がなくなると燃焼を継続しない)があるので、露出場所や隠ぺい場所に使用されます。屋内・屋外の両方で使用できますが、屋外で使用する場合には、内部に水が入らないように勾配を設けるなどの配慮が必要です。PF管には、単層構造のPFS管と複層構造のPFD管があります。PFS管は、露出配管、隠ぺい配管、コンクリート打ち込み配管として用いられます。一方、PFD管は屋外配管などに用いられています。

(4)合成樹脂可とう電線管(CD管)

CD管はコンクリート打ち込みにしか使用できない可とう電線管ですので、オレンジ色に着色され、識別できるようになっています。

要点BOX

- ●VE管は硬質塩化ビニルの電線管
- ●PF管にはPFS管とPFD管がある
- ●CD管はコンクリート打ち込み専用

合成樹脂可とう電線管の施設場所区分

施工場所	電力線				小勢力・弱電流電線				情報線	
	絶縁電線		ケーブル		絶縁電線		ケーブル		LAN・TV・電話	
	PF管	CD管	PF管	CD管	PF管	CD管	PF管	CD管	PF管	CD管
コンクリート埋設	○	○	○	○	○	○	○	○	○	○
屋内（露出、隠ぺい）	○	×	○	△	○	※	○	△	○	△
屋外（雨線内、雨線外）	○	×	○	△	○	※	○	△	○	△

○：使用可、　×：使用不可、
△：自己消化性であるPF管の使用が望ましい（工業会見解）
※：場合によって不可（電気設備技術基準・解釈第181条を参照）

出典：合成樹脂可とう電線管工業会

PF管／CD管の形状

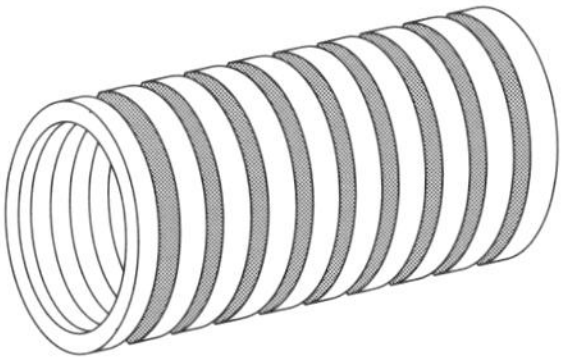

コンクリート壁内配管

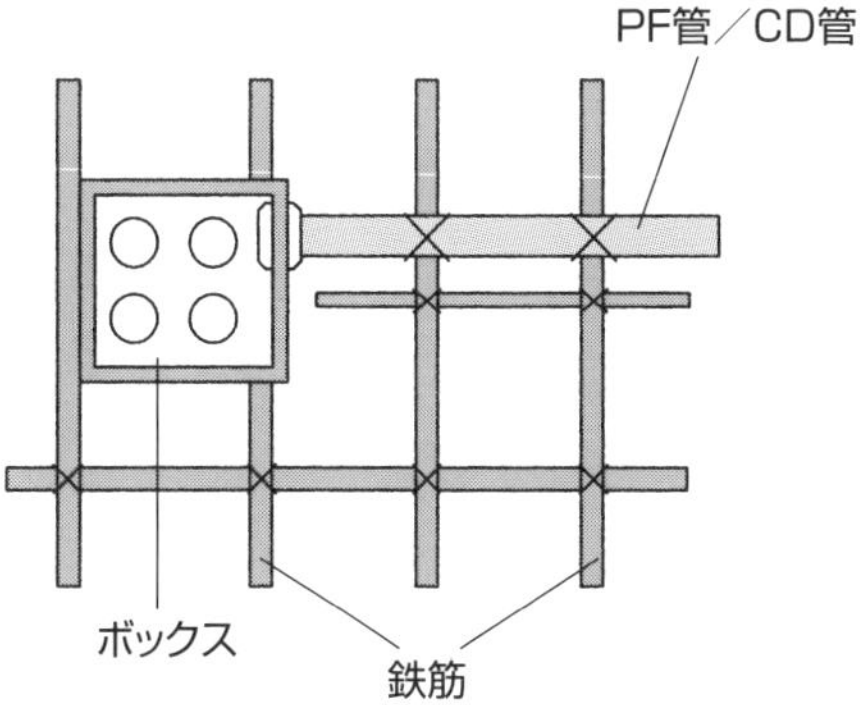

中空壁内隠ぺい配管

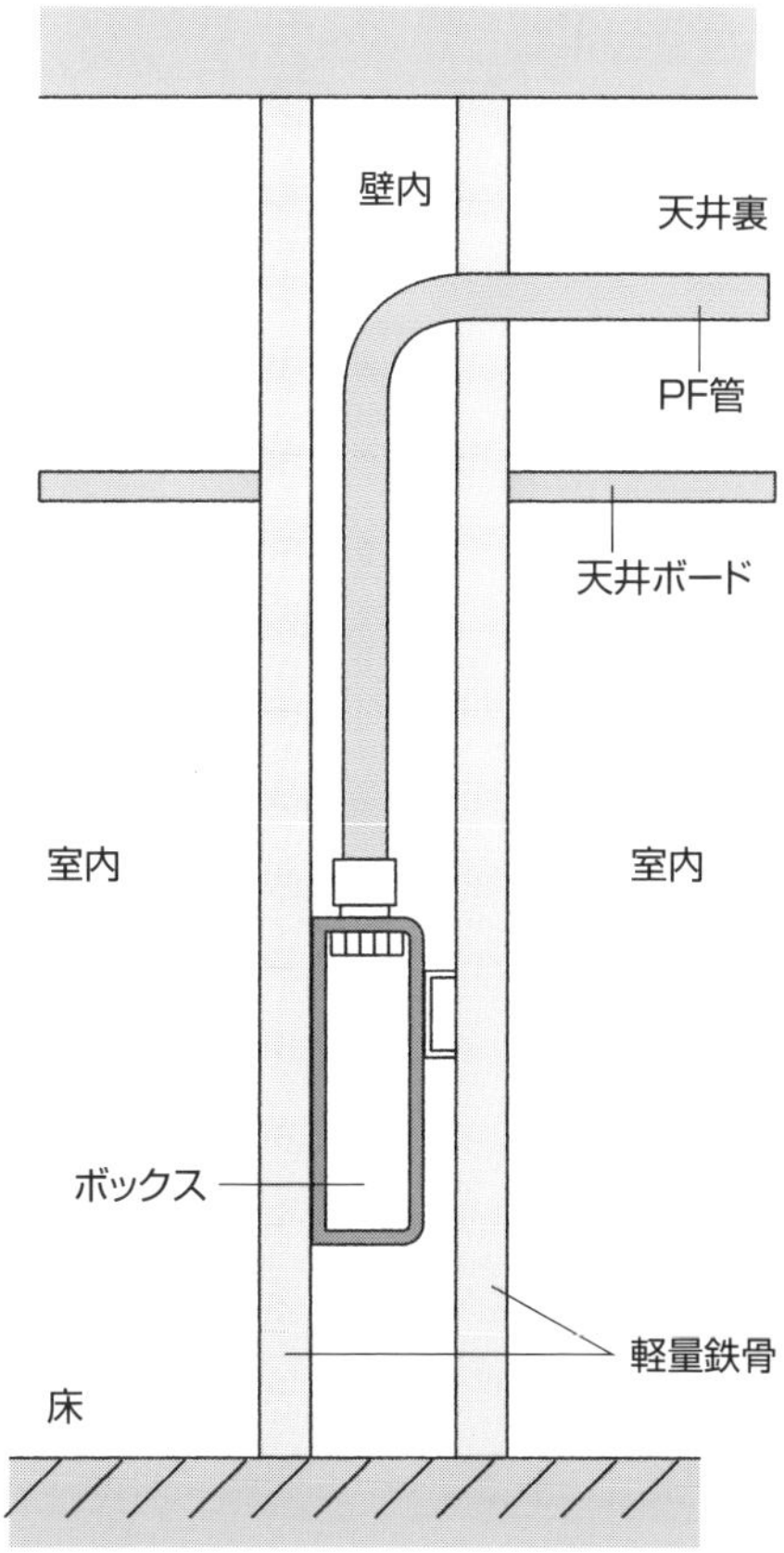

43 電線地中化に貢献する配管

波付硬質合成樹脂管

最近では、景観の点や地震災害直後の電柱の倒壊での物資の運搬障害、強風による電線の倒壊や断線による長期間の停電などで、社会生活に大きな影響が生じています。日本の無電柱化は先進国の中では遅れているため、電線地中化が強く求められるようになってきています。そういった際に用いられるのが波付硬質合成樹脂管（FEP管）です。

波付硬質合成樹脂管には、内径が30㎜から200㎜のものまであり、さまざまな用途に活用できるようになっています。管表面は波付きになっているため、荷重によるたわみが小さく、電線を通線する場合も引張抵抗が少なく、工事が容易です。また、波付きの形状のため緩やかな屈曲が行え、直線的な配線だけではなく、曲線的な配線にもある程度対応できます。ただし、あまり見栄えがよいとはいえませんので、地中送電線以外には、工場内の埋設電線管として、露出部としては、トンネルや線路脇の配線路としても用いられています。

形状については、丸型だけではなく角型もあります。角型は、波の山部（管外側）が角に、谷部（管内側）が丸になっており、通線のしやすさは丸型と同様です。管自体が積み上げられるように設置できるため、掘削量が少なくなるだけではなく、施工が容易になります。また、波付硬質合成樹脂管を使用する際に、地中埋設管路の距離が30ｍを超える場合には、ハンドホールを設けなければなりません。そのため、施工が容易になるよう、ベルマウス（ハンドホール部の末端）、カップリング（管のジョイント）、コネクタ（盤やプルボックスの直接接続部）、異種管接手などの部材も用意されています。

線路脇の電線を保護する場合に、電線を一か所から通線するよりも、管の横から入れるニーズに対応するため、スリット入りや2つ割りタイプも用意されています。

要点BOX
- 内径が30から200mmまである
- 丸型だけではなく角型もある
- スリット入り波付硬質合成樹脂管もある

角型波付硬質ポリエチレン管

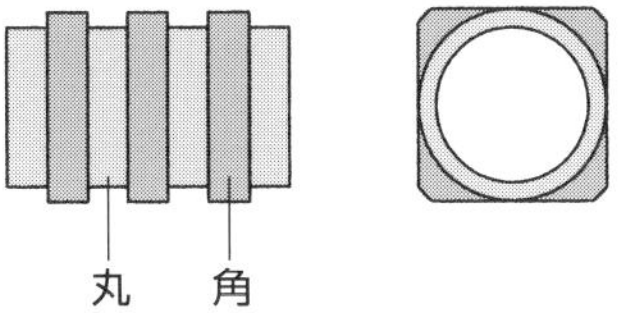

丸型波付硬質ポリエチレン管

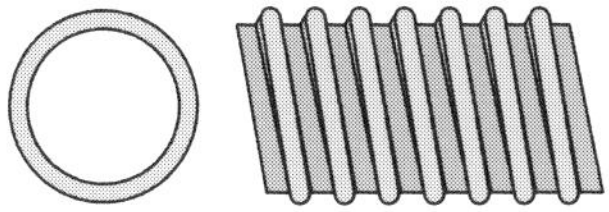

埋設配管概念図

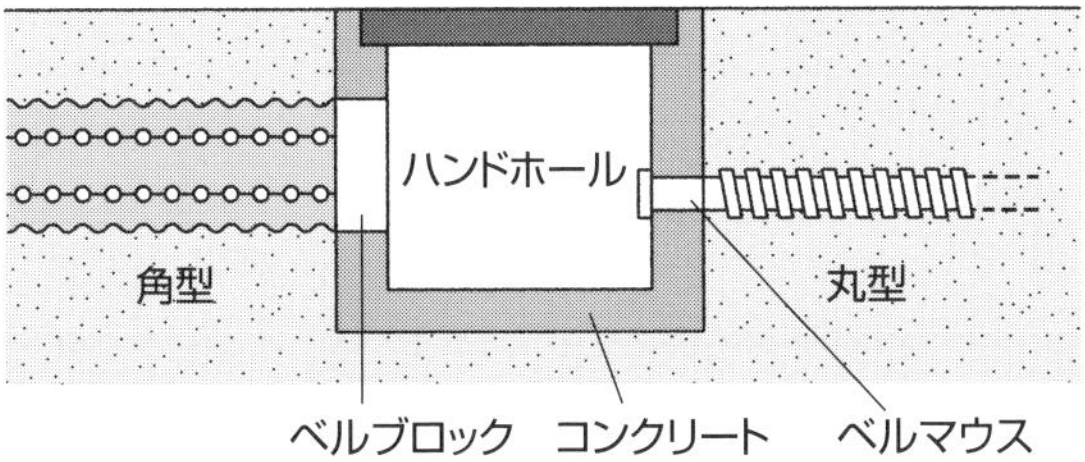

スリット入りタイプ

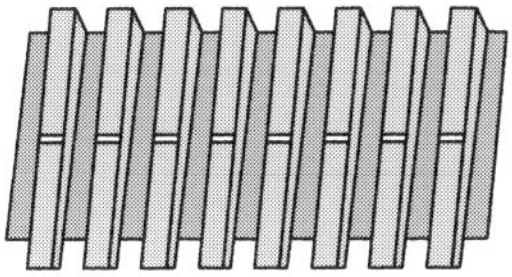

2つ割りタイプ

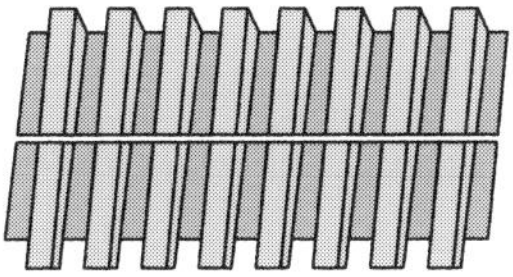

線路沿い敷設例（2つ割りタイプ）

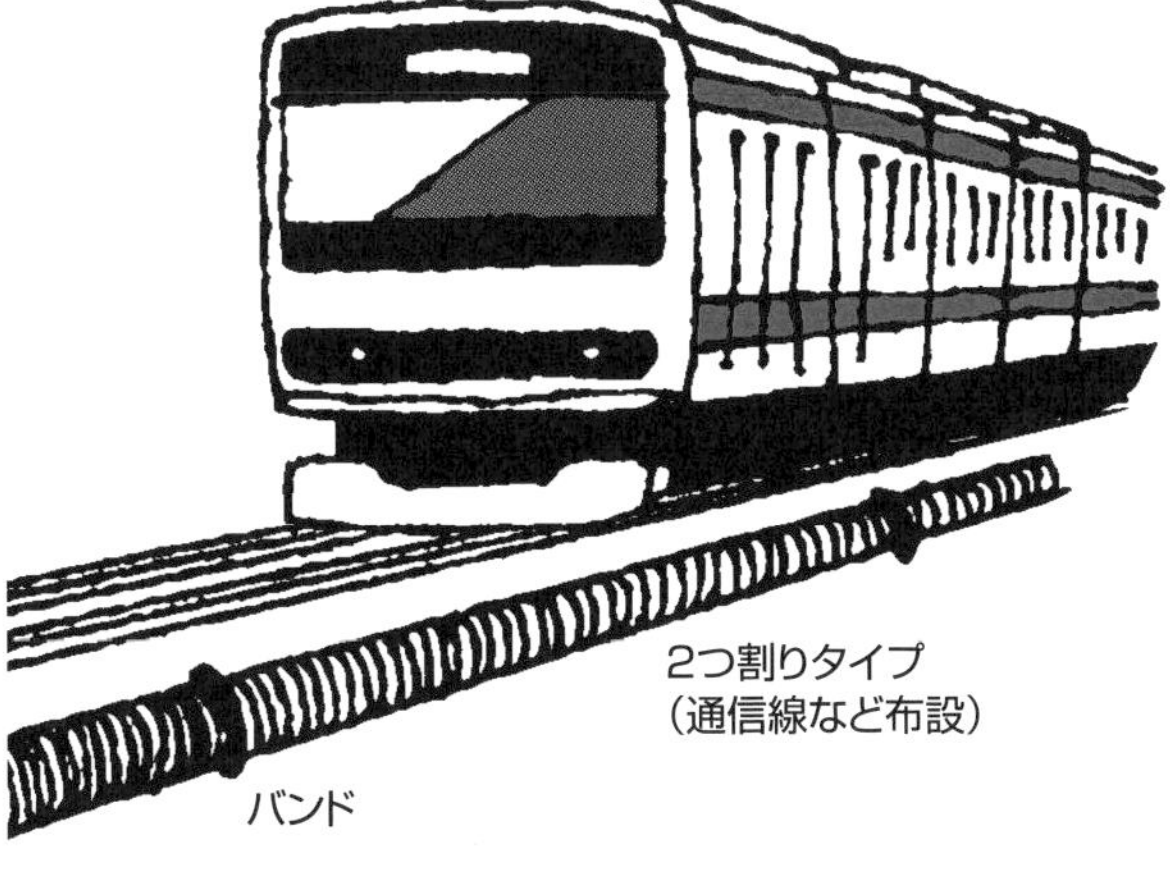

44 金属管は占積率に注意しよう

金属電線管太さの選定規程

電線管は電線を保護する目的で使われます。しかし、電線管に電線が入るだけ入れてよいというものではありません。内線規程では、同一の太さの絶縁電線を同一管内に収める場合の金属管の太さを、絶縁電線の本数が10本以下と10本超の場合で、厚鋼電線管、薄鋼電線管、ねじなし電線管別に定めています。また、電線管には同一管に収める占積率で制限が定められています。占積率とは、管内に収納するケーブルの断面積合計を、管の内面積で割った値をいいます。

(1)占積率48%以下規程

内線規程では、管の屈曲が少なく、容易に電線を引き入れ・引き替えることができる場合には、電線管に収納する電線の被覆絶縁物を含む断面積の総和が、管の内断面積の48%以下とすると定めています。電線管に曲がりがあると、電線が引っかかって抜けにくくなるためです。電線管の曲がりが1箇所増えると、必要な張力は2倍になるといわれていますので、入線する場合には必ず電線管の曲がり数を確認する必要があります。曲がり数が多くなりそうな場合には、途中にプルボックスなどを入れて、過大な張力がかからないで入線作業ができるようにしなければなりません。

(2)占積率32%以下規程

内線規程では、異なる太さの絶縁電線を同一管内に収める場合には、電線の被覆絶縁物を含む断面積の総和が、管の内断面積の32%以下とすると定めています。なお、内線規程では、被覆絶縁部を含む各サイズの電線断面積も示していますので、参考にして電線管の太さを計画する必要があります。

(3)電線の並列使用

内線規程では、交流が流れるの電線を並列に使用する場合には、管内に電磁的不平衡を生じないように施設することが定められています。

要点BOX

- 屈曲が少ない場合：占積率48%以下
- 異なる太さの電線の場合：占積率32%以下
- 電磁的不平衡を生じないよう使用する

厚鋼電線管の内断面積の32%及び48%(内線規程抜粋)

電線管の太さ(呼び径)	内断面積の32% [mm²]	内断面積の48% [mm²]	電線管の太さ(呼び径)	内断面積の32% [mm²]	内断面積の48% [mm²]
16	67	101	54	732	1,098
22	120	180	70	1,216	1,825
28	201	301	82	1,701	2,552
36	342	513	92	2,205	3,308
42	460	690	104	2,843	4,265

薄鋼電線管の内断面積の32%及び48%(内線規程抜粋)

電線管の太さ(呼び径)	内断面積の32% [mm²]	内断面積の48% [mm²]	電線管の太さ(呼び径)	内断面積の32% [mm²]	内断面積の48% [mm²]
19	63	95	51	569	853
25	123	185	63	889	1,333
31	205	308	75	1,309	1,964
39	305	458			

ねじなし電線管の内断面積の32%及び48%(内線規程抜粋)

電線管の太さ(呼び径)	内断面積の32% [mm²]	内断面積の48% [mm²]	電線管の太さ(呼び径)	内断面積の32% [mm²]	内断面積の48% [mm²]
E19	70	105	E51	578	868
E25	132	199	E63	913	1,370
E31	211	316	E75	1,324	1,986
E39	313	469			

電線(被覆絶縁物を含む)の断面積(内線規程抜粋)

電線太さ		断面積 [mm²]
単線 [mm²]	より線 [mm²]	
1.6		8
2.0		10
2.6	5.5	20
3.2	8	28
	14	45
	22	66
	38	104
	60	154

電線の並列使用(内線規定)

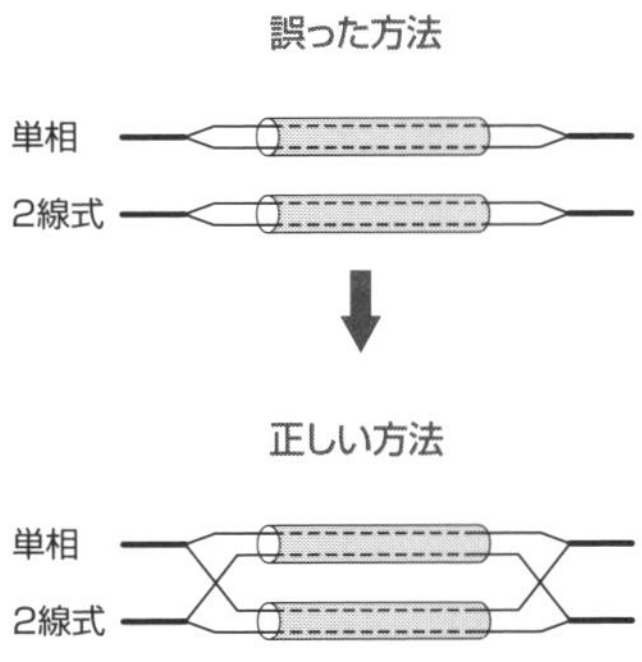

45 流せる電流の制限

ケーブルの許容電流

導線は、その断面積が大きいほど多くの電流が流せます。また、導線の材質や単線かより線かによっても流せる電流量が変わってきます。さらに、導線の周りを覆っている絶縁物によっても、その絶縁物が耐えられる温度までしか電流を流せませんので、流せる電流には制限ができます。この制限値を電線の許容電流といいます。ですから、電線やケーブルを選択する際には、それぞれの電線やケーブルの許容電流を確認する必要があります。

【電技解釈】の第146条には左頁の表に示す許容電流が示されています。この許容電流は、600Vビニル絶縁電線、600Vポリエチレン絶縁電線、600Vふっ素樹脂絶縁電線、600Vゴム絶縁電線の許容電流を示したもので、布設される場所の周囲温度が30℃を標準としたものです。ですから、周囲温度が30℃を超える場合には、補正する必要があります。【電技解釈】には、その補正の計算式も示されています。なお、30℃以下の場合には、30℃の許容電流を適用するとされています。

絶縁電線を合成樹脂管、金属管、金属可とう電線管、金属線ぴに収納する場合には、絶縁電線で生じた熱が空気中に放散されにくくなるため、同一管内に収納される電線数に応じて、電流減少係数を乗じた値にする必要があります。【電技解釈】ではその数値も示されています。

また、地下に埋設する管路にケーブルを布設する場合にも、その埋設深さや孔数と段数、条数などの条件で許容電流値は変わってきます。なお、この場合の基底温度は25℃となっており、温度が変わる場合には、電流補正値を乗じて補正する必要があります。なお、直埋布設の場合にも、心数や条数によって許容電流値は変わってきます。この場合の基底温度も25℃となっており、温度が変わる場合には、電流補正値を乗じて補正する必要があります。

要点 BOX
- ●導線のサイズと材質等で許容電流が変わる
- ●配線環境によって許容電流値が変わる
- ●周囲温度によって補正する必要がある

単線の許容電流（30℃）

導体の直径［㎜］	軟銅線又は硬銅線の許容電流［A］
1.0以上1.2未満	16
1.2以上1.6未満	19
1.6以上2.0未満	27
2.0以上2.6未満	35
2.6以上3.2未満	48
3.2以上4.0未満	62
4.0以上5.0未満	81
5.0以上	107

出典：【電技解釈】

成形単線又はより線の許容電流（30℃）

導体の公称断面積［㎟］	軟銅線又は硬銅線の許容電流［A］
0.9以上1.25未満	17
1.25以上2未満	19
2以上3.5未満	27
3.5以上5.5未満	37
5.5以上8未満	49
8以上14未満	61
14以上22未満	88

管内に収納する場合に減少係数

同一管内の電線数	電流減少係数
3以下	0.70
4	0.63
5又は6	0.56
7以上15以下	0.49
16以上40以下	0.43
41以上60以下	0.39
61以上	0.34

出典：【電技解釈】

埋設管路布設の許容電流（A）例：基底温度25℃

単位：A

布設条件 ／ 公称断面積［㎟］	CV 3心（A）	
	2孔1条	2孔2条
2	24	22
3.5	33	31
5.5	43	41
8	53	50
14	74	69
22	97	90
38	130	120
60	170	160

埋設管路の孔と条の意味

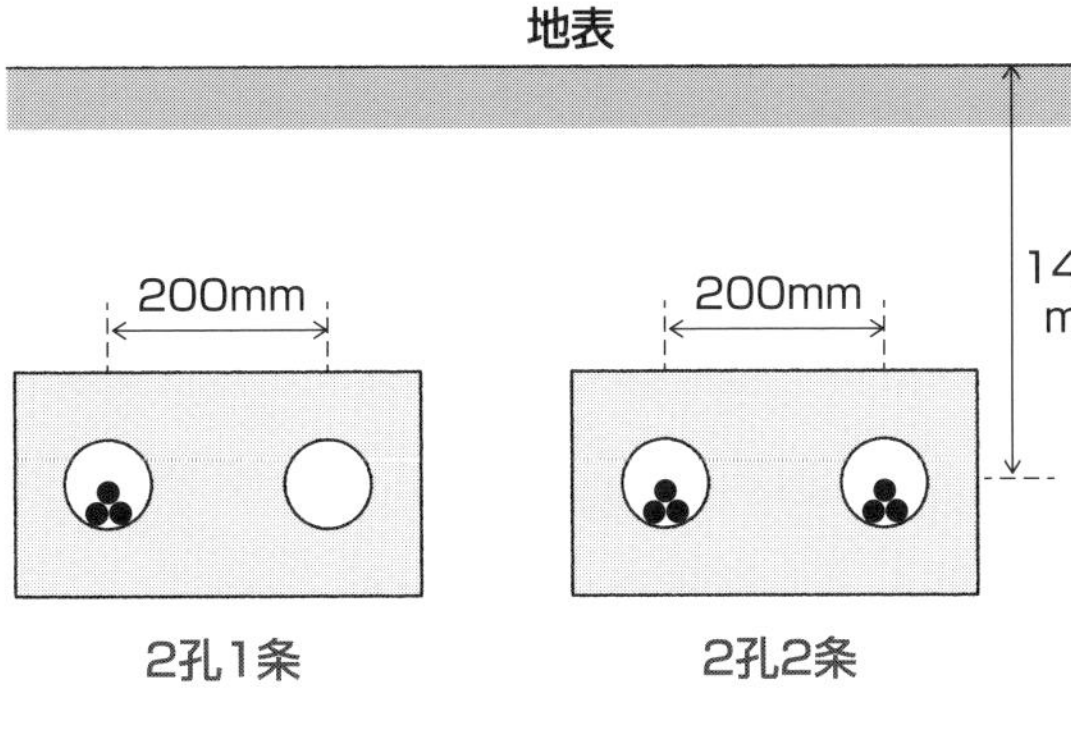

46 電線管工事のための付属品たち

ボックス類と接続部材類

電線管は一定の長さをつないで使っていきますし、曲がる場所などもありますので、そういった際に、使う部材にはさまざまなものがあります。

①アウトレットボックス：電線の引き入れや電線相互の接続をするための箱
②プルボックス：配線管路にケーブル等を引き入れる作業をしやすくする箱
③丸形露出ボックス：金属管を複数本接続できる丸形の箱
④サドル：電線管などを構造物に固定する部材
⑤カップリング：電線管同士を接続するための雌ねじを切った連結管
⑥ニップル：電線管同士を接続するための雄ねじを切った連結管
⑦レジューサ：ボックスのノックアウト径と電線管径が違う場合に径を合わせる部材
⑧ユニオンカップリング：電線管同士を接続する際に、両方の電線管が回せない場合に用いる部材
⑨ロックナット：金属製電線管を鋼製ボックスに固定する薄型のナット
⑩ブッシング：電線管の端部に取り付けて電線の被覆を保護する部材
⑪エンドキャップ：屋外に突き出した電線管の端部に付けて塞ぐキャップ
⑫ノーマルベンド：管を90度に曲げた管
⑬ユニバーサル：管が直角に曲がる部分に使う部材

こういった付属品は、電線管のサイズ別に必要となりますし、実際の現場の状況によって使う部材の種類や数量が変わるのが一般的です。そのため事前に購入して準備しておくことが難しい部材でもあります。また、時間をかけて数を確認しても時間を取られるばかりですので、過去の経験によって、電線の長さや電線管の本数などから、比例的に必要な数量を推定するという手法も広く用いられています。

要点BOX
●通線しやすくする箱類
●電線管同士を接続する部材
●配線曲がり部に使う部材

ボックス類と接続部材類

アウトレットボックス

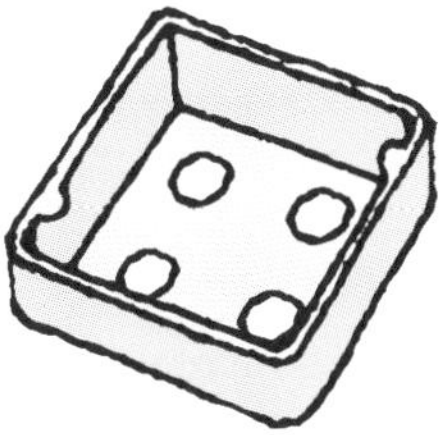

プルボックス

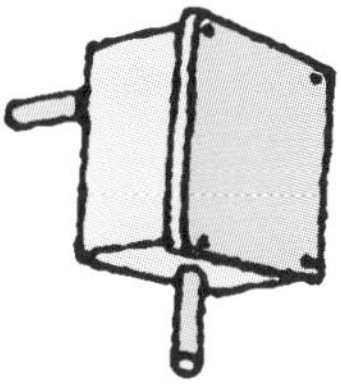

丸形露出ボックス

サドル

カップリング

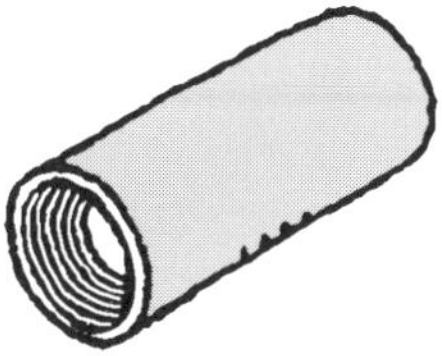

ニップル

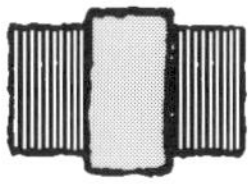

レジューサ

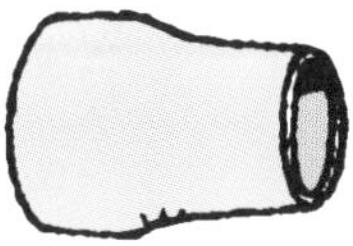

ユニオンカップリング

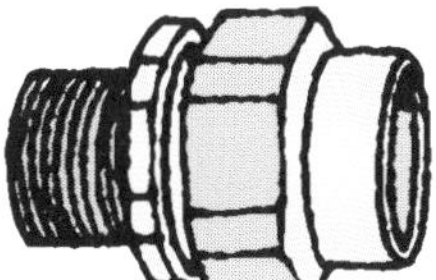

ロックナット

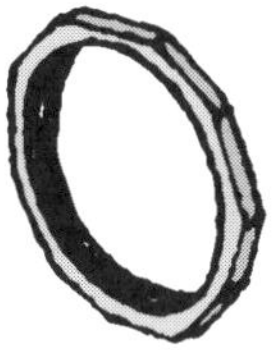

ブッシング

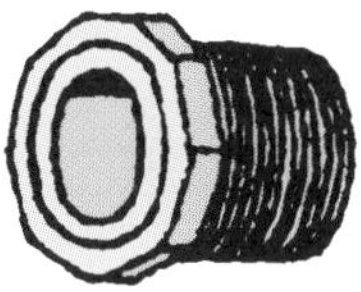

エンドキャップ

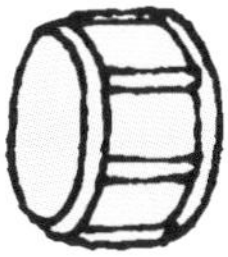

ノーマルベンド

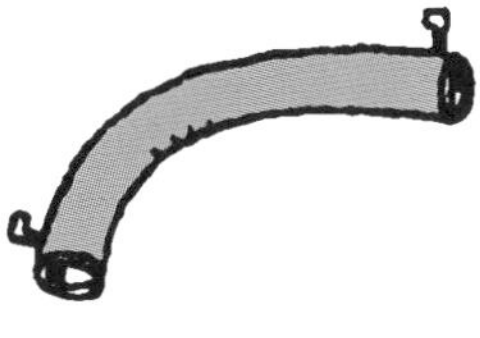

ユニバーサル

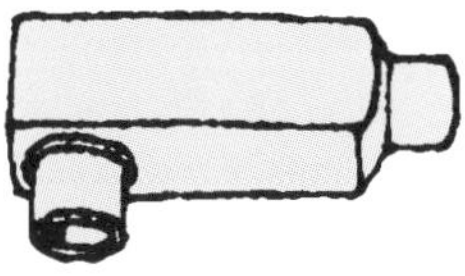

47 埋設される電線を保護する方法

地中電線路の方式

地中電線路については、【電技解釈】第120条に示されているとおり、直接埋設方式、管路方式、暗きょ方式があります。

(1)直接埋設方式

直接埋設方式は、埋設箇所を掘削した後にケーブルを布設し、その後に砂や土で埋め戻す方法です。上部からの外圧を防ぐために、堅牢なコンクリート板などをケーブルの上部に設置します。この方式での電線の保護は、コンクリート板程度ですので、地表にケーブル埋設表示をしてわかるようにしておく必要があります。

(2)管路埋設方式

管路埋設方式は、合成樹脂管やコンクリート管、鋼管などを埋設し、その中にケーブルを布設する方式です。途中にマンホールやハンドホールを設置して、そこからケーブルを引き入れます。管路によってケーブルを保護しますが、最近では波付硬質合成樹脂管の利用が増えています。電線共同溝(C.C.BOX方式)もこの管路方式の1つとされており、都市部で広く用いられています。

(3)暗きょ方式

暗きょ方式は、地中にケーブル布設用の洞道やCABを設けて、その中にケーブルを布設する方法です。都市部においては通信事業者やガス、水道などの事業者と共同で共同溝を設ける場合も増えています。火災が生じた場合には、被害が大きくなりますので、次の防火措置を講じることが【電技解釈】で定められています。

①地中電線に耐燃措置を施す
②暗きょ内に自動消火設備を施設する

このように、埋設する方式にはいくつかありますが、埋設されたケーブルの保護のために、埋設深さや防護対策方法などでいくつかの規定が設けられていますので、適切に施工しなければなりません。

要点BOX
●直接埋設方式は簡便な防御のみ
●管路方式では波付硬質合成樹脂管が使われる
●暗きょ式では防火措置が求められる

地中電線路の方式

直接埋設方式

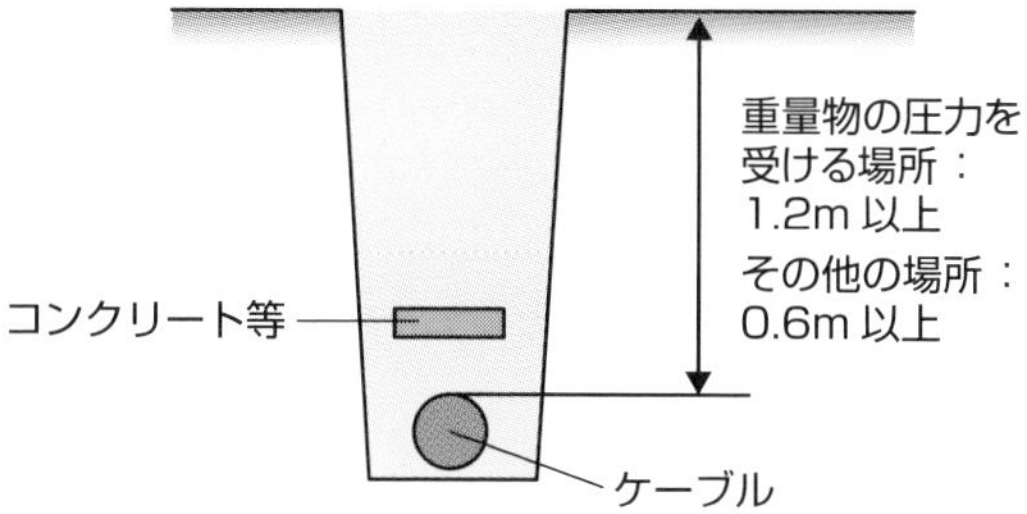

管路埋設方式

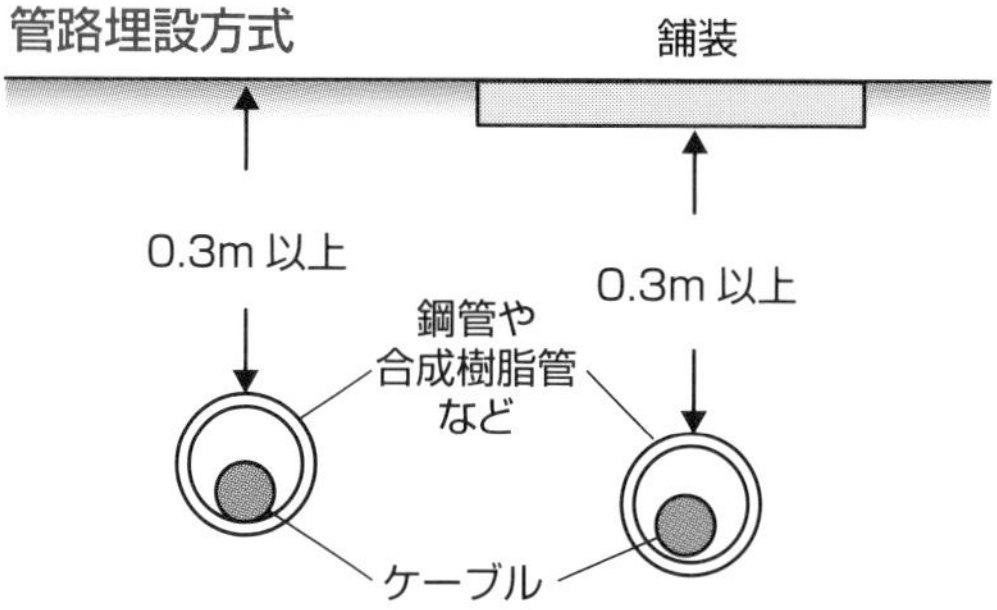

電線共同溝方式
(C.C.BOX方式)

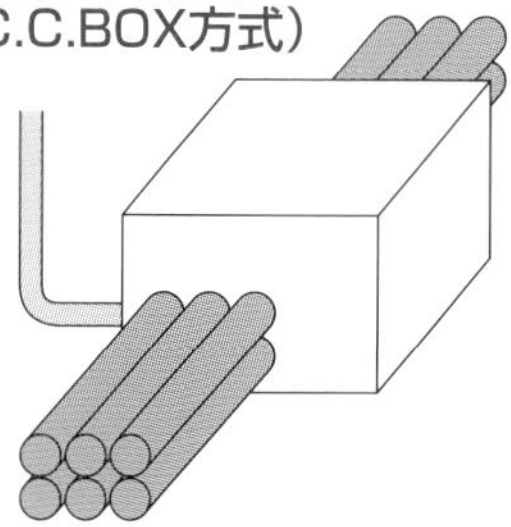

(CAB方式)

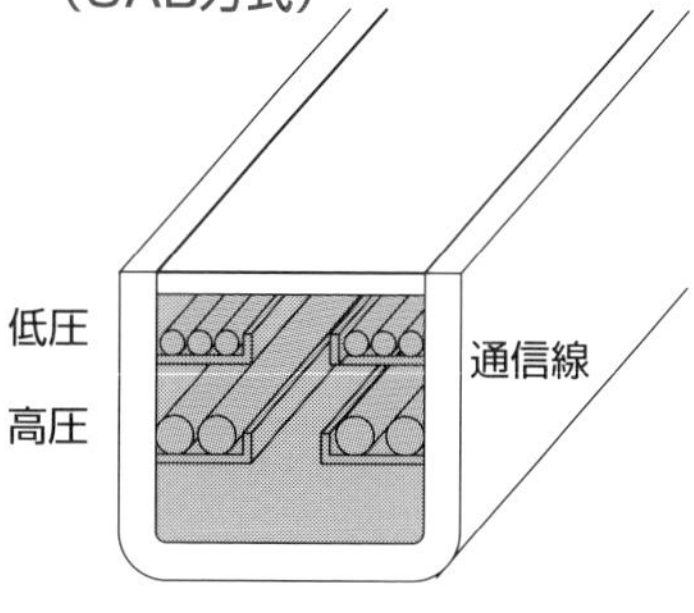

暗きょ方式

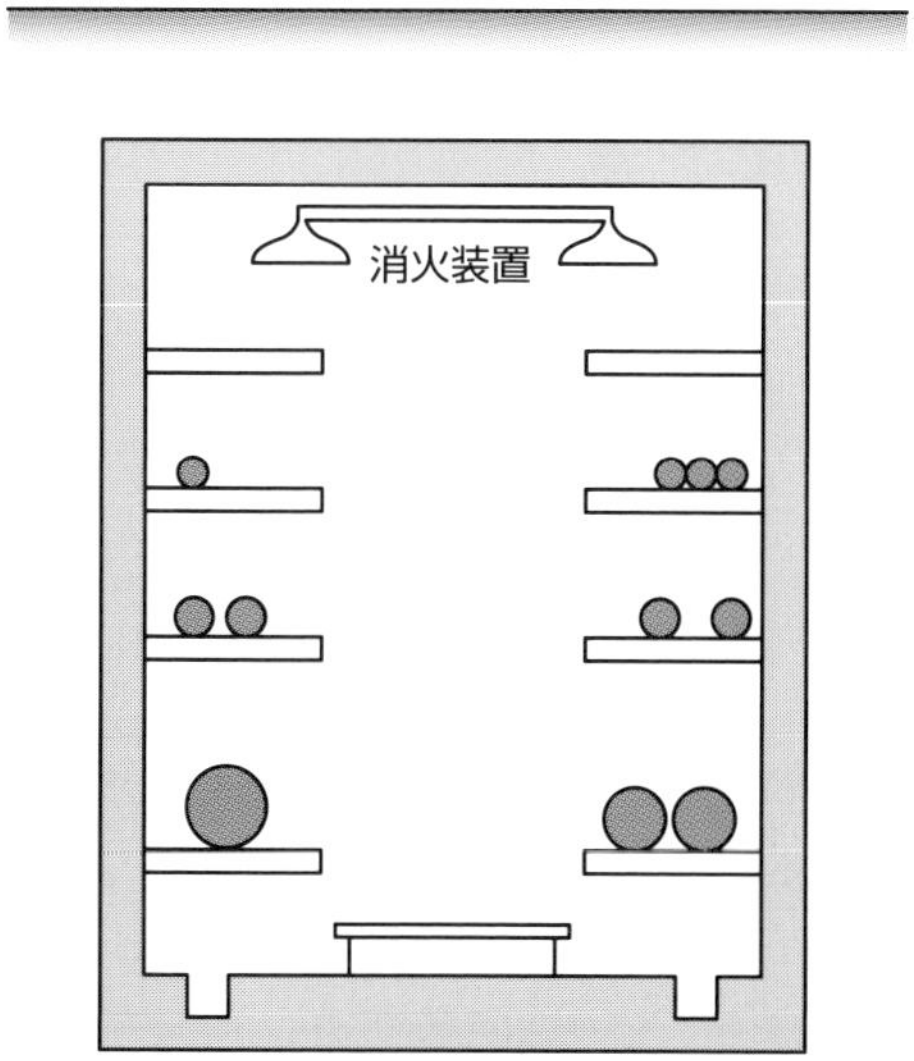

48 大量のケーブルを配線するために

化学プラントや工場内、発電所、ビルの幹線などにおいては、大量のケーブルを配線する場所が存在します。そういった際に用いられるのがケーブルラックになります。ケーブルラックが用いられている場所は、一般の人が立ち入る場所ではない所が多いのですが、一般の人に身近な場所としては、駅の階段やホームがあります。ケーブルラックの形状は、はしご状のものが多いですが、トレー型のものもあります。

(1)ケーブルラックの仕上げと施設適合場所

ケーブルラックに用いられる材料としては、鋼とアルミニウム合金があります。鋼の場合には、溶融亜鉛メッキを施して、その上にメラミン焼付塗装や透明塗装を行います。仕上げの仕様によって適合場所が変わります。

(2)ケーブルラックの形状

ケーブルは水平に配線するだけではなく、垂直にも配線を行います。また交差する部分では、十字やT字に交わる場所や、L字に曲がる場所、緩やかに上り下りする場所などがありますので、それらに対応する部材が合わせて用意されています。それらを組み合わせて計画を行います。また、ケーブルラックの幅は、電力ケーブルの場合には1段積ですので、ケーブルの仕上がり寸法から決定されます。変電所などから出た部分の幅が最も広くなりますが、末端に行くとケーブルの行先がわかれていきますので、幅の狭いものに変わっていきます。

(3)ケーブルラックの支持間隔

ケーブルラックの支持間隔は鋼製で2m以下、その他は1・5m以下とされています。また、垂直部では3m以下となっています。最近では、耐震を考慮した支持方法が求められています。また、ケーブルラック上のケーブルの支持間隔は2m以下とされています。

ケーブルラックの計画

要点BOX

- ●ラックには鋼製とアルミ合金製がある
- ●さまざまな形状の付属品が用意されている
- ●最大支持間隔が規程されている

ケーブルラックの仕上げ及び施設適合場所

材料	仕上げ	仕様	施設適合場所	
			一般屋内	湿気・水気の多い屋内、一般屋外
鋼	塗装(メラミン焼付等)	亜鉛の両面付着量100g／m^2以上の溶融亜鉛めっき鋼板にメラミン焼付塗装、粉体塗装等を施したはしご形のもの	○	
	溶融亜鉛めっき等	亜鉛の両面付着量100g／m^2以上の溶融亜鉛めっき鋼板に透明塗装を施したトレー型のもの	○	
		JIS H8641:2007「溶融亜鉛めっき」に規定するHDZ35以上の溶融亜鉛めっきを施したはしご形のもの		○
		上記HDZ35と同等の耐食性能を有する溶融亜鉛−アル　ミニウム系合金めっき鋼板製のはしご形のもの		○
アルミニウム合金	アルマイト処理	アルミニウム合金に陽極酸化皮膜を施したはしご形のもの		○

出典:公共建築工事標準仕様書(電気設備工事編)

ケーブルラック幅計算式

W = 電力ケーブル(1段積)のケーブルラックの内面寸法

$W \geqq 1.2\{\Sigma(D+10)+60\}$　　D:各ケーブルの仕上外径[mm]

トリプレックス形等の場合は、より合わせ外径とする)

ケーブルラックの形状

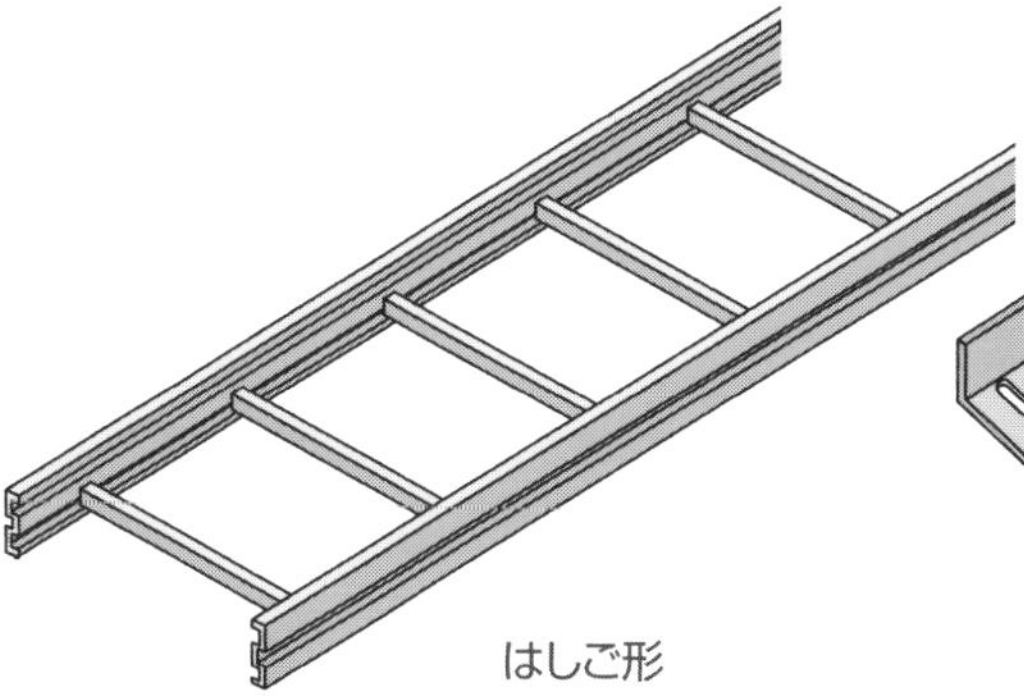

はしご形

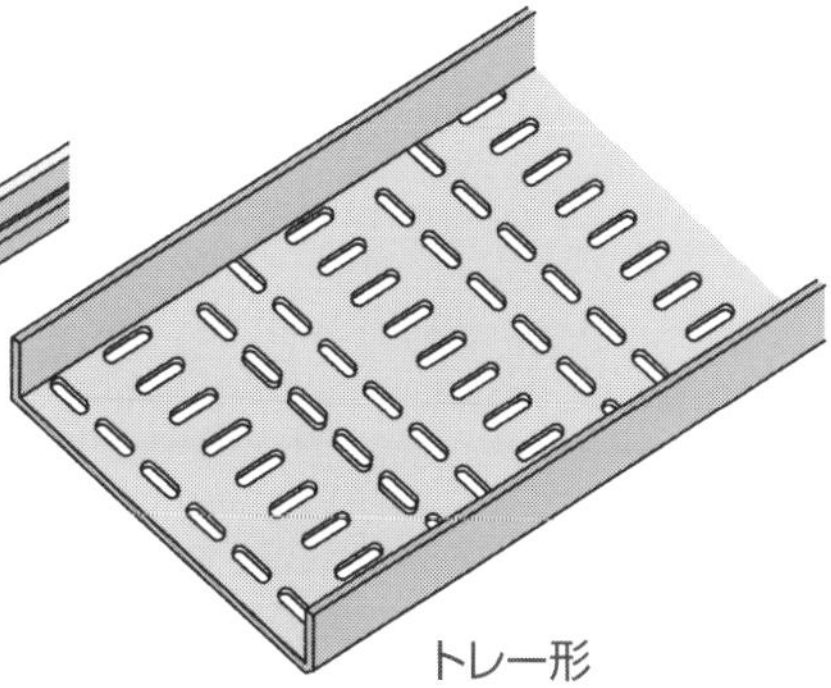

トレー形

49 防火区画を貫通する場合の対応

貫通部防火措置材の適正使用

建築基準法第2条第7号で「耐火構造」が定義されており、「壁、柱、床その他の建築物の部分の構造のうち、耐火性能に関して政令で定める技術的基準に適合する鉄筋コンクリート造、れんが造その他の構造で、国土交通大臣が定めた構造方法を用いるもの又は国土交通大臣の認定を受けたものをいう。」とされています。一方、消防法施行令第8条では、「防火対象物が開口部のない耐火構造の床又は壁で区画されているときは、その区画された部分は、この節の規定の適用については、それぞれ別の防火対象物とみなす。」とされています。

電線やケーブルは建築物において欠かせないものとなっており、配線を計画する際に防火区画をまたいで配線せざるをえない場合があります。そのため、建築基準法施行令第112条第19項で、「給水管、配電管その他の管が（中略）「準耐火構造の防火区画」を貫通する場合においては、当該管と準耐火構造の防火区画との隙間をモルタルその他の不燃材料で埋めなければならない。」と規定されています。

また、建築基準法施行令第129条の2の4第1項第7号で、「給水管、配電管その他の管が、（中略）「防火区画等」を貫通する場合においては、これらの管の構造は、次のイからハまでのいずれかに適合するものとすること。（後略）」とされており、イ号に「給水管、配電管その他の管の貫通する部分及び当該貫通する部分からそれぞれ両側に1m以内の距離にある部分を不燃材料で造ること。」と規定されています。

建築物においては、電気や通信の利用が避けられないため、防火区画を貫通する場所で適切な対応がとれるように、さまざまな貫通部防火措置材が販売されています。貫通部には左頁に示すような例の施工方法が多く認可されていますので、正しい工法を使って、適切に施工しなければなりません。

要点BOX
- ●電線が防火区画を貫通する場合がある
- ●防火区画の処理は法律で定められている
- ●貫通部防火措置材を適切に使用する

法令上の耐火構造の定義

建築基準法第２条第７号
耐火構造　壁、柱、床その他の建築物の部分の構造のうち、耐火性能（通常の火災が終了するまでの間当該火災による建築物の倒壊及び延焼を防止するために当該建築物の部分に必要とされる性能をいう。）に関して政令で定める技術的基準に適合する鉄筋コンクリート造、れんが造その他の構造で、国土交通大臣が定めた構造方法を用いるもの又は国土交通大臣の認定を受けたものをいう。

消防法施行令　第８条
防火対象物が開口部のない耐火構造（建築基準法第二条第七号に規定する耐火構造をいう。以下同じ。）の床又は壁で区画されているときは、その区画された部分は、この節の規定の適用については、それぞれ別の防火対象物とみなす。

建築基準法施行令第 112 条第 19 項
給水管、配電管その他の管が第一項、第三項から第五項まで若しくは第十七項の規定による一時間準耐火基準に適合する準耐火構造の床若しくは壁、第六項若しくは第九項の規定による耐火構造の床若しくは壁、第十項本文若しくは第十五項本文の規定による準耐火構造の床若しくは壁又は同項ただし書の場合における同項ただし書のひさし、床、袖壁その他これらに類するもの（以下この条において「準耐火構造の防火区画」という。）を貫通する場合においては、当該管と準耐火構造の防火区画との隙間をモルタルその他の不燃材料で埋めなければならない。

建築基準法施行令第 129 条の２の４第１項第７号
給水管、配電管その他の管が、第百十二条第十九項の準耐火構造の防火区画、第百十三条第一項の防火壁若しくは防火床、第百十四条第一項の界壁、同条第二項の間仕切壁又は同条第三項若しくは第四項の隔壁（ハにおいて「防火区画等」という。）を貫通する場合においては、これらの管の構造は、次のイからハまでのいずれかに適合するものとすること。ただし、一時間準耐火基準に適合する準耐火構造の床若しくは壁又は特定防火設備で建築物の他の部分と区画されたパイプシャフト、パイプダクトその他これらに類するものの中にある部分については、この限りでない。
イ　給水管、配電管その他の管の貫通する部分及び当該貫通する部分からそれぞれ両側に 1m 以内の距離にある部分を不燃材料で造ること。

ケーブルラック壁貫通部防火措置

鉄筋コンクリート壁防火措置

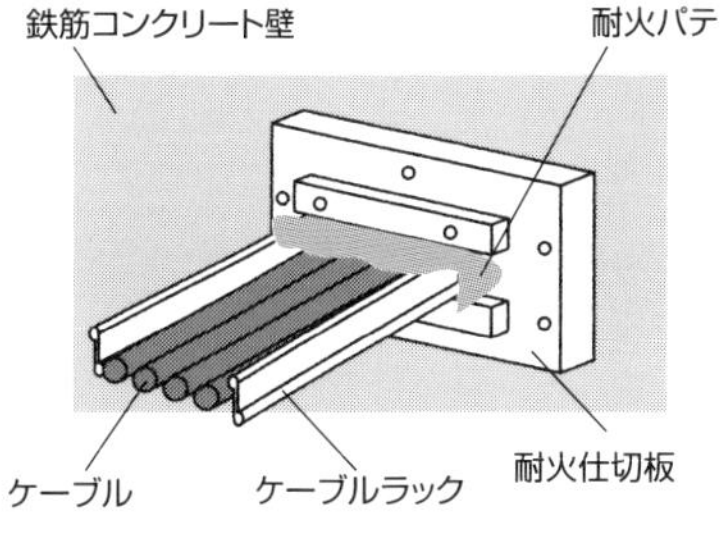

PF管壁貫通部防火措置

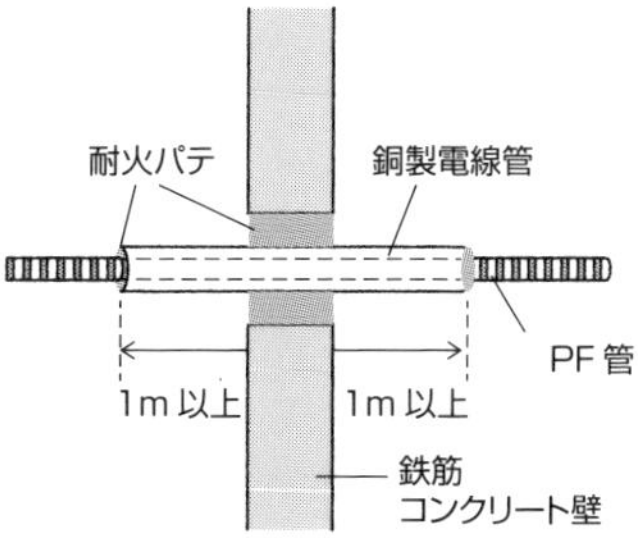

ケーブルラック床貫通部防火措置

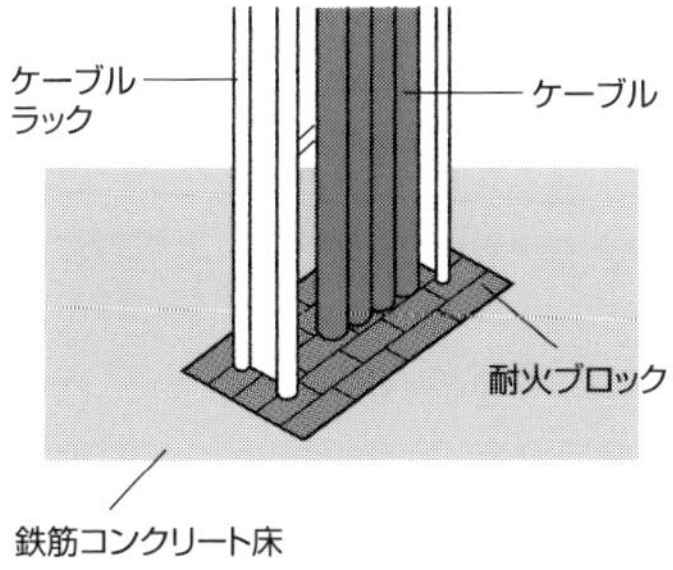

ケーブル床貫通部防火措置

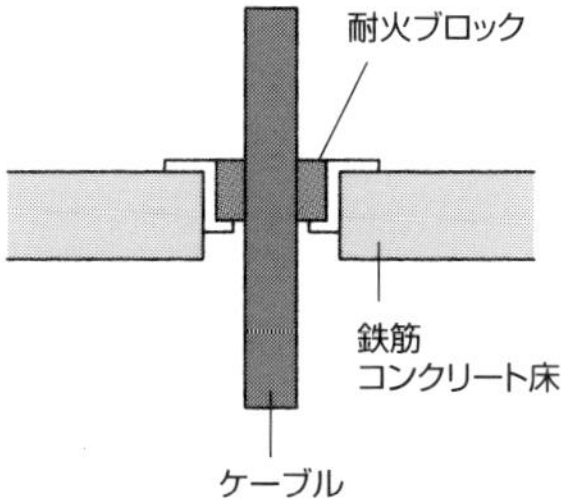

50 屋内配線の隠ぺい方法

建築資材も使った配線路

オフィスや家庭においては、身近にコンセントやLAN配線、電話配線、テレビ用同軸ケーブルなどの口を配置しなければなりません。しかも、使う場所まではできるだけ隠ぺいした状態で配線していきたいので、さまざまな方法が考えられ、条件に合わせて活用されています。

(1)フロアダクト方式

フロアダクト方式は、コンクリート内にヘッダダクトとフロアダクトを格子状に埋め込んで、必要に応じて配線を取り出せるようにした方法です。電源線とデータ線間にセパレータを設けて離隔距離を取るようにしています。

(2)セルラダクト方式

セルラダクト方式は、床の構造体として使うデッキプレートにヘッダダクトを重ねてケーブルを利用場所まで配線する方式です。電源のコンセント配線とデータ配線の離隔距離をとるために、違う列を使うなどの方法を取ります。

(3)OAフロア方式

OAフロア方式は、床下に配線スペースを確保し、どこでもケーブルを取り出せるようにした方式です。当初は、データセンターなどで用いられていましたが、最近では、簡易アクセスフロアを事務所スペースに設けて配線する例も多くなっています。

(4)アンダーカーペット方式

カーペットの下にアンダーカーペットケーブルというフラットケーブルを埋設して配線する方法です。硬い床側に下部保護層を、上からの荷重に対して上部保護層を設ける他に、感電防止のために上部接地保護層を設けます。

(5)先行配線工法

天井裏などにケーブル支持物をつり下げて、ケーブルを吊って配線する方法なども壁内コンセントや住宅用の配線方式として使われています。

要点BOX

- ●床の構造体を使う配線方式
- ●フリーアクセスフロアを使う配線方式
- ●カーペット下に平形線を隠ぺいする方式

事務所エリアの屋内配線方式

フロアダクト方式

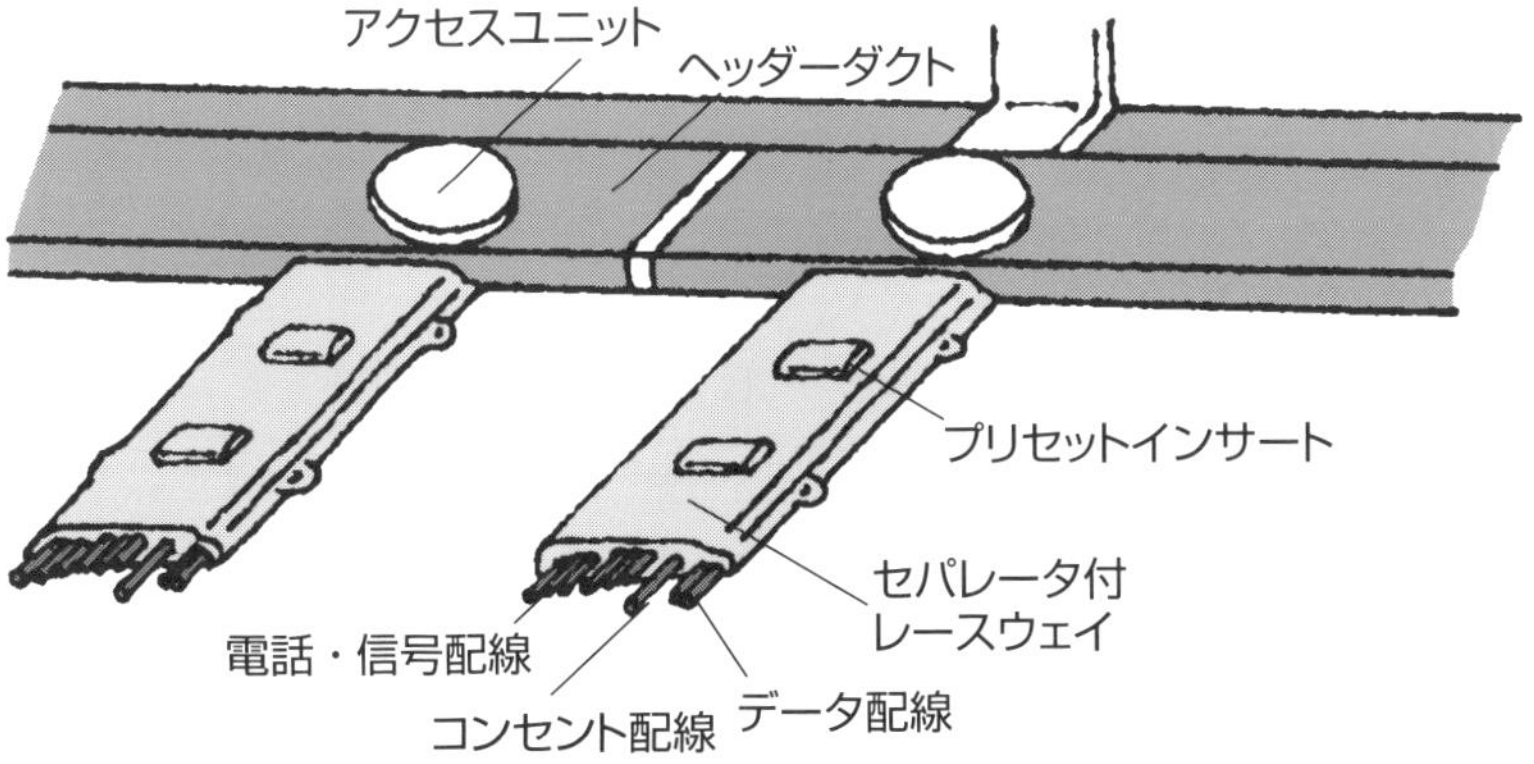

セルラダクト方式

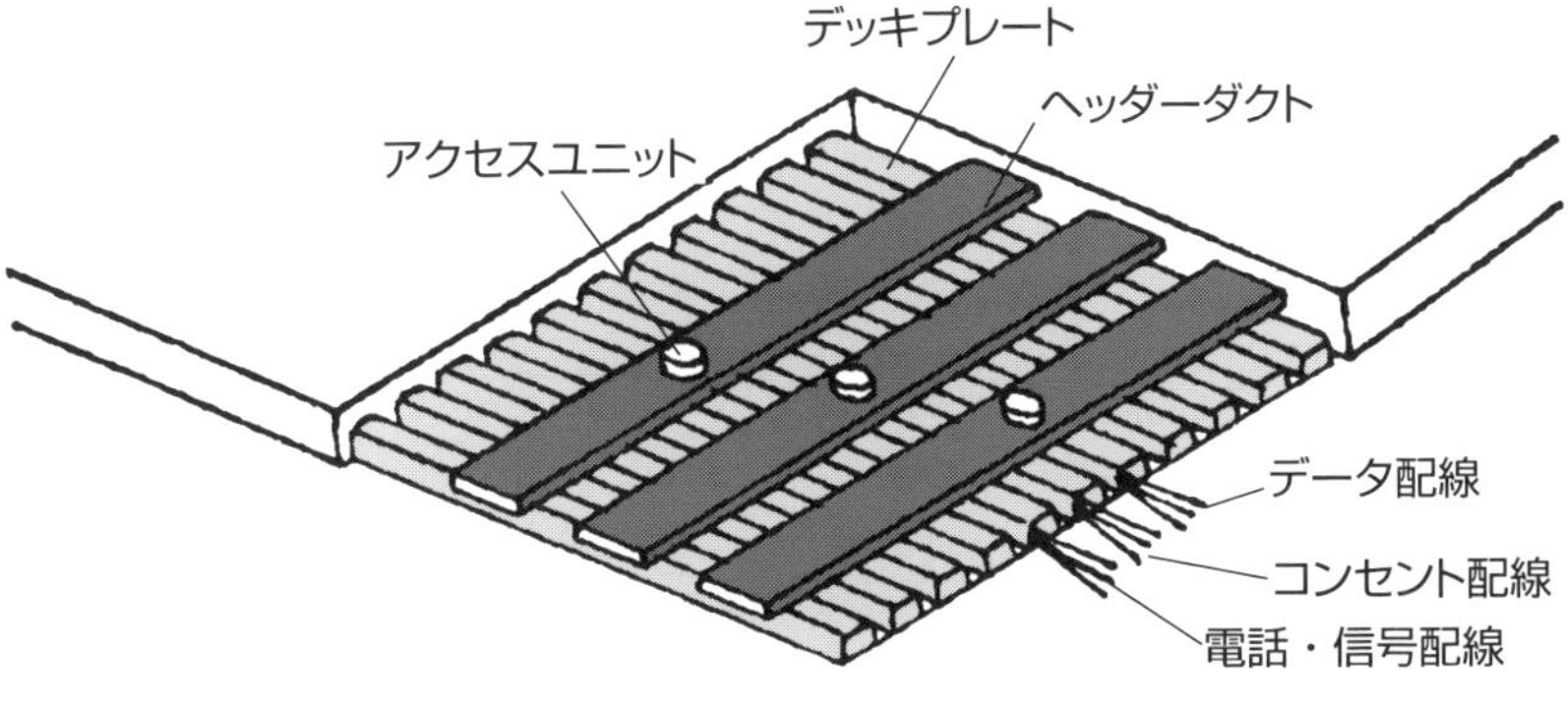

アンダーカーペット方式

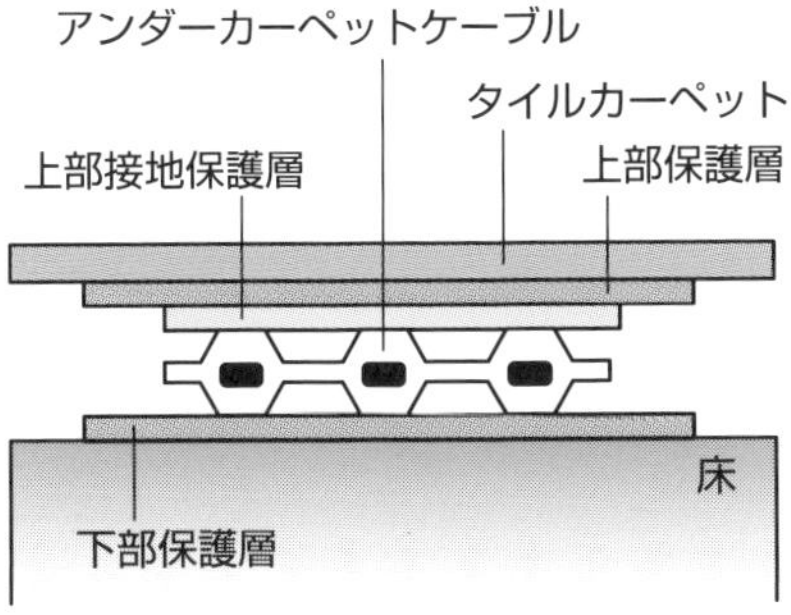

OAフロア方式

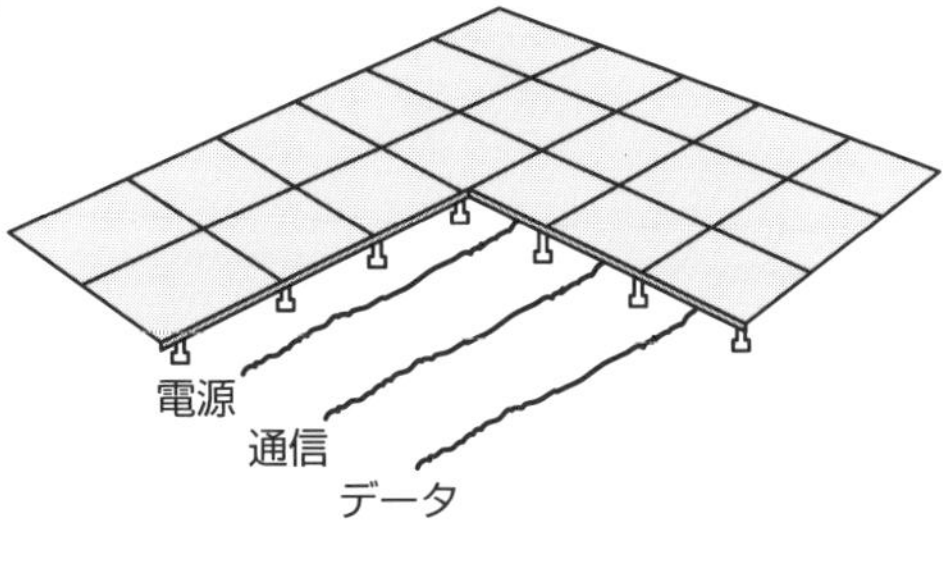

51 低圧屋内配線方法のいろいろ

施設場所による工事の可否

【技術基準】第56条第1項では、「配線は、施設場所の状況及び電圧に応じ、感電又は火災のおそれがないように施設しなければならない。」と定められています。これに関して、【電技解釈】第156条では、「低圧屋内配線の施設場所による工事の種類」が定められており、「低圧屋内配線は、次の各号に掲げるものを除き、156-1表（左頁表参照）に規定する工事のいずれかにより施設すること。」とされています。具体的には、次のような事項が示されており、特殊な配線や危険雰囲気を持った施設が例外として挙げられています。

①【電技解釈】第172条第1項

ショウウインドー又はショウケース内の低圧屋内配線を、次の各号により施設する場合は、外部から見えやすい箇所に限り、コード又はキャブタイヤケーブルを造営材に接触して施設することができる。（各号省略）

②【電技解釈】第175条

粉じんの多い場所に施設する低圧又は高圧の電気設備は、次の各号のいずれかにより施設すること。（各号省略）

③【電技解釈】第176条

可燃性のガス又は引火性物質の蒸気が漏れ又は滞留し、電気設備が点火源となり爆発するおそれがある場所における、低圧又は高圧の電気設備は、次の各号のいずれかにより施設すること。（各号省略）

④【電技解釈】第177条

危険物を製造し、又は貯蔵する場所に施設する低圧又は高圧の電気設備は、次の各号により施設すること。（各号省略）

⑤【電技解釈】第178条

火薬庫内には、次の各号により施設する照明器具及びこれに電気を供給するための電気設備を除き、電気設備を施設しないこと。（各号省略）

要点BOX
- ●施設場所の区分で配線工事が変わる
- ●使用電圧で配線工事が変わる
- ●危険雰囲気の有無で配線工事が変わる

低圧屋内配線方法

電気設備の技術基準の解釈第156条:低圧屋内配線の施設場所による工事の種類
低圧屋内配線は、156−1表に規定する工事のいずれかにより施設するとされています。

施設場所の区分		使用電圧の区分	工事の種類											
			がいし引き工事	合成樹脂管工事	金属管工事	金属可とう電線管工事	金属線ぴ工事	金属ダクト工事	バスダクト工事	ケーブル工事	フロアダクト工事	セルラダクト工事	ライティングダクト工事	平形保護層工事
展開した場所	乾燥した場所	300V以下	○	○	○	○	○	○	○	○			○	
		300V超過	○	○	○	○		○	○	○				
	湿気の多い場所又は水気のある場所	300V以下	○	○	○	○			○	○				
		300V超過	○	○	○	○				○				
点検できる隠ぺい場所	乾燥した場所	300V以下	○	○	○	○	○	○	○	○		○	○	○
		300V超過	○	○	○	○		○	○	○				
	湿気の多い場所又は水気のある場所	−	○	○	○	○				○				
点検できない隠ぺい場所	乾燥した場所	300V以下		○	○	○				○	○	○		
		300V超過		○	○	○				○				
	湿気の多い場所又は水気のある場所	−		○	○	○				○				

（備考） ○は、使用できることを示す。

出典:電気設備の技術基準の解釈第156条

52 電柱の電線に対する規制

安全を高めるための基準

電柱などの配電線や電車線には、高圧電圧が印加されているため、安全に対して具体的な基準が定められています。

【技術基準】第25条では、「架空電線、架空電力保安通信線及び架空電車線は、接触又は誘導作用による感電のおそれがなく、かつ、交通に支障を及ぼすおそれがない高さに施設しなければならない。」と定められています。これに関して、【電技解釈】第68条では、具体的に、道路や鉄道、横断歩道橋、水路水面上からの高さの基準を示しています。それを具体的に図で示すと左頁のようになります。

また、【技術基準】第29条では「電線路の電線又は電車線等は、他の工作物又は植物と接近し、又は交さする場合には、他の工作物又は植物を損傷するおそれがなく、かつ、接触、断線等によって生じる感電又は火災のおそれがないように施設しなければならない。」と規定しています。それに対して、【電技解釈】第79条では、「低圧架空電線又は高圧架空電線は、平時吹いている風等により、植物に接触しないよう施設すること。」と規定しています。

【電技解釈】第68条のように、対象物が人工物である場合には、設計時にしっかり確認しておけば、その後に問題が生じることはないのですが、【電技解釈】第79条のように、対象が植物の場合には、そう簡単ではありません。実際に令和元年に千葉で樹木との接触で電線が切れ長期の停電になった事例があります。その後、多くの成長した樹木の枝を切り落とすことになりました。このように、自然の樹木の生長による条件の変化を知り、ケーブル側で対処しようという工夫があります。それが摩耗検知層を設けた電線で、地上から摩耗の状況を目視できるようにして、巡視の際に、樹木との接触が強風時に起きてケーブルが摩耗していることを、容易に発見できるようになっています。

要点BOX
- ●配電線には構造物との離隔距離が具体的な数字で定められている
- ●摩耗状態が目視できる電線がある

架空配電線路の設置規定

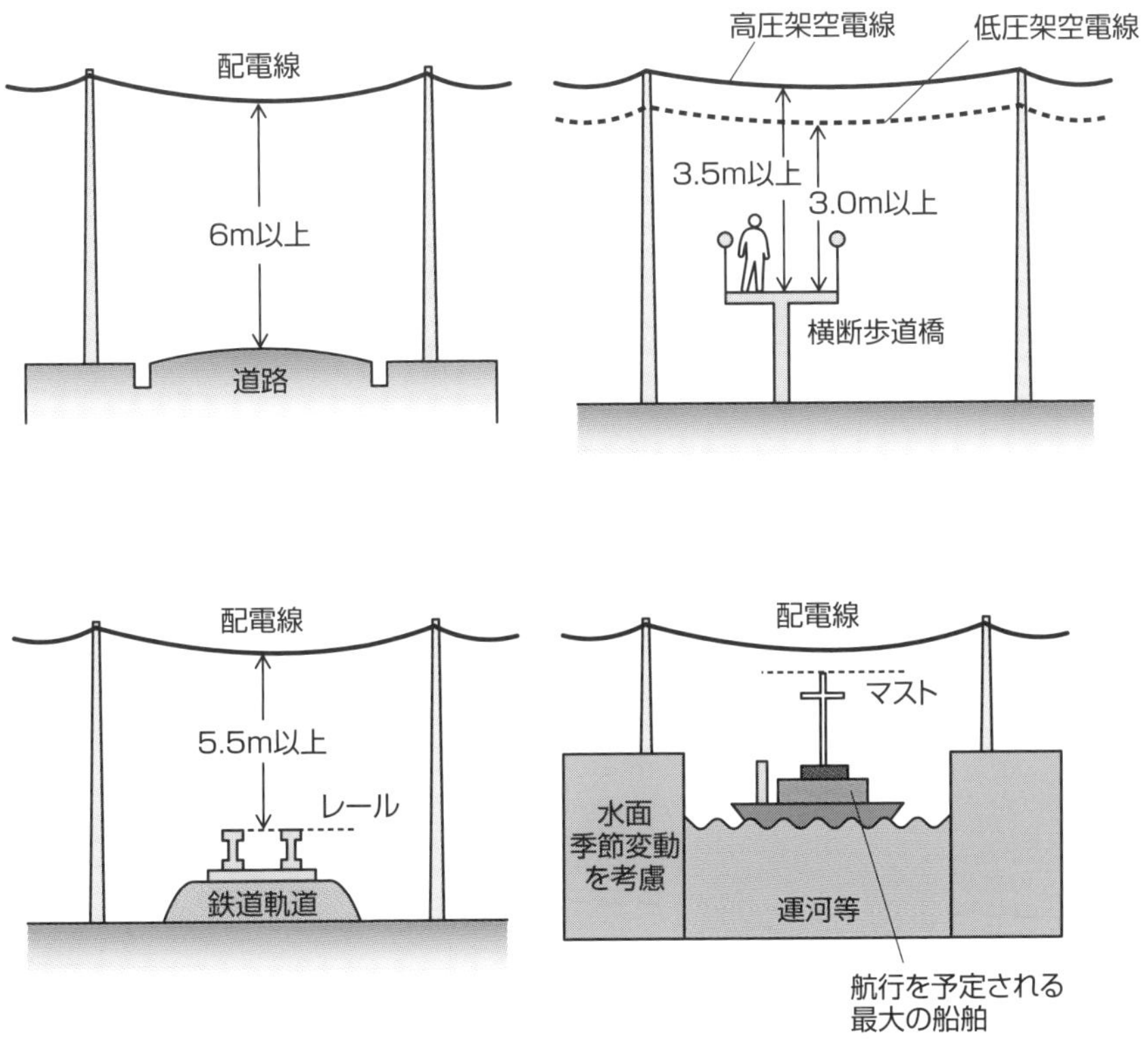

摩耗検知層付配電線の断面

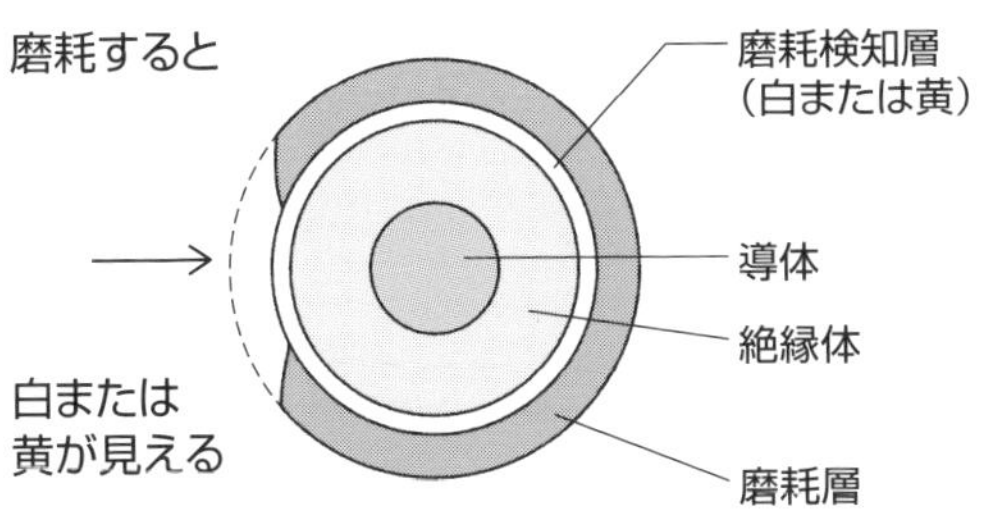

Column

凡ミスでボンと火を噴く電気の怖さ

プラントの変電所は高床式の建屋になっています。まだ電気が来ていない頃に受電設備を変電所内に据え付けると、どうしても床のケーブル引込口から砂が入ってきます。ですから、建設工事中は掃除が日課で、埃と水を嫌う電気設備を防御しなければなりません。幸いに砂漠の国でプラントを建設することが多かったので、水の問題は少ないのですが、埃には苦労させられました。

受電・配電盤にケーブルをつなぎこむ際は、最も気を使います。まず、盤内をきれいにして、端末処理をしたケーブルを盤内の端子に結線していくわけですが、ボルトを締める際に強く締付けると噛んでしまいます。しかし、弱い締付けでは、時間とともにボルトが緩み、電気事故につながる可能性があります。そのため、メーカーが推奨しているトルク値を調べ、トルクレンチで締付作業を行います。それが一箇所であれば、そんなに心配することはないのですが、受電盤も冗長化されていますし、下流に配電する盤の数も多いので、トルクチェックは数日に及びます。どこまでやったかはちゃんと管理しているのですが、数が多いとどうしても、記憶があいまいになります。結線後は、順次、背面パネルをボルト締めして、次に進んでいるのですが、受電の日が近くなると、心配で眠れなくなります。翌朝に自分で背面パネルを開けて、トルクチェックのマークを確認するなどということもあります。

仕事が進み、いよいよ受電の日を迎えるわけですが、ここで心配は最高潮になります。そういった中、送りだし側の電力会社からの送電をドキドキしながら待っていたのですが、まったく気配が感じられません。予定時間から1時間ほど経って、我慢しきれず送り出し側の変電所に行ってみると。大騒ぎの真っ最中です。それでもなんとか事態を確認してみると、送電を開始したとたんに配電盤が火を噴いて失敗したとのこと、当然、受電は延期で心配は先送りとなってしまいました。

翌日に確認したところ、配電盤の端子を工事中に安全のためジャンパ線で短絡していたのを外し忘れて送電を開始し、短絡事故を起こしたとのこと。担当する技術者の見落としで大事故を起こしてしまったという事実を知り、チェックの重要さを実感した日となりました。

第7章

電線・ケーブルの布設工事とは

53 鉄塔に送電線を架線する

架空送電線用の鉄塔が準備できた後には、架線工事が行われます。通常は、鉄塔10基から20基、距離にして3から6㎞程度を工事単位として、電線の送り出し場所にドラム場を設け、架線ウインチを設置する場にエンジン場を設けます。

(1)ドラム場の準備

ドラム場には使用する電線のドラムを複数個置きますので、千m^2以上の広い面積が必要となります。また、ドラム場には、延線する電線に一定のブレーキをかけて、架線する電線に一定の張力をかけるための延線車を置きます。

(2)エンジン場の準備

エンジン場には、電線を引くための架線ウインチと、電線を引くために使ったワイヤロープ等を巻き取るリールワインダを置くだけですので、数百m^2程度の面積で十分です。

(3)延線工事

延線工事を行うためには、各鉄塔に滑車となる金車を取り付け、ヘリコプター等を使って細いロープをドラム場とエンジン場間に渡します。そのロープで太いワイヤロープを引き、さらにワイヤロープで電線を引くという手順で延線していきます。延線速度は毎分40m程度です。延線は鉄塔の高い位置に張る電線から順に下の電線に移っていきます。

(4)緊線工事

緊線工事は、延線された電線を計画した弛度に調整して、碍子に取り付ける作業で、無風時に行います。最近では、鉄塔径間を正確に計測して、電線工場で位置をマークし、現場での緊線作業を省略するプレハブ架線工法も用いられています。

(5)付属部材の取り付け

架空送電線は、各相を複導体とする場合も多いので、一定間隔にスペーサを取り付けるなど、付属品の取り付け作業が行われます。

延線工事と緊線工事

要点BOX
- ●ドラム場とエンジン場を設ける
- ●細い線から順に太い線を延線する
- ●緊線工事で弛度を調整する

延線工事

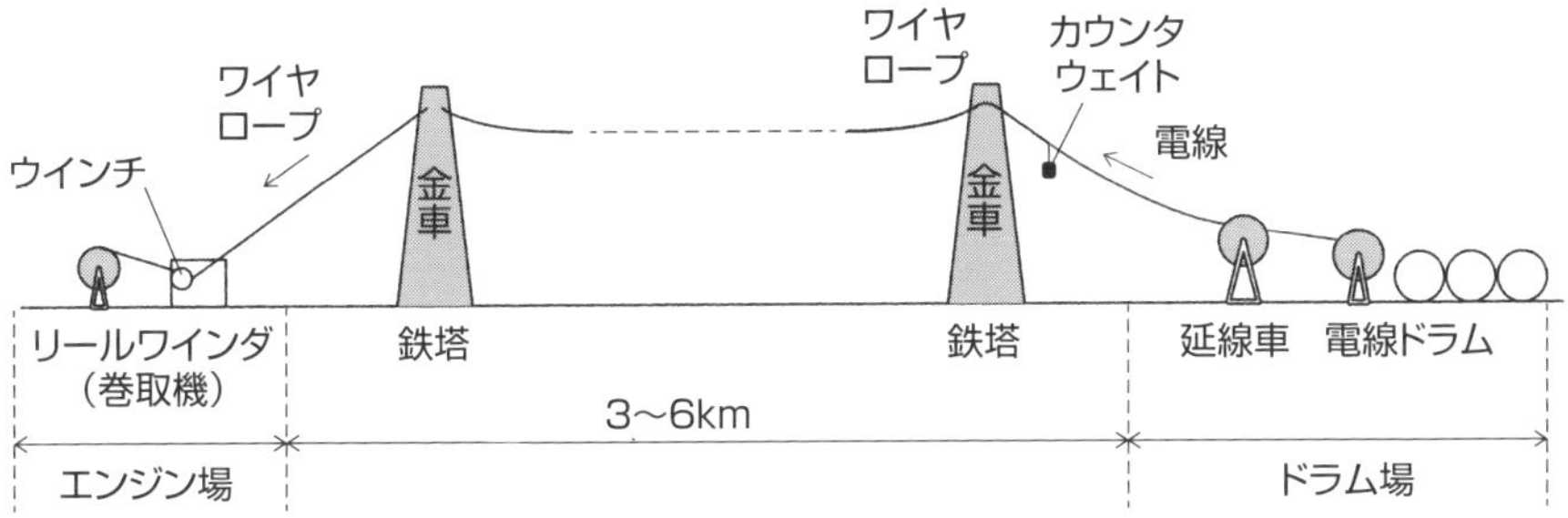

ウインチ
ワイヤ
ロープ
金車
ワイヤ
ロープ
カウンタ
ウェイト
電線
金車
リールワインダ
（巻取機）
鉄塔
鉄塔
延線車
電線ドラム
3〜6km
エンジン場
ドラム場

緊線工事

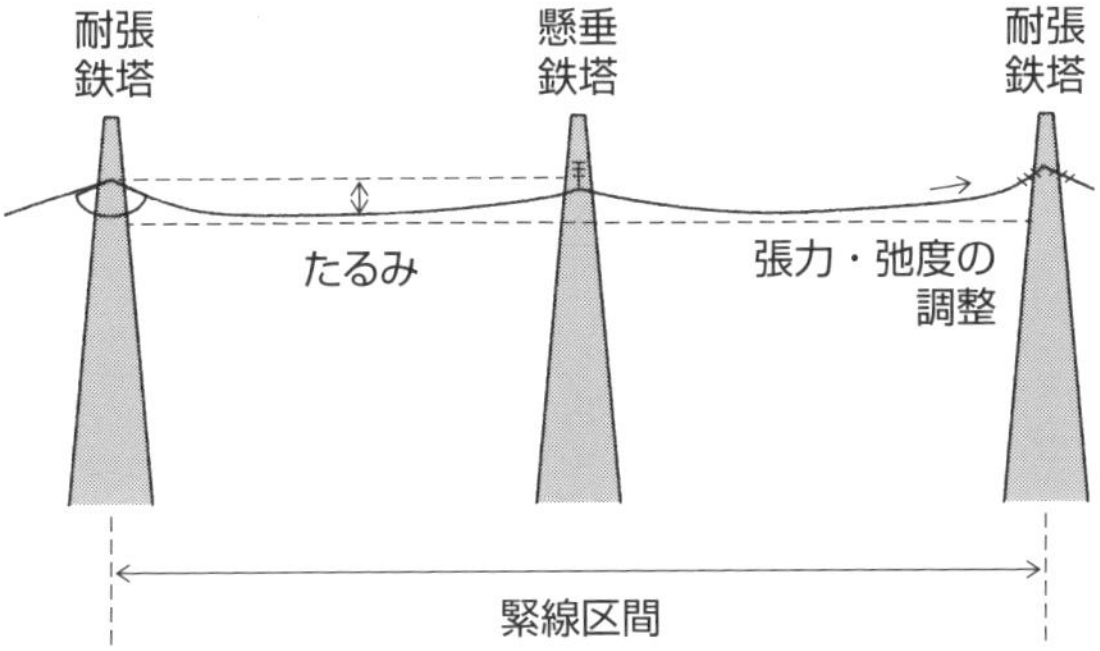

耐張
鉄塔
懸垂
鉄塔
耐張
鉄塔
たるみ
張力・弛度の
調整
緊線区間

54 ケーブルを布設する場合の配慮

管路配線とケーブルラック配線

地中に埋設された管路やケーブルラックにケーブルを布設する作業は次のように行います。

(1)管路内布設工事

既存の管路にケーブルを増設布設する場合には、まず管路内の状況確認が必要となります。管路内に段差が生じていないかなどの確認をする必要がある場合は、カメラを入れて目視確認を行います。確認後に問題がなければ、地上にケーブルドラムを置き、1条ずつケーブルを管路に引き込みます。ケーブルを引く場合には、ワイヤロープを管路に通し、ケーブルとつないでからウインチで引きます。その際に、ケーブルの引き入れ張力を事前に計算しておき、異常な値にならないことを確認しながら布設していきます。ケーブルは周囲の温度変化に伴い熱伸縮をしますので、その変化を吸収させるために、マンホール内にケーブルオフセットを設けます。布設後は絶縁抵抗を測定して、ケーブルに異常がないことを確認します。

(2)ケーブルラック配線

ケーブルラック上にケーブルを布設する場合には、さまざまな工具が用意されていますので、それらを使って行います。特に威力を発揮するのがパワーボール(ケーブル中間送り機)で、ケーブルを送り出すスピードを制御してくれます。ケーブルは熱伸縮を吸収できるようスネーク布設します。

(3)8の字取り

ケーブルを送り出し場所から目的地に一気に引ければ問題ないのですが、ケーブルトレンチ内を布設したケーブルが、途中から高所に垂直ケーブルラック経由で立ち上げるなどの場合があります。そういった場合には、一度水平布設を終わらせて、時期を変えて立てのケーブルラックに布設するなどの分離工事を行います。その際に、ケーブルを仮置きする方法として8の字取りを行います。

要点BOX

- ケーブルオフセットを設ける
- ケーブルはスネーク布設する
- 仮置きする際は8の字取りをする

管路内ケーブル布設工事

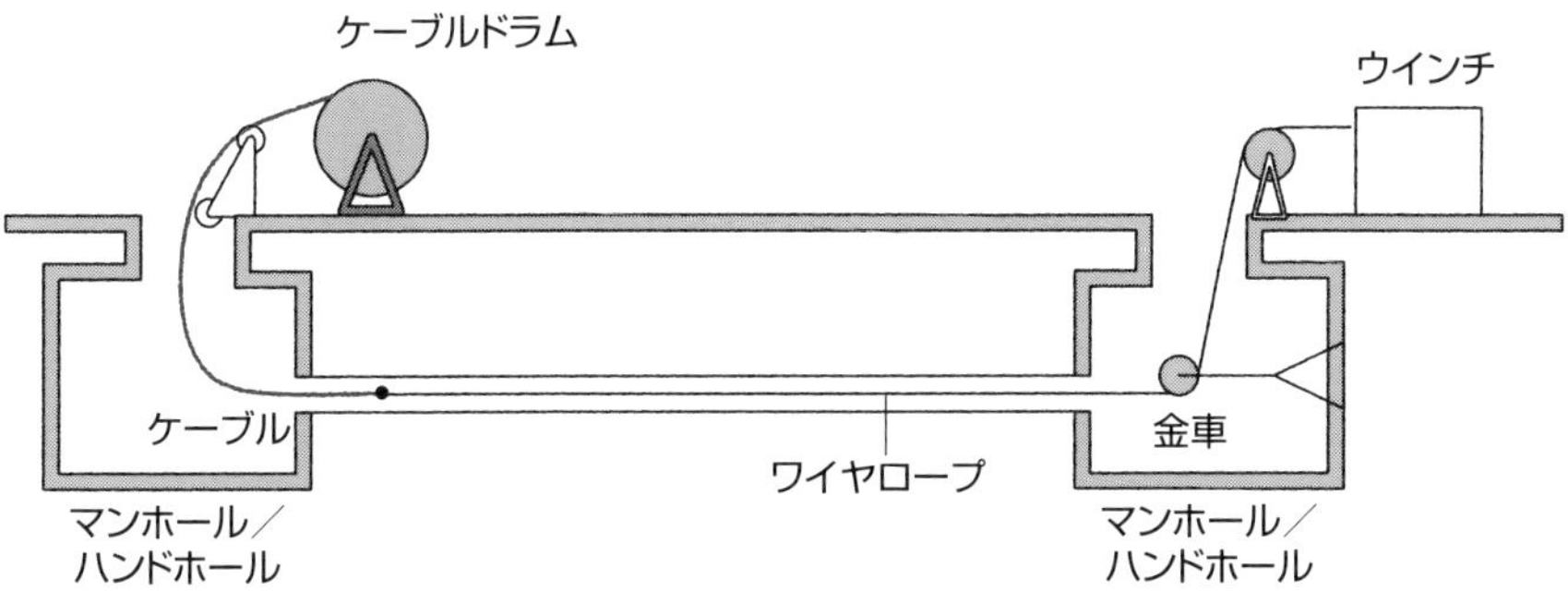

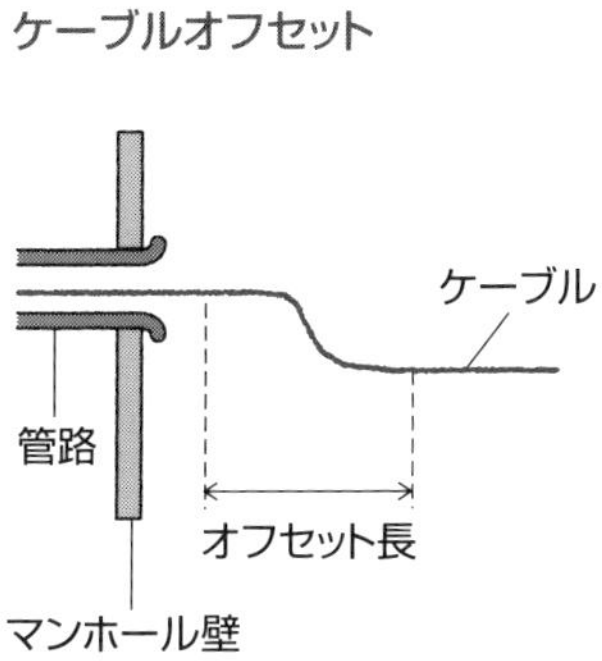

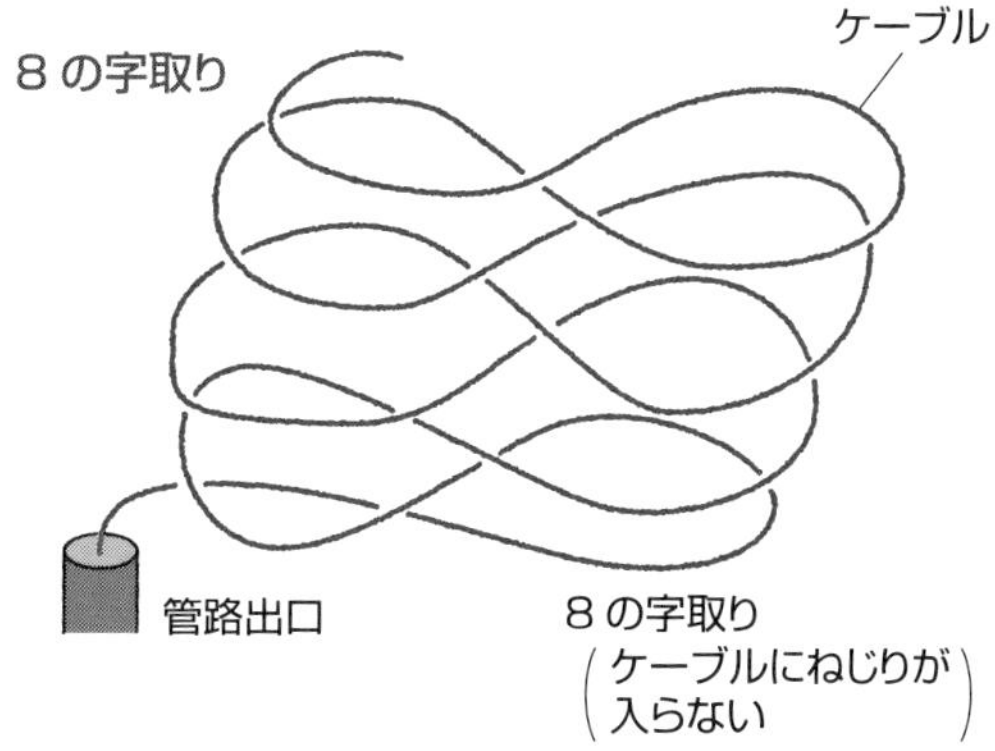

ケーブルラック上ケーブル布設

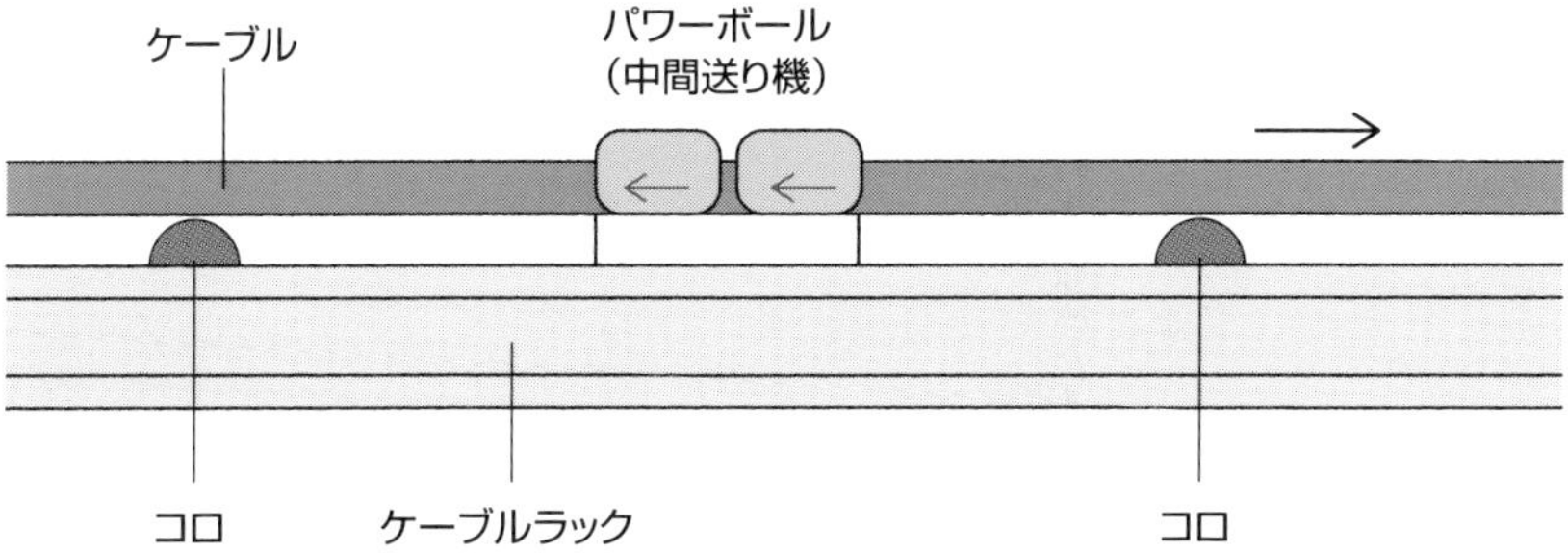

55 ケーブル布設には やさしさを

布設工事の気遣いポイント

ケーブルは重くて長いという特性があります。しかし、繊細さも持っていますので、ケーブル布設には気遣いが必要です。

(1)ケーブルドラムの扱い方

ケーブルドラムは、丸い筒状のドラムにケーブルが巻かれたものです。丸いので転がりやすいですが、基本的には転がさずに移動させなければなりません。どうしても転がす場合には、ドラム外側に記載されている矢印方向に転がします。ケーブルを繰り出す場合には、この矢印とは反対の向きに回転させますので、その向きになるようセットします。

(2)許容張力

ケーブルは重いので、大きな力で引きたくなりますが、過大な張力を加えると、導体が伸びたり、断線したりする危険性がありますので、許容張力を超えないように配慮する必要があります。また、延線する場所の全域の小石や突起部を取り除くとともに、上部からの落下物や尖った物体への近接が起きないように養生をしておくことが大切です。

(3)許容曲げ半径

ケーブルに使われている、ゴム、プラスチックなどは可とう性がありますが、過度な曲げを加えると性能が低下しますので、許容曲げ半径を考慮した配線路を計画する必要があります。許容曲げ半径は、左頁に示すとおり、ケーブルの種類によって違ってきますので、事前に確認する必要があります。

(4)布設後の養生

ケーブル布設工事後にすぐに結線することは少ないので、結線作業までの期間の養生をすぐに行う必要があります。ケーブルの切断面から水が浸入するとケーブルの寿命を著しく損ないますので、布設工事が終わってケーブルを切断したら、すぐに自己融着テープなどを使って末端処理をし、仮置き場の周りを囲うなどの保護対策をしなければなりません。

要点BOX

- 許容張力を超えた力はかけない
- 許容曲げ半径以内の配線ルートを計画する
- 水分が入らないよう養生する

ケーブルドラムの扱い方

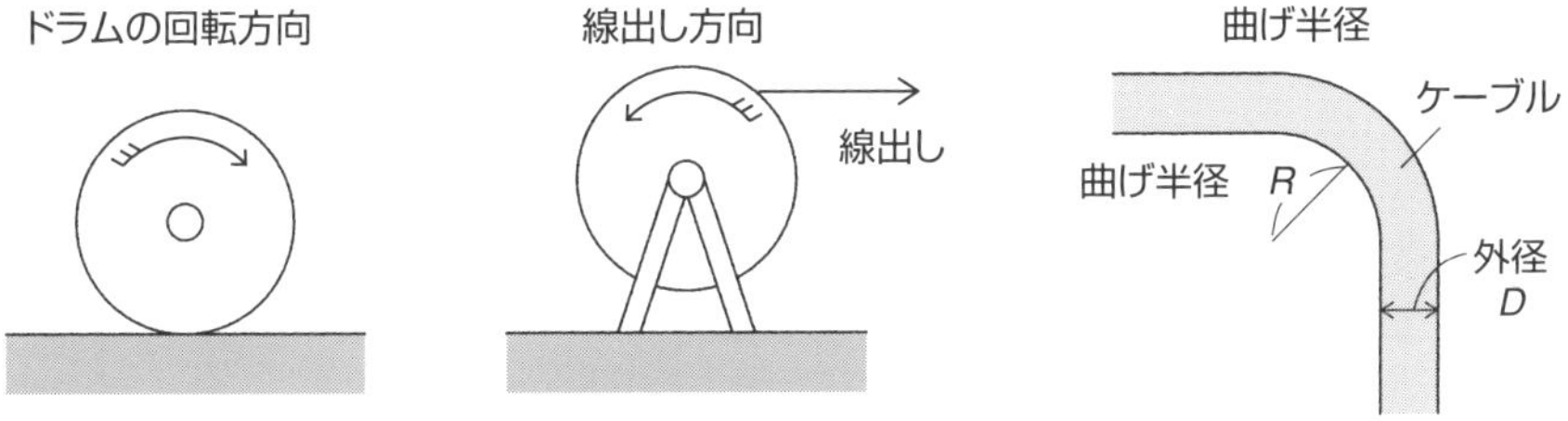

許容曲げ半径

D：ケーブル外径

電線・ケーブルの種類	単心		多心
	非分割導体 600mm²以下	分割導体 800mm²以上	
遮へいなし(IV、600V CV、CVV等)	8D	12D	6D
遮へいあり(600V CV-S、CVV-S、6kV CV等)	10D	12D	8D
低圧耐火ケーブル	8D	－	6D
高圧耐火ケーブル	12D	－	10D
帯がい装・波付鋼管がい装	－	－	8D
MPケーブル	10D	12D	8D
鉛被・鉄線がい装	10D	12D	10D
平滑アルミ	20D	20D	20D
波付アルミ	15D	15D	15D
アルミソリッド	－	－	10D
移動用(遮へいなし、低圧キャブタイヤケーブル)	6D	－	4D

通信ケーブルの許容曲げ半径

D：ケーブル外径

シース構造による分類	接続および支持する場合の曲げ半径	布設中の曲げ半径
編組型同軸ケーブル	4D以上	10D以上
アルミラミネート同軸ケーブル	6D以上	15D以上
ポリエチレン(ビニル)シースケーブル	4D以上	10D以上
編組遮へいケーブル	4D以上	10D以上
LAPシースケーブル	6D以上	15D以上
波付鋼管がい装ケーブル	6D以上	15D以上

56 海底光ファイバ布設は大プロジェクト

船からケーブル布設する技術

海底光ファイバの布設工事は2年程度を要する大プロジェクトです。

(1) 調査・準備作業

海底光ファイバケーブルは、深海底で浮いた状態になると自重で切れてしまうので、海底に接するように布設しなければなりません。そのため、できるだけ浅い海底で、なるべく平らな場所をケーブルルートとして選択する必要があります。広い海が相手ですので、この調査だけで3箇月程度かかるとされています。また、水深によって使うケーブルが違うので、調査が完了するまではケーブルや機器の製作ができません。機器やケーブルの製作には半年ほどかかりますし、ケーブルを船に積み込む作業だけでも1箇月程度かかります。

(2) 海底光ファイバケーブル布設

海底光ファイバケーブルは、最初に、海から陸上にある陸揚局に向けて布設を行います。ケーブルへの損傷を避けるために、バルンブイでケーブルを海中に浮かした状態で行い、海底をクワのような器具がついた機械で耕して溝を作り、そこにケーブルを埋めていきます。一定の深さになると、ケーブルを埋設せず、海底の地形にはわせるように布設していきます。その際には潮の流れも影響するので、そういった状況を考慮しながら計画されたルートに沿って布設していきます。

(3) 中継器の設置

太平洋横断の海底光ファイバケーブルは約9千kmもの距離があるため、光が減衰してしまいます。そのため、約40kmから百kmごとに光を増幅する中継器を設置します。太平洋横断の場合には百台程度の中継器を取り付けながら布設していきます。最終的には、アメリカ西海岸の陸揚局側から同様にケーブルを布設してきた船と合流し、中間地点で両者を連結して、完成させます。

要点BOX

- ●ルートの調査に3箇月かかる
- ●海側から陸揚局に向けて布設する
- ●中継器を一定間隔で設置する

陸揚局向けの布設概念図

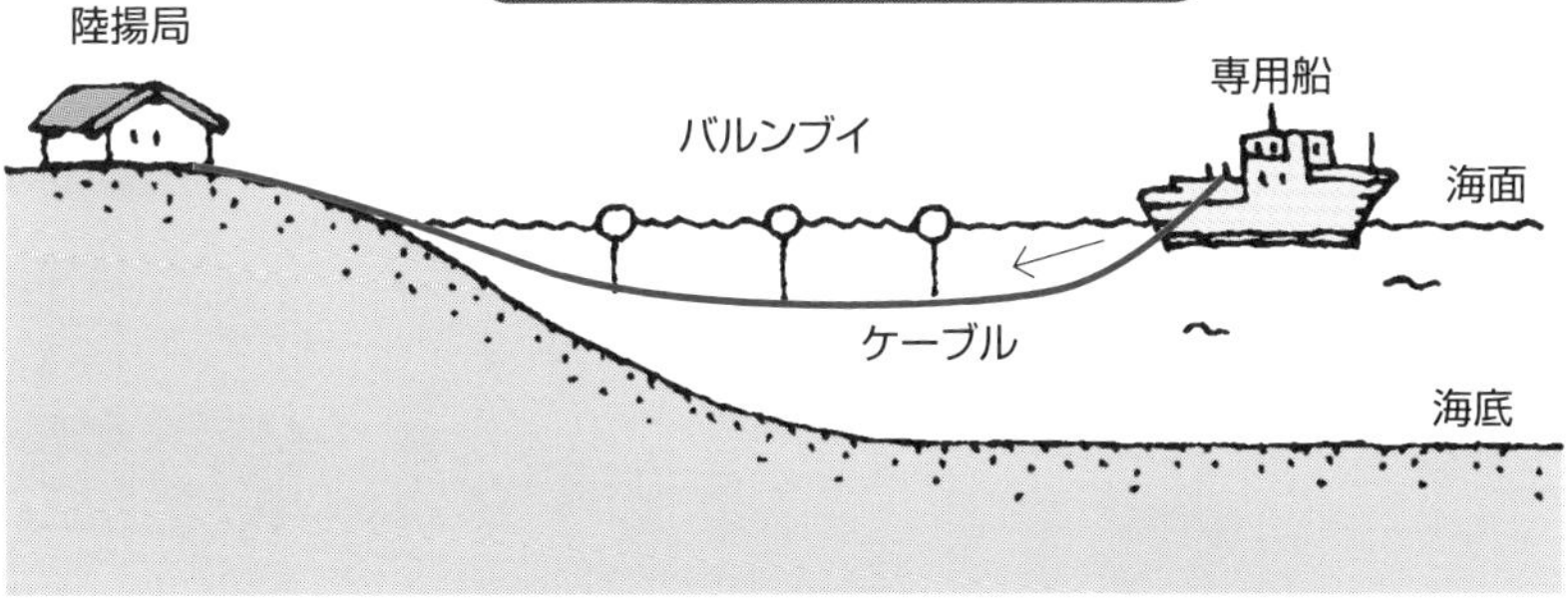

浅海への埋設布設概念図

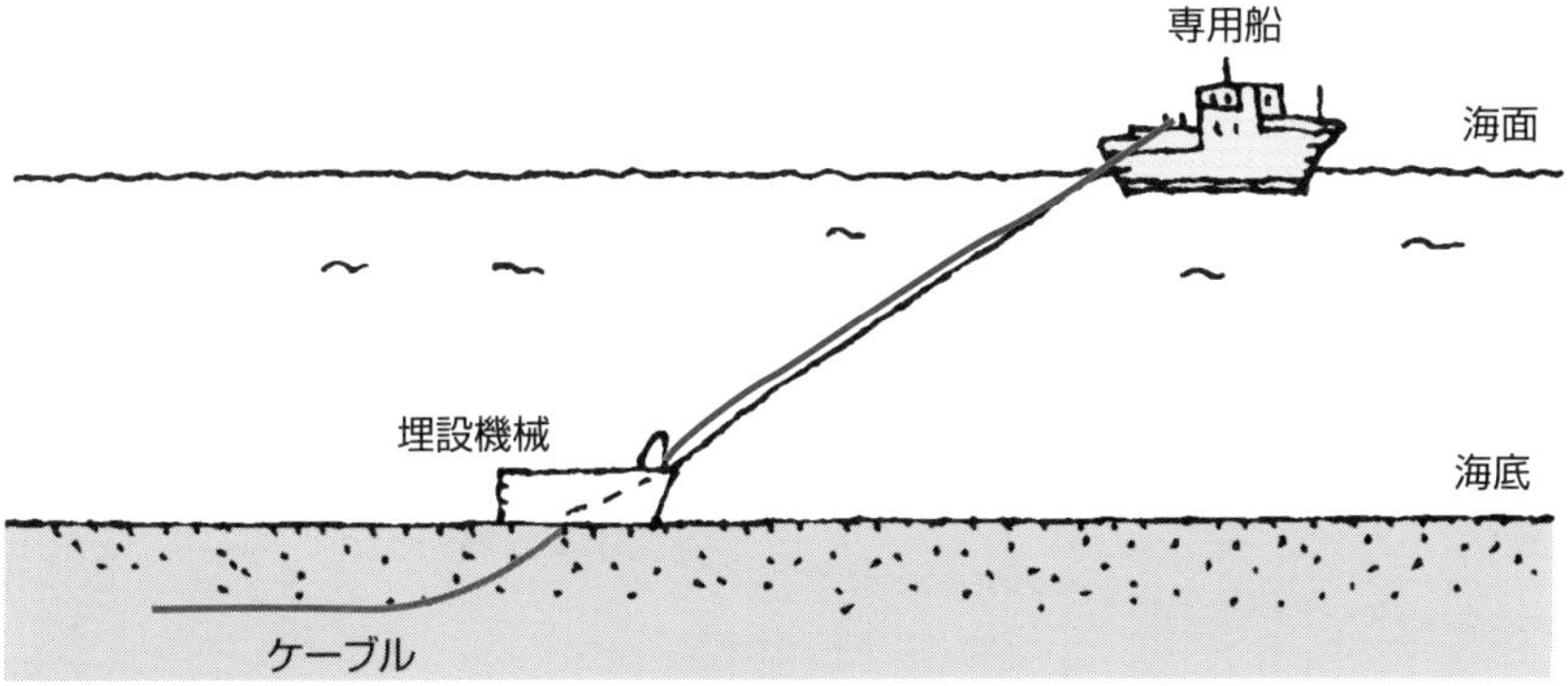

布設完了後の概念図

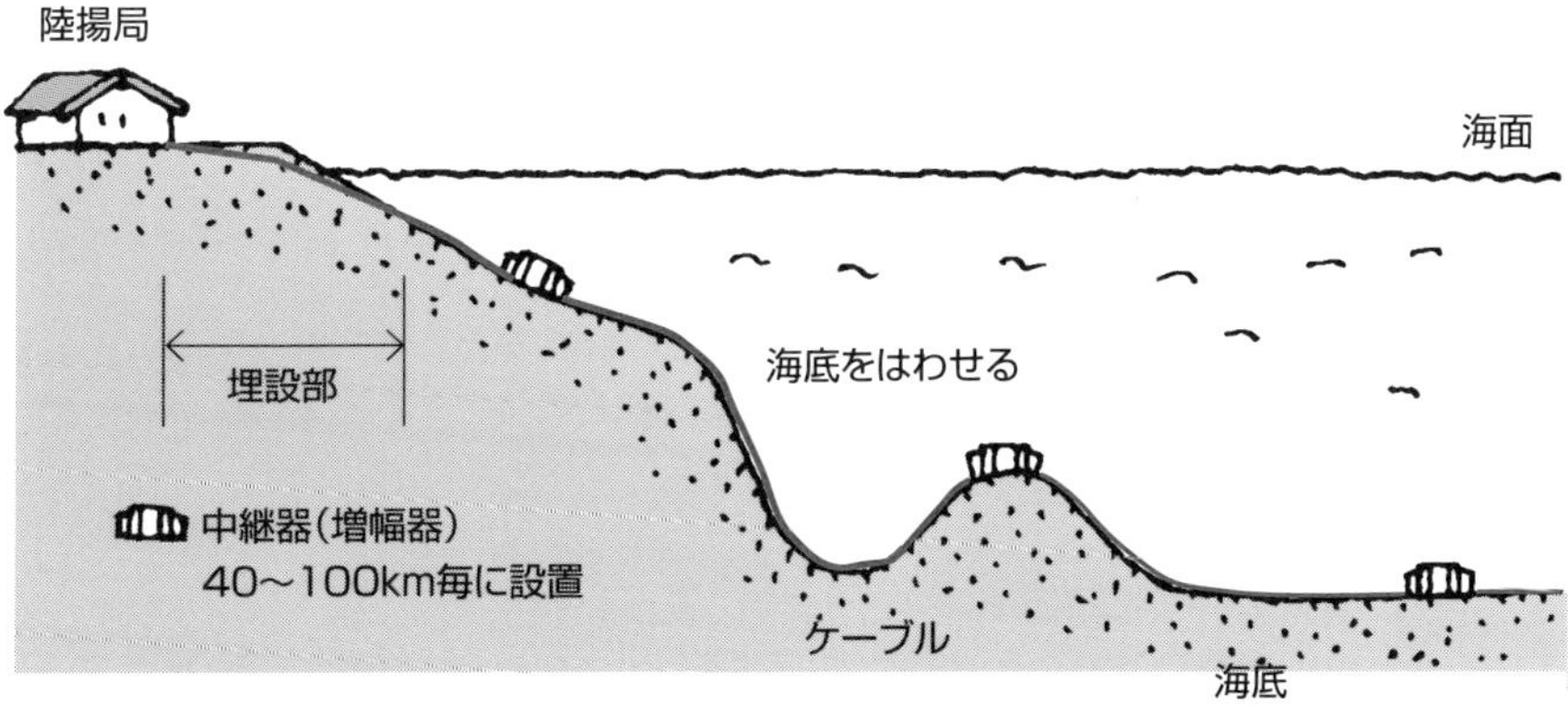

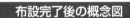

57 電線同士または機器と接続する際の注意

接続および端末処理

電線は、長さが一定量を超えた場合や分岐を行う場合、またはケーブルの端末部で電気機器などと結線する場合には、接続や端末の処理を行う必要があります。そういった際に、作業が適切に行われないと、将来、問題を引き起こします。

(1) 電線の接続

電線の接続に関しては、【技術基準】第7条に「電線を接続する場合は、接続部分において電線の電気抵抗を増加させないように接続するほか、絶縁性能の低下(裸電線を除く。)及び通常の使用状態において断線のおそれがないようにしなければならない。」と規定されています。また、【電技解釈】第12条には、電線の接続法が具体的に示されています。接続法の例として次のようなものがあります。

①直線接続
②スリーブ圧縮・圧着接続
③分岐接続
④T型コネクタ接続
⑤終端接続

(2) 端末処理

ケーブルの端末部は、電気的、機械的、熱的なストレスが起きやすい場所ですし、周りの湿度の影響も受けやすい場所です。そのため、絶縁性能の劣化やケーブルの抜けなどの現象が生じないように処理する必要があります。高圧ケーブルには電線メーカー各社から処理部材や工法が示されています。また、低圧配線などでは圧着端子などを使いますので、適切な施工法を実施する必要があります。

(3) 圧縮接続と圧着接続の違い

圧縮接続は、対称的なダイスを使って、油圧等で全体に圧力をかけて、6角形などに接続部を変形させる接続です。また、圧着接続は、非対称なダイスや圧着工具を使って圧力をかけて、局部的に変形させて心線を圧着させます。

要点BOX

●電線接続法にはいくつかの方法がある
●端末部では問題が生じやすい
●圧縮接続と圧着接続がある

電線の接続法

鋼心アルミ送電線の圧縮接続

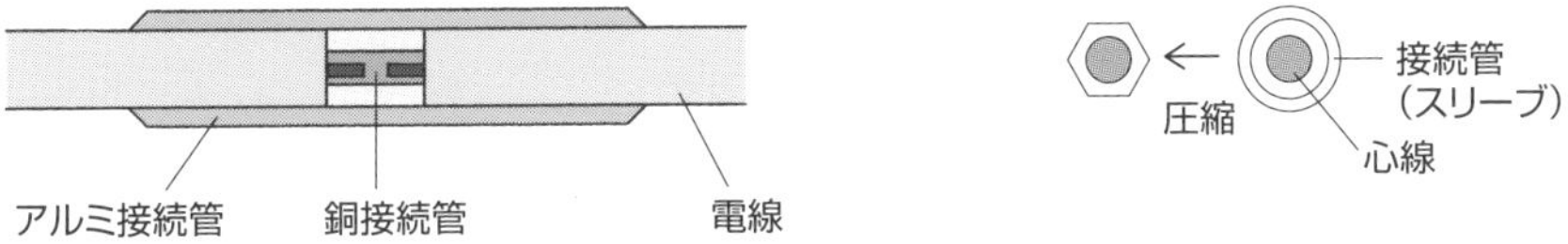

低圧ケーブル用接続キット

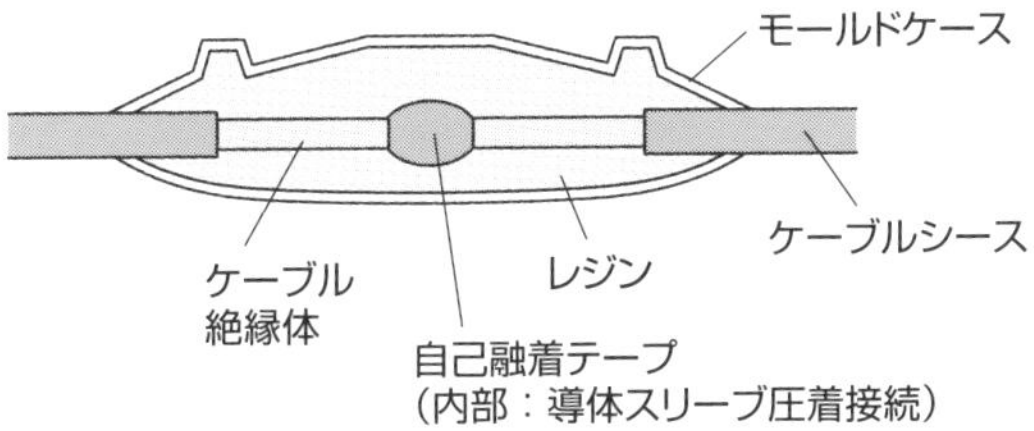

単線の直線接続

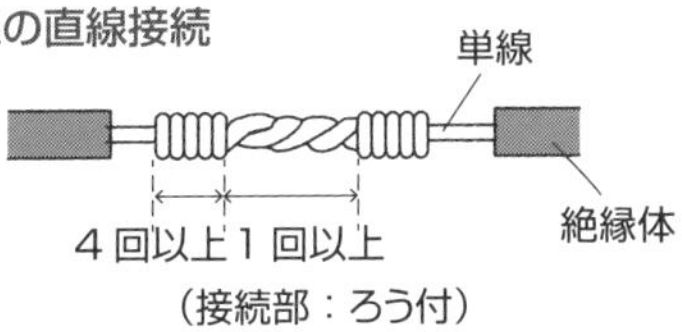

スリーブ圧着接続（単線／より線）

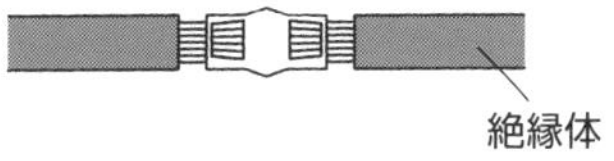

分岐接続

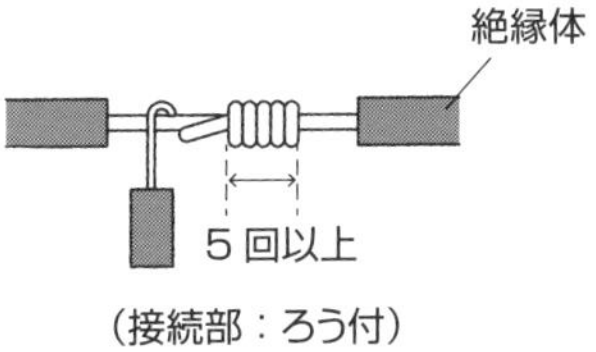

T 型コネクタ接続

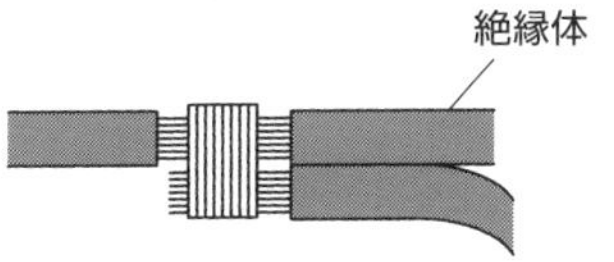

ケーブル端末処理

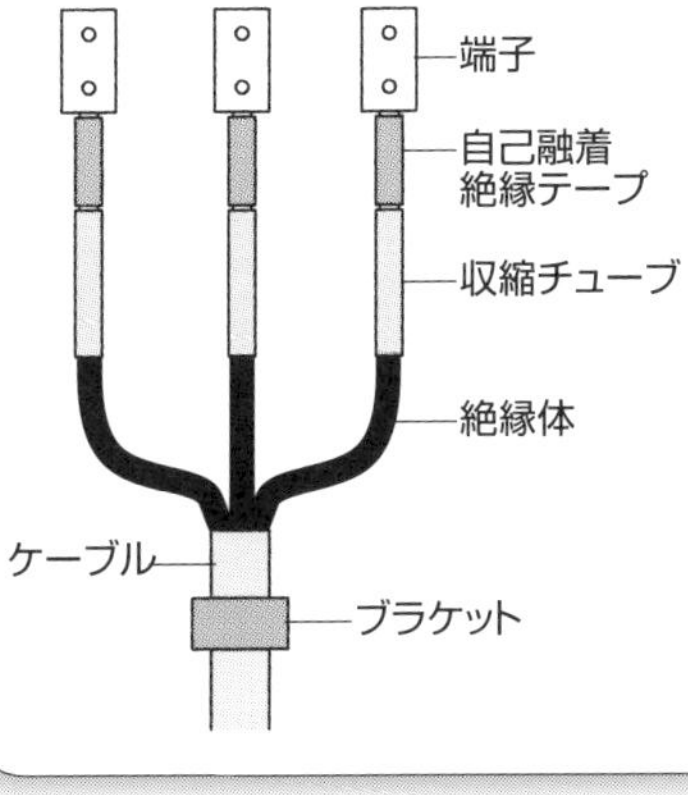

絶縁被覆付圧着端子

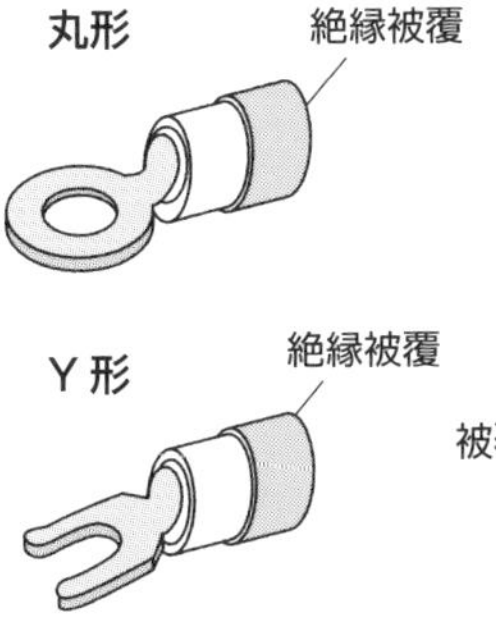

絶縁付端子工具（歯口は 2 枚歯）

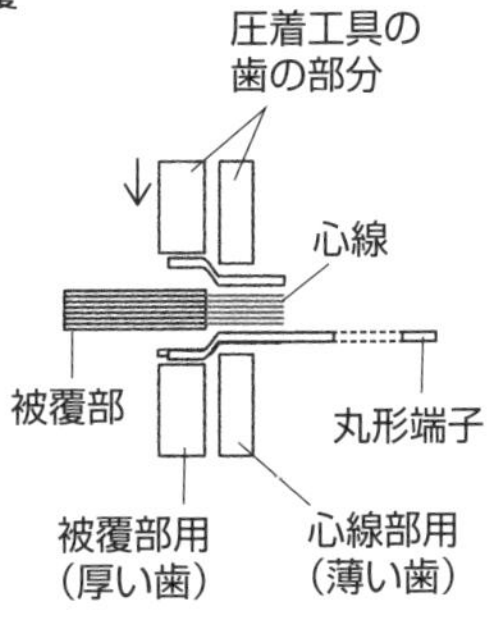

注）向きを間違えない

58 振動を考慮した施工とは

耐震施工と振動機械への結線

地震が起きると、大きな力がケーブルにもかかります。また、モータなどの振動機械にケーブルを結線する場合には、その振動の影響を吸収できるような方策が必要となります。

(1)耐震設計と施工

これまでの地震でも、ケーブルラック等が落下してしまう事故は発生しています。それを防ぐために、ケーブルラックや電線管の設置には耐震設計が求められるようになっています。そのため、横引きの場合と立引きの両方で、耐震支持方法が規定されるようになりました。なお、高層建築物では、階によって振幅が異なるため、階層別の対応が必要な点は認識しなければなりません。具体的には、建築物頂部では、2~3倍に振動が増幅されます。そのため、下記の区分に分けて考える必要があります。

①1階および地階

②中間階

③上層階

また、最近では免振構造物も多くなっているため、外部からケーブルを入線する場合には、余長を考慮した施工方法を実施しなければなりません。

(2)構造物間をまたがる施工

異なる構造物間をケーブルがまたがって布設される場合には、境界面での配慮が必要となります。また、同一構造物内においても、布設長さが長い場合には、余長を考慮したスネーク配線をするなどの対策が求められます。

(3)振動物へのつなぎこみ

電気設備の中には、モータなどのように運転時に振動する機械が多くあります。そういった電気設備や機器に電線を結線する場合には、振動が吸収できるケーブル布設を行う必要があります。場所によっては、防爆施工も必要となりますので、柔軟性を持つ付属管の選定も必要です。

要点BOX

- ●高層建築物の振動は階によって違う
- ●違う構造物間の配線には配慮が必要
- ●モータなどの結線には配慮が必要

高層ビルの振動状況

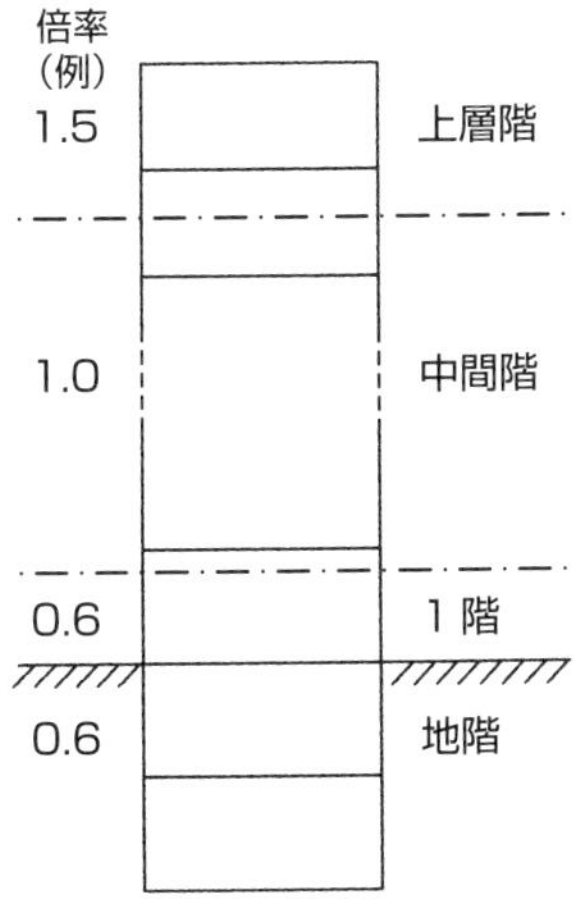

ケーブルラックの耐震支持

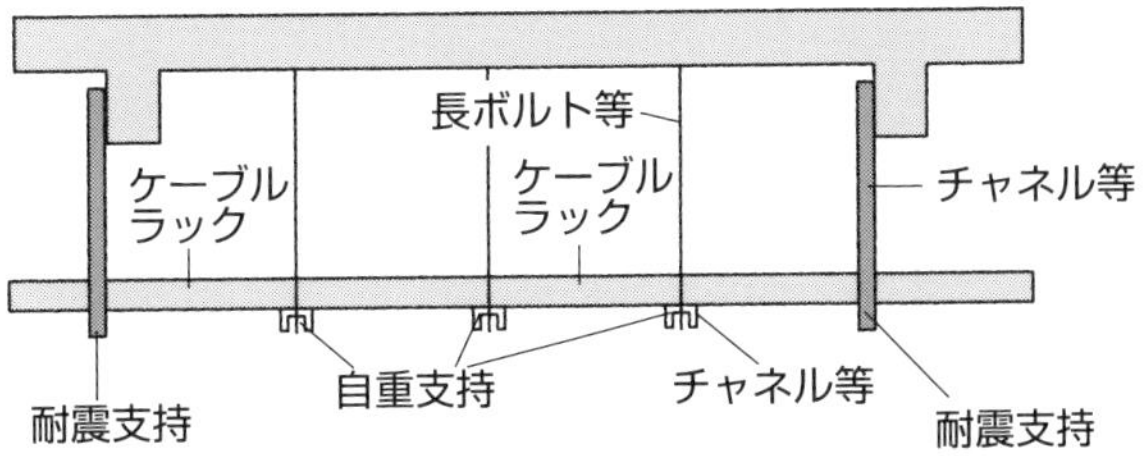

免震構造物への配線

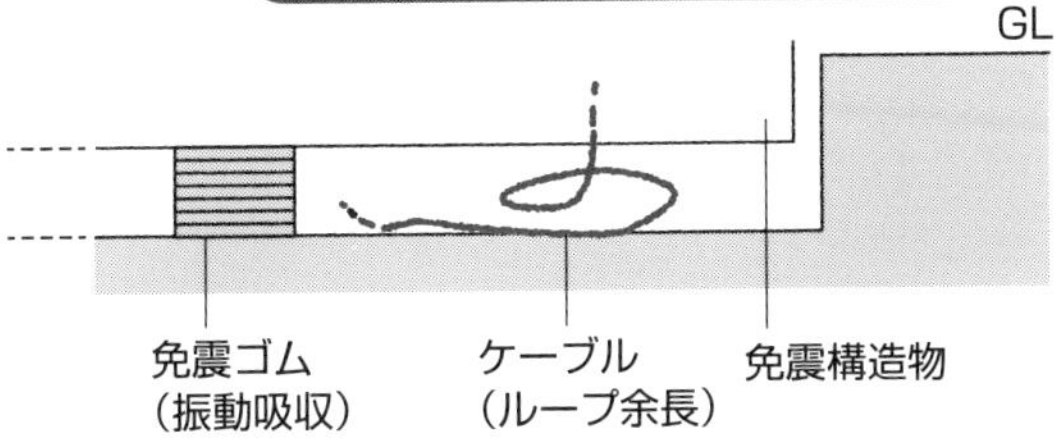

別棟建築物間の配線

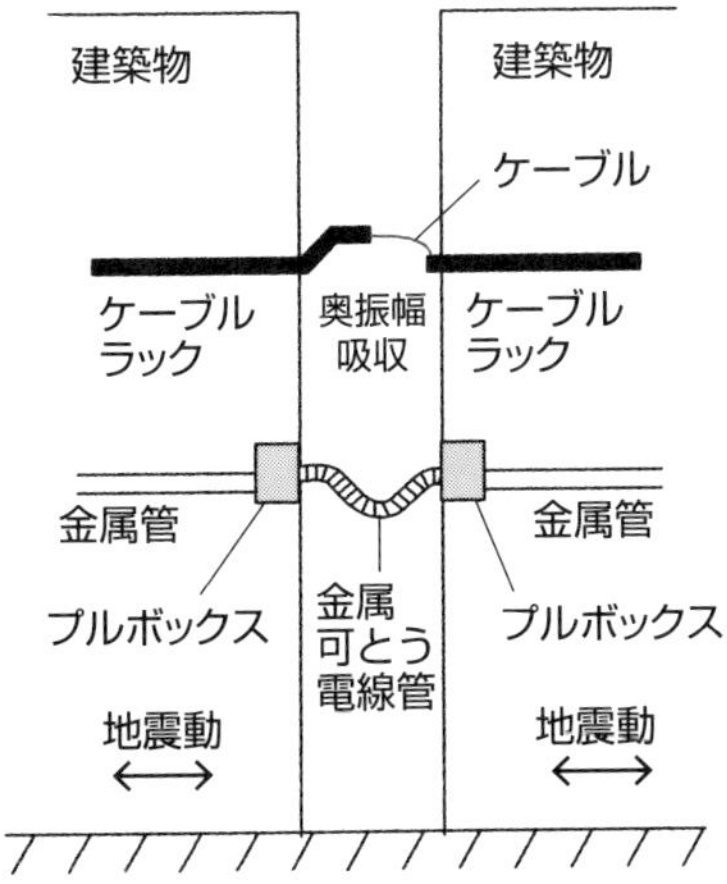

モータの結線例

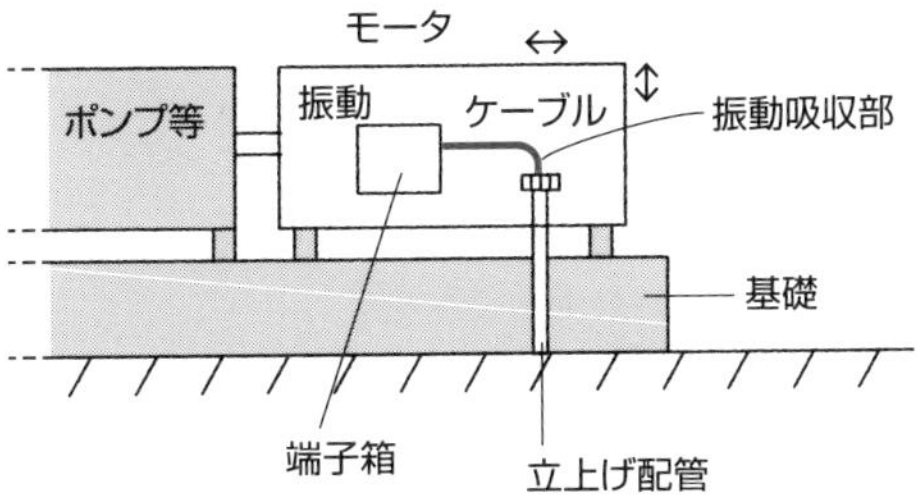

59 接地の目的を知り適切な選択を！

ケーブルと防護物の接地

電力ケーブルや通信ケーブルの障害をなくすためには、適切な接地が必要です。

(1)電力ケーブル遮へい層の接地

高圧ケーブルには、保安上の問題等から遮へい層が設けられています。その遮へい層が接地されていない場合には、遮へい層に非常に高い電圧が発生し、危険な状態となる可能性があります。【技術基準】第10条でも、「電気設備の必要な箇所には、異常時の電位上昇、高電圧の侵入等による感電、火災その他人体に危害を及ぼし、又は物件への損傷を与えるおそれがないよう、接地その他の適切な措置を講じなければならない。」と規定されています。接地の方法としては、片端接地と両端接地がありますが、それぞれの特徴がありますので、電路の特性を生かして選択する必要があります。

(2)電線の防護物の接地

電線の防護物として、金属電線管やケーブルラック、接続箱などが用いられます。そういった防護物において危険な対地電圧の発生がないように、接地が施されなければなりません。その防護物がケーブルラックのように連結されるものである場合には、ボンド線等を使って、すべての金属部を電気的に接続しなければなりません。

(3)通信線の遮へい層の接地

通信線には、電力ケーブルや機器類からのノイズを防ぐために遮へい層が設けられていますが、効果を高めるためには接地する必要があります。接地の方法には片端接地と両端接地がありますが、静電遮へいを目的としている場合には、両端接地よりも片端接地が効果的です。一方、電磁遮へいを目的とする場合には、両端接地が効果的となります。しかし、両端接地すると、大地を経てループが形成されますので、両接地点間の電位差をなくして電流が流れないようにする必要があります。

要点BOX
- ●電力ケーブル遮へい層は接地する
- ●金属の防護物は接地する
- ●通信線の遮へい層は目的に合わせて接地する

電力ケーブル遮へい層の接地の有無による変化

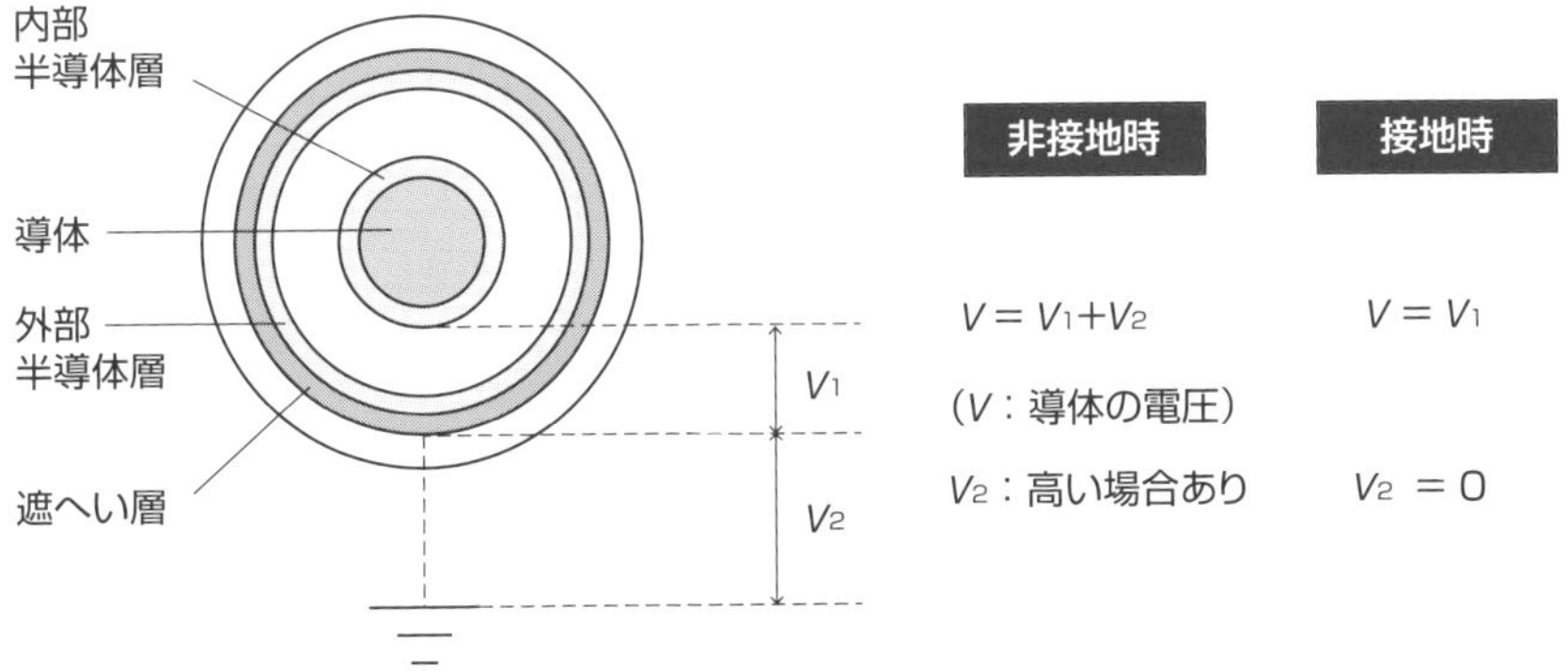

ケーブルラックの接地とボンド線接続

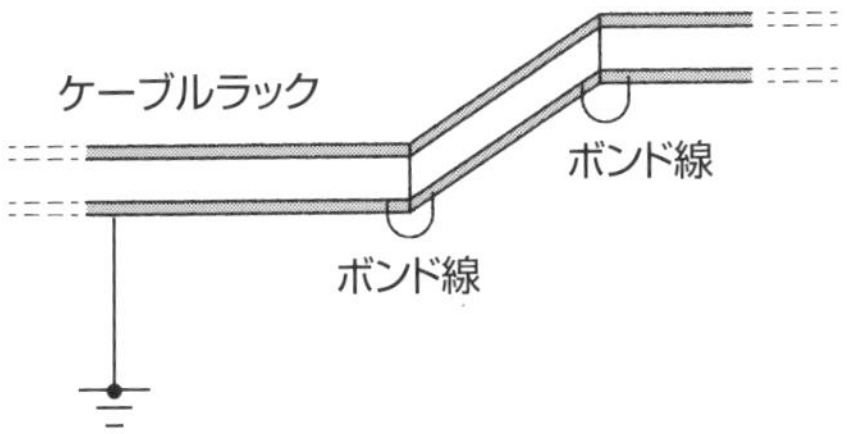

接続箱の接地とボンド線接続

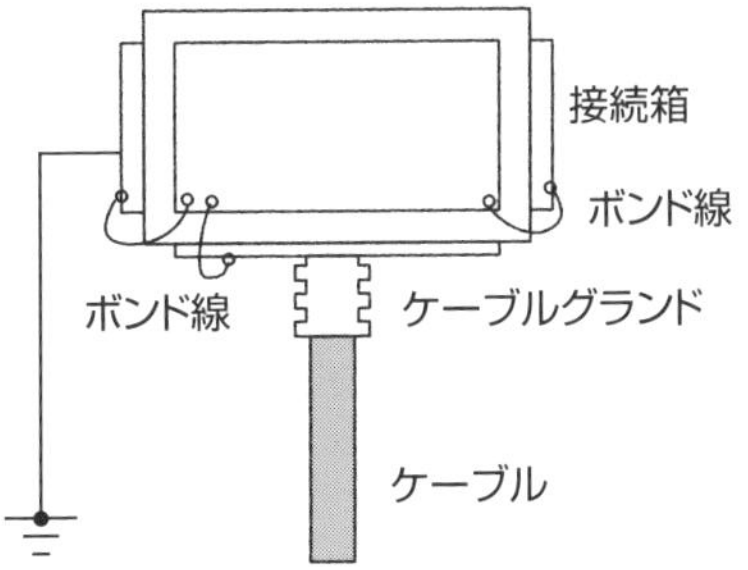

通信線の静電遮へい（片端接地）

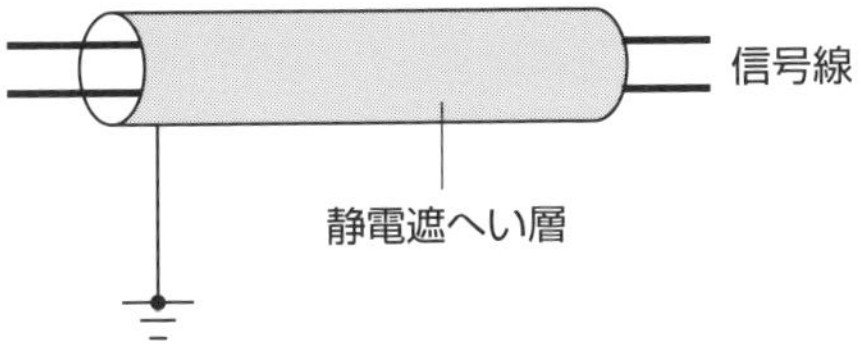

通信線の電磁遮へい（両端接地）

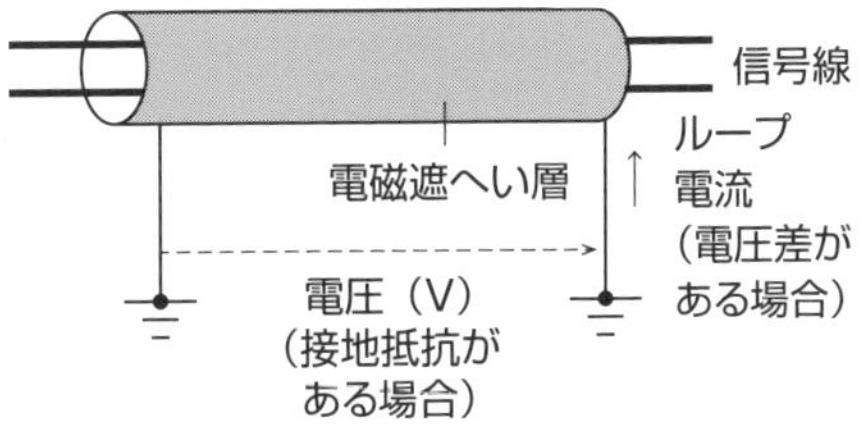

Column

ソーメン流しで冷汗を流し

化学プラントの電気設備設計では、ケーブル線図を作ります。図面では、各エリア変電所から各負荷までのケーブルを記入しますが、設計の段階では、出発場所の変電所出口に、ケーブルリストを付け、途中のケーブルトレンチにも同様にケーブルリストを付けて、それぞれの負荷まで図面上でどこに何番のケーブルが通っているかを記載していきます。また、ケーブルナンバーリストも同時に作り、ナンバーが若い順番に、ケーブル仕様やサイズ、計画長さなどを記載していきます。

プラントで使うケーブルの種類は相当多いのですが、種類を多くすると1つの購入量が少なくなり高くつきますので、いくつかのケーブルサイズに統合して、ドラム単位で購入します。言葉でいうと簡単ですが、相当な時間をこの作業にとられます。それを終えて現場に赴任すると、また別の苦労がのしかかってきます。

図面ではナンバーで示すだけなので、変更は結構楽なのですが、それを布設するためには、複数段になっているメインのケーブルトレンチに順番に布設しなければなりません。できるだけ太いケーブルを下に配置するとともに、先にトレンチから管路等に出ていくケーブルを外側に配置しなければなりません。

そういったことがわかるように、図面ではナンバーだけが示されたケーブルを、行先別に1本の線にして表す工事図を作ります。これをソーメン流しという俗語で呼んでいるのですが、この図を作るためには、現場に何度も出向き、それぞれの負荷の位置や状況を再確認していきます。場合によってはモータなどの負荷が見つからない場合もあります。設計の段階であったものが設計変更でなくなっていたり、モータの容量が変更されたり、場所が移動していたりします。そのため、現場の状況を確認して、それぞれのケーブルの布設順を決めていきます。

このソーメン流しの図面に従って作業が進められるのですが、外へ出す管路の位置がケーブルの布設段の深さと合っていなければ、上下のケーブルの行く手を妨げることもあるため、取り出し管の太さや設置深さの確認も必要となります。それだけやっても、直径で何十センチもあるケーブルですので、ちょっとした見落としが、職人さんたちの苦情に直結し、冷汗を流す日々が続きます。

第8章

維持管理とリサイクルの手法

60 電線・ケーブルの異常箇所を発見する

巡視と事故点測定

電線やケーブルは広い地域にわたって布設されているため、事故点を特定する手法が必要です。

(1)巡視

送電線の異常を発見するために巡視が行われます。定期巡視は、事故の未然防止を図るために定期的に行われますが、全送電線を対象とした普通巡視と、変化があった場所を確認する特定巡視があります。また、台風などの自然災害が想定される前後には臨時巡視を行います。臨時巡視には、災害前の予防巡視、事故発生時の事故巡視、暴風雨時の特別巡視があります。架空送電線の定期巡視では、ヘリコプターやドローンなどが用いられます。

(2)事故点測定

地中線で事故が発生した場合には、ケーブルが埋設されているため、事故点の特定が難しいという問題があります。そのためいくつかの測定法が用いられています。

(a)マーレーループ法

マーレーループ法は、ホイートストンブリッジの原理を使って事故点までの抵抗を測定し、その値から事故点までの距離を計算する手法です。低抵抗の場合には低圧マーレーループ法を、高抵抗の場合には高圧マーレーループ法を適用します。

(b)静電容量法

静電容量法は、断線事故の事故点測定に用いる手法です。静電容量がケーブルの距離に比例することを利用して、事故相と健全相の静電容量の比から事故点までの距離を求めます。

(c)パルスレーダー法

パルスレーダー法は、健全部と事故点でのサージインパルスの違いを利用して、事故点までの距離を測定する手法です。事故ケーブルにパルス電圧を送り出し、事故点からの反射パルスの伝搬時間から事故点までの距離を計算します。

要点BOX

- さまざまな目的の巡視を実施している
- 事故点までの距離の測定に抵抗、静電容量、パルスなどを用いている

巡視

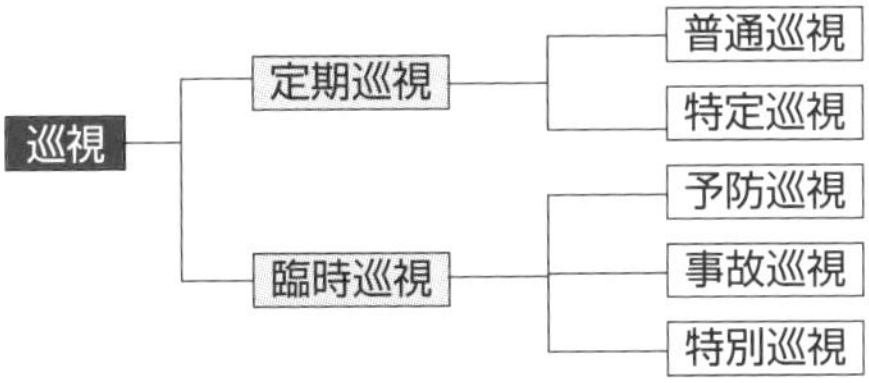

ヘリコプターによる定期巡視

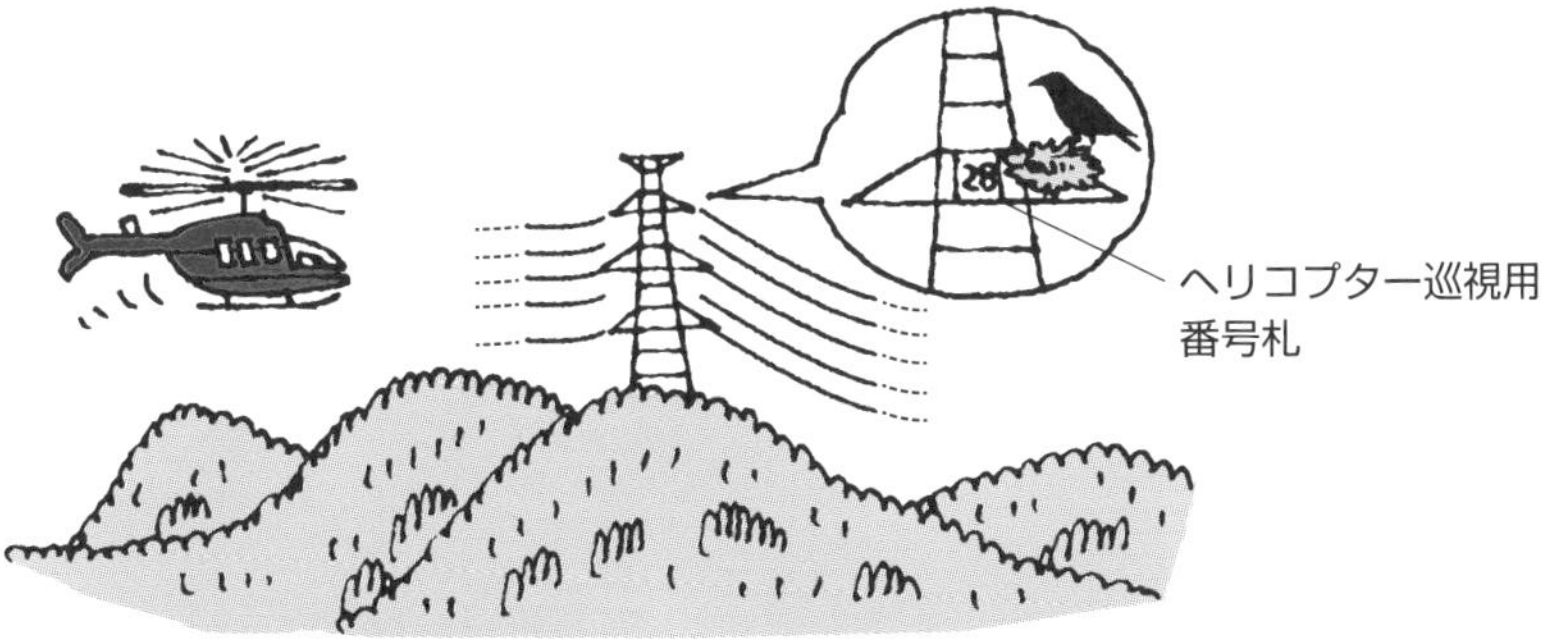

マーレーループ法

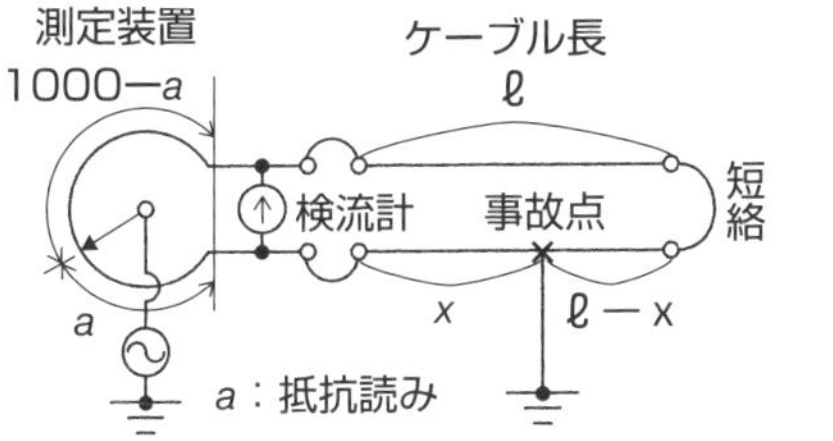

$$\frac{1000-a}{a}=\frac{2\ell-x}{x}\ \rightarrow\ x=\frac{2a\ell}{1000}\ [\mathrm{m}]$$

ℓ: ケーブル長［m］　x：事故点までの距離［m］

静電容量法

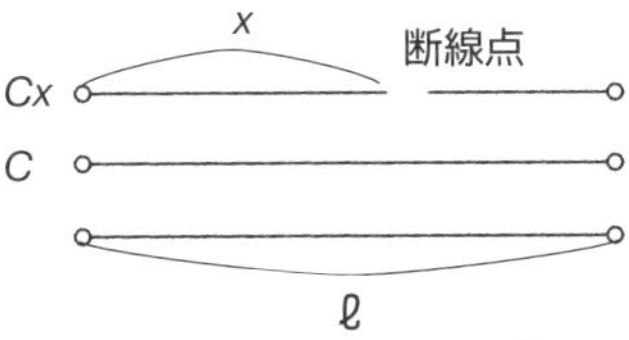

C，Cx：静電容量　$x=\frac{Cx}{C}\ell\,[\mathrm{m}]$

ℓ: ケーブル長［m］　x：事故点までの距離［m］

パルスレーダー法

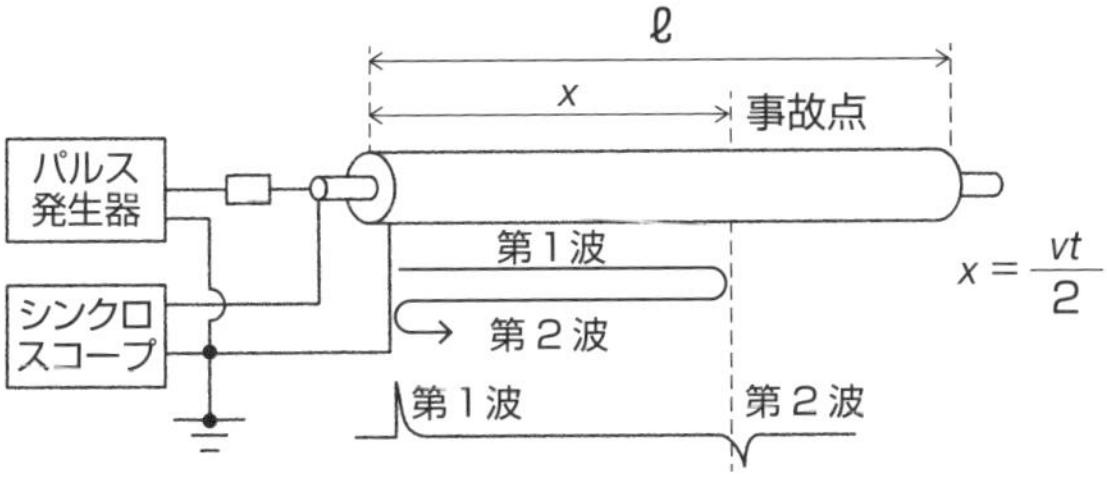

$$x=\frac{vt}{2}$$

ℓ: ケーブル長［m］
x：事故点までの距離［m］
v：パルス伝搬速度［m/μs］
t：パルス伝搬速度［μs］

61 電線・ケーブルの健全性の確認方法

電線やケーブルは、自然界からさまざまな影響を受けます。また、ケーブルにかかる負荷の状況は千差万別であるため、劣化の進行には個別差がありま す。そのため、劣化診断を行う必要があります。

(1)劣化の要因

劣化要因には、次のようなものがあります。

①電気的要因：過電圧／過電流など
②機械的要因：衝撃／屈曲／引張／振動など
③熱的要因：高温環境／低温環境／過負荷など
④化学的要因：水／油／薬品／塩分など
⑤自然環境要因：紫外線／オゾン／カビなど
⑥生物要因：ネズミ／カラス／白蟻／微生物など
⑦施工要因：施工不良／不適切資材使用など

電線・ケーブルの劣化診断には、左頁に示すような、非電気試験と電気試験があります。また、破壊試験と非破壊試験があります。最も広く用いられている試験としては、絶縁抵抗試験があります。絶縁抵抗については、【技術基準】第58条に「低圧の電路の絶縁性能」が規定されており、「電気使用場所における使用電圧が低圧の電路の電線相互間及び電路と大地との間の絶縁抵抗は、開閉器又は過電流遮断器で区切ることのできる電路ごとに、次の表（左頁表参照）の左欄に掲げる電路の使用電圧の区分に応じ、それぞれ同表の右欄に掲げる値以上でなければならない。」とされています。また、第22条では、「低圧電線路の絶縁性能」が規定されており、「低圧電線路中絶縁部分の電線と大地との間及び電線の線心相互間の絶縁抵抗は、使用電圧に対する漏えい電流が最大供給電流の2千分の1を超えないようにしなければならない。」と示されています。

なお、高圧及び特別高圧の試験については、【電技解釈】第15条に規定されており、電路の種類に応じ、左頁表に示す試験電圧を電路と大地間に連続して10分間加えて、耐えることを確認します。

要点BOX
●多くのケーブル劣化要因がある
●絶縁抵抗試験が広く行われている
●高圧と特別高圧に対して耐圧試験が行われる

電線・ケーブルの試験項目

- **非電気試験**
  - 破壊試験
    - 構造試験
    - 材料引張などの物理試験
    - トリーの観察
  - 非破壊試験
    - 外観などの調査
- **電気試験**
  - 破壊試験
    - AC 破壊試験
    - インパルス破壊試験
  - 非破壊試験
    - 絶縁抵抗試験
    - 耐電圧試験
    - 直流高圧絶縁抵抗試験（直流漏れ電流測定など）＊
    - 誘電正接試験（tanδ試験）＊
    - 部分放電試験（コロナ試験）＊
    - 活線絶縁試験＊

＊: 高圧ケーブルのみに適用

低圧電路の絶縁抵抗（【技術基準】第58条）

電路の使用電圧の区分		絶縁抵抗値
300V以下	対地電圧（接地式電路においては電線と大地との間の電圧、非接地式電路においては電線間の電圧をいう。）が150V以下の場合	0.1 MΩ
	その他の場合	0.2 MΩ
300Vを超えるもの		0.4 MΩ

【電技解釈】第15条　15−1表（部分）

電路の種類	試験電圧
一　最大使用電圧が7,000V以下の電路	最大使用電圧の1.5倍の電圧
二　最大使用電圧が7,000Vを超え、15,000V以下の中性点接地式電路（中性線を有するものであって、その中性線に多重接地するものに限る。）	最大使用電圧の0.92倍の電圧
三　最大使用電圧が7,000Vを超え、60,000V以下の電路（二左欄に掲げるものを除く。）	最大使用電圧の1.25倍の電圧（10,500V未満となる場合は、10,500V）

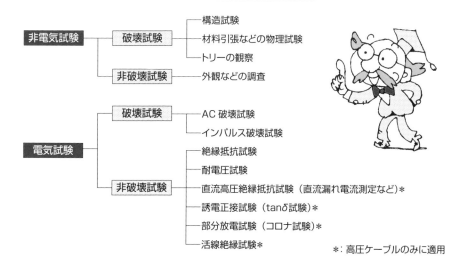

62 供給を維持しながら工事をするために

電力の安定供給と感電の回避

近年は、家庭などの需要家に対する停電が少なくなっています。送電や配電に使われる機器も人工物ですので、故障や劣化が避けられないため、停電を少なくするには、設備の冗長化などの対策が必要となります。実際に、高圧の幹線等ではそういった対応がとられていますが、家庭などの末端の需要家への配電線では対応が難しいのが現実です。それでも停電が少ない理由の1つは、活線作業や活線近接作業が行われているからです。わかりやすく説明すると、送電を継続したまま、工事を実施しているのです。充電部に触れると感電しますので、危険を伴う作業をしているわけです。

活線作業と活線近接作業に関しては、労働安全衛生規則の第2編第5章第4節「活線作業及び活線近接作業」（第341条から第349条）に規定がされているとおり、違法作業ではありません。この法律では、特別高圧活線作業、高圧活線作業、低圧活線作業とそれらの近接作業に関して規定が定められています。特に、特別高圧活線作業については扱う電圧が高くなるため、電圧別に「充電電路に対する接近限界距離」が定められており、安全が保てるよう配慮されています。なお、活線作業を実施する際には、次の条件を課しています。

①労働者に絶縁用保護具を着用させる
②感電の危険が生ずるおそれのあるものに絶縁用防具を装着する
③労働者に活線作業用器具を使用させる
④労働者に活線作業用装置を使用させる
⑤労働者は上記のものを着用、装着、使用しなければならない

このように、現在の停電時間の短さは、感電リスクを避けるさまざまな工具や装備、設備などと合わせて、作業をする人の経験と細心の注意力に依存しているという点を知ってほしいと思います。

要点BOX
- ●身近で活線作業が行われている
- ●法律で規定が設けられている
- ●経験と注意力が電力安定を維持している

活線作業用品

種類	説明	例
絶縁用保護具	作業に従事する人が身体に直接装着するもの	電気安全帽、電気用ゴム手袋、絶縁衣、電気用ゴム長靴、絶縁ズボン、アーク防止面　等
絶縁用防具	危険を生じる充電路に装着するもの	絶縁シート、ゴムシールド管、シートクリップ、絶縁管　等
活線作業用器具	断路器等を開閉する際に使用するもの	絶縁棒　等
活線作業用装置	活線作業に使用する装置	絶縁かご、活線作業ロボット　等

特別高圧活線作業の接近限界距離（労働安全衛生規則第344条）

充電電路の使用電圧	充電電路に対する接近限界距離
22kV以上	20 cm
22kV超、33kV以下	30 cm
33kV超、66kV以下	50 cm
66kV超、77kV以下	60 cm
77kV超、110kV以下	90 cm
110kV超、154kV以下	120 cm
154kV超、187kV以下	140 cm
187kV超、220kV以下	160 cm
220kV超	200 cm

絶縁用保護具

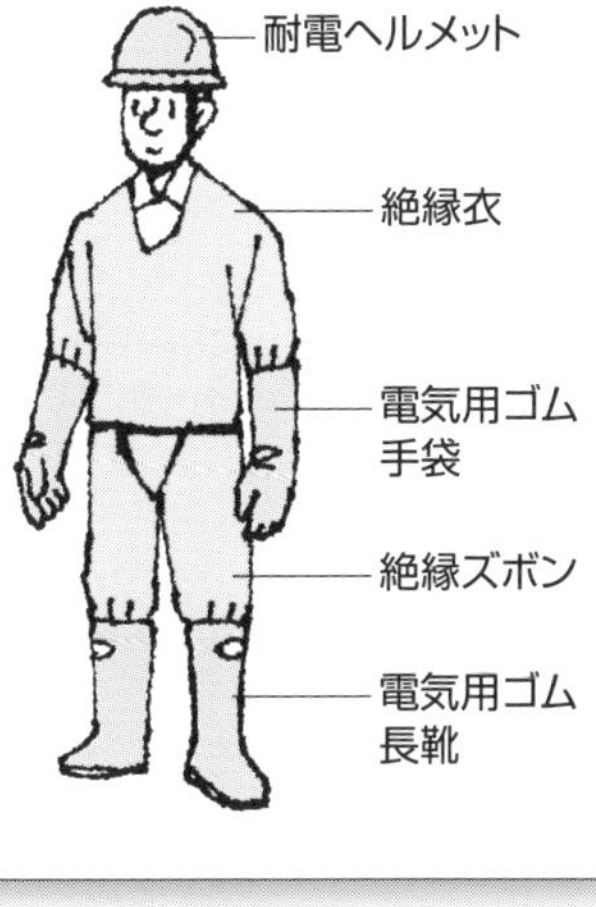

絶縁用防具

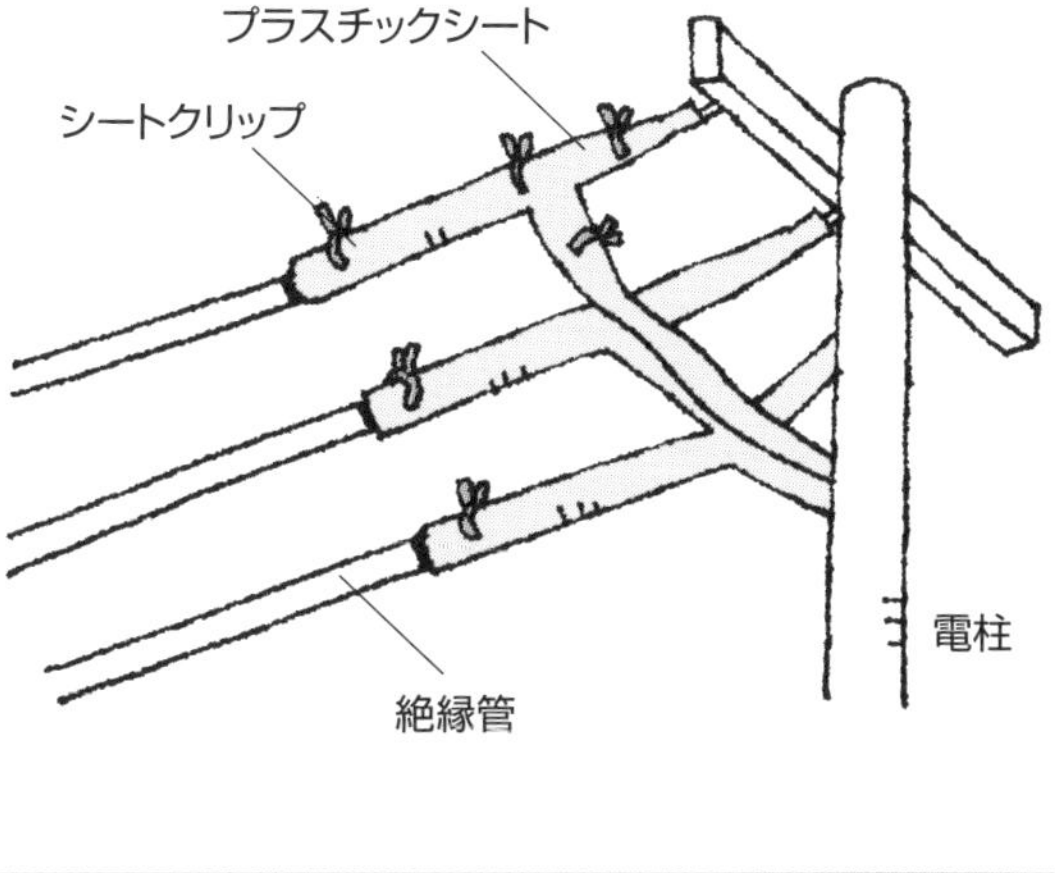

63 生物の習性からケーブルを守る

咬害や繁殖習性との戦い

電線やケーブルは、自然界に無防備な状態で設置されるため、生物から被害を受ける事例が多く報告されています。

(1)ネズミの咬害を防ぐ

ネズミの門歯は生涯伸び続けます。そのため、近くにあるものをかじる習性があります。隠ぺいされた場所に設置されているケーブルは、ネズミがかじる絶好の対象となってしまいます。実際に、小動物による電気事故の半分以上はネズミによる咬害となっています。それに対して、最近では、防鼠(ぼうそ)ケーブルが製造されています。防鼠ケーブルは、唐辛子などの辛み成分を外皮に含ませたケーブルです。また、ケーブルに金属被を施して、物理的に咬害を防ぐ方法も採られています。

(2)カラスの巣対策

カラスやハトなどは、繁殖期に電柱などにも巣を作りますが、カラスは巣の材料に針金なども使いますので、短絡事故も多くなります。これに対して、定期的な巡視を行い、見つけ次第、巣の撤去を行っています。1つの電力会社管内で、1日に数十件の巣を撤去しているほどの手間をかけていても、停電事故は頻発しています。

(3)クマゼミ対策

クマゼミは、枯れ木に産卵する習性を持っていますが、架空に設置された光ファイバケーブルを枯れ木と思って産卵し、通信が途絶える例が多く報告されています。全国では年間数千件もの被害があるため、産卵を防ぐケーブルが開発されています。

(4)その他の生物による被害

ヘビやヤモリなどは、電柱等に上ったり、配電盤内などに侵入したりして、ケーブル端子等に接触して短絡事故を起こす場合があります。また、シロアリが木製電柱を倒したり、地中埋設電線の外皮を喰ってしまうための電気事故も起きています。

要点BOX
- ●ネズミの咬害が一番多い
- ●カラスの繁殖習性が電気事故につながる
- ●ケーブルを枯れ木と間違うセミもいる

架空送電線の被害

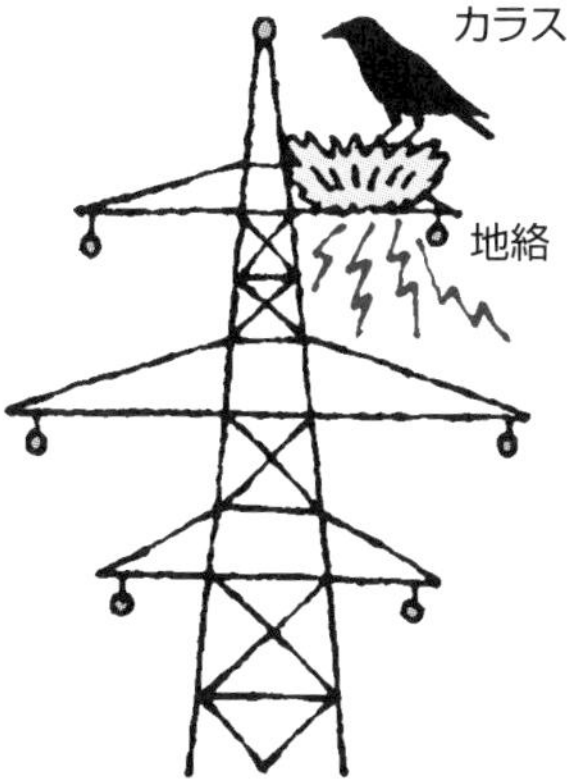

架空配電線の被害

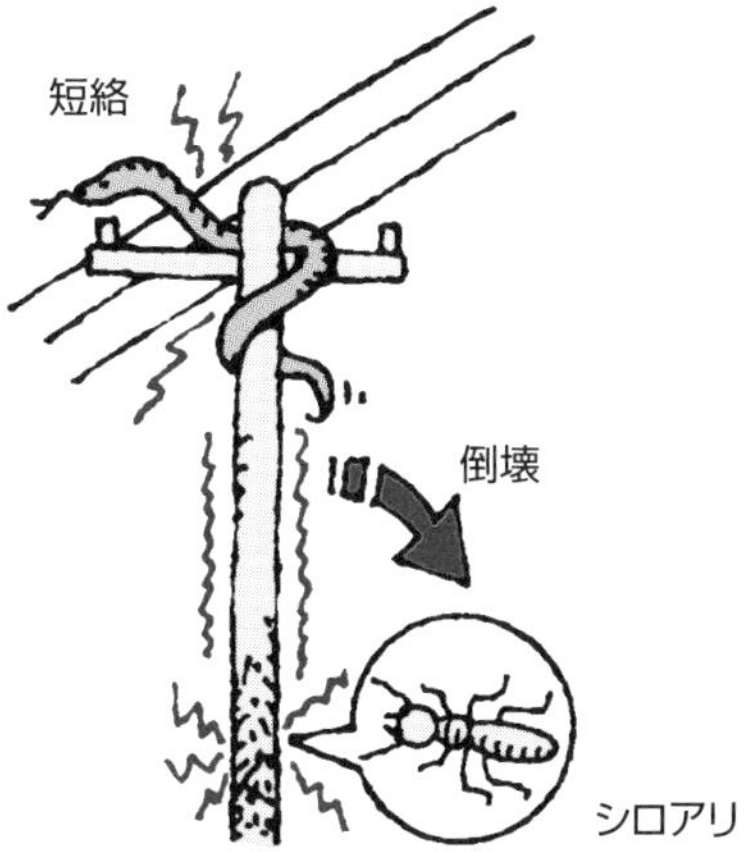

直埋ケーブルの被害

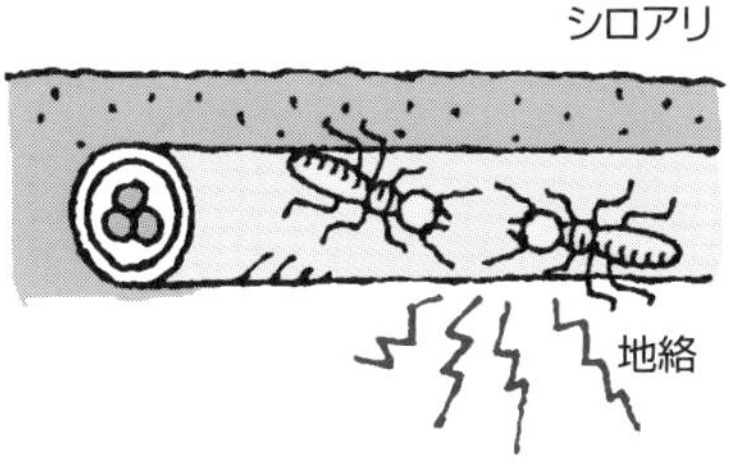

電気室内の被害

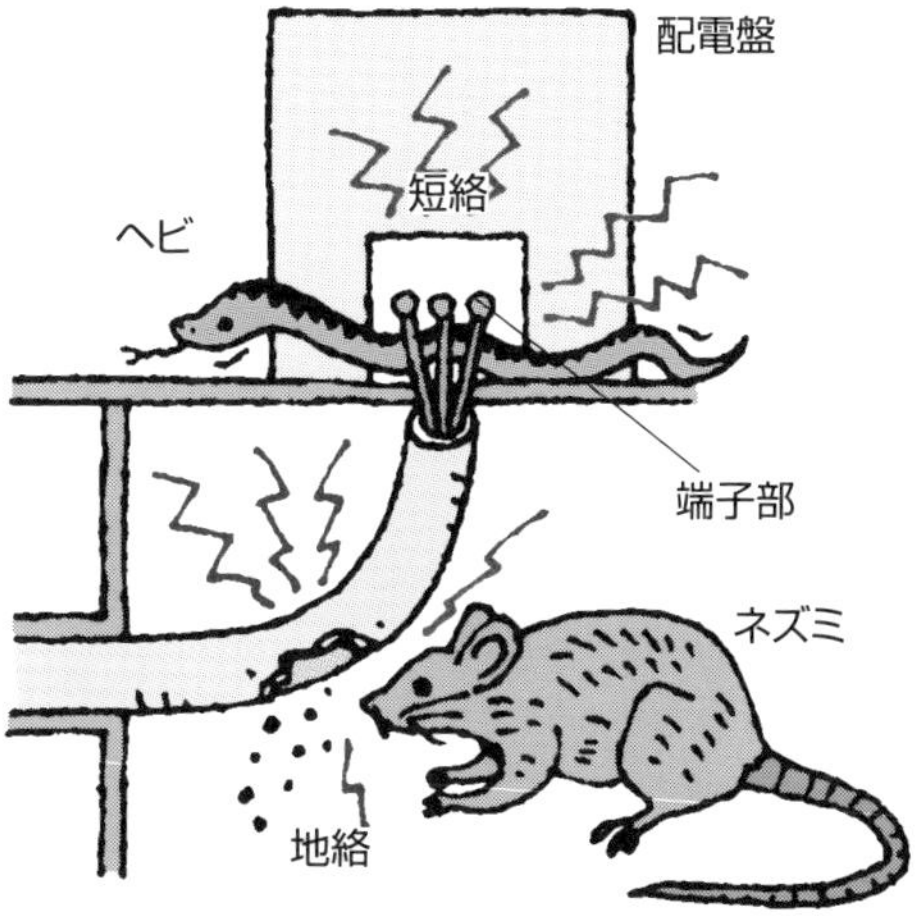

クマゼミによる光ファイバ断線

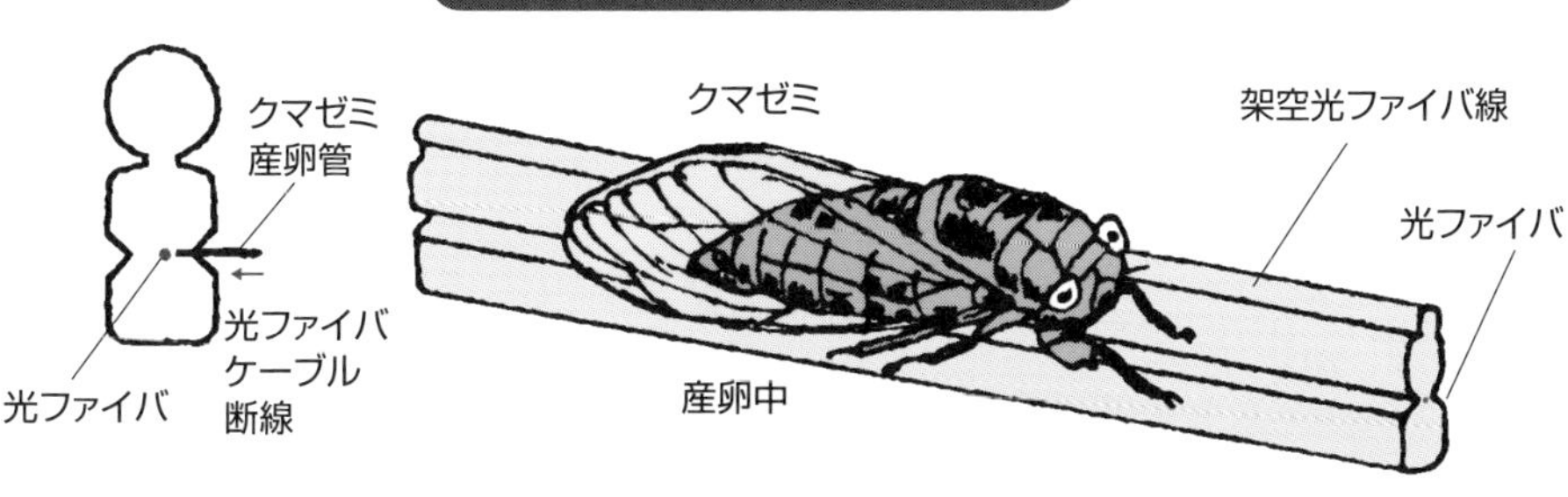

64 ケーブル寿命とリサイクルの状況

電線・ケーブルの耐用年数の目安は左頁の表のとおりですが、実際にはそれよりも長期に使用されているものが多くあります。しかし、今後は寿命を迎えるものも増えてきますので、リサイクル技術は欠かせないものとなります。なお、移動用として用いられるキャブタイヤケーブルは、使用状況によって耐用年数が変わってきますので、個々のケーブルの状況から判断する必要があります。

電線の用途は、①建設用途、②電気機械用途、③電力用、④その他があります。そのうち、建設用途に半分近くが利用され、電気機械用途に4分の1程度が使われています。電力会社や通信会社に使われているケーブルは、更新時には数がまとまりますので、直接リサイクル業者に渡されます。しかし、建設用途の場合には、解体業者から産業廃棄物処理業者にわたることになります。また、電気機械用途の場合には、家電や自動車などのリサイクル法があるものはリサイクルが容易ですが、そうではないものは、一般廃棄物等として排出されます。

リサイクルする際には、太物ケーブルであれば、被覆がはがされて、導体と被覆材に分別が行われます。一方、細物のケーブルの場合には、導体と被覆材を一緒に粉砕した後に分別が行われます。導体と被覆材には比重差がありますので、比重差を利用してそれらを分別します。その後、被覆材は帯電させて、静電分別装置でポリエチレンとエコマテリアル、PVCに分別します。

銅やアルミは有価物ですので100%マテリアルリサイクルされています。一方、被覆材は廃プラスチックですので、マテリアルリサイクルされる量は4分の1程度で、半分以上はサーマルリサイクルされています。マテリアルリサイクルでは、ケーブルドラムや電線管、歯止めなどに加工されています。なかには埋立処分されるものもあります。

要点BOX
- ●ケーブルは寿命年数以上に使用されている
- ●導体は100%再生利用されている
- ●被覆材は主にサーマルリサイクルされている

電線・ケーブルの耐用年数の目安

電線・ケーブルの種類	布設状況	目安耐用年数
絶縁電線（IV、HIV、DV等）	屋内、電線管、ダクト布設、盤内布設	20〜30年
	屋外布設	15〜20年
低圧ケーブル（VV、CV、CVV等）	屋内、屋外（水の影響がない）	20〜30年
	屋外（水の影響がある）	15〜20年
高圧ケーブル（CV等）	屋内布設	20〜30年
	直埋、管路、屋外ピット布設（水の影響がある）	10〜20年
メタル通信ケーブル	屋内、屋外（水の影響がない）	20〜30年
	屋外（水の影響がある）	15〜20年
光ファイバケーブル	架空光ファイバ	20年
	地下光ファイバ	28年
	海底光ファイバ	21年

出典:技術資料第107号「電線・ケーブルの耐用年数について」（社団法人日本電線工業会　他）

廃ケーブルの処理

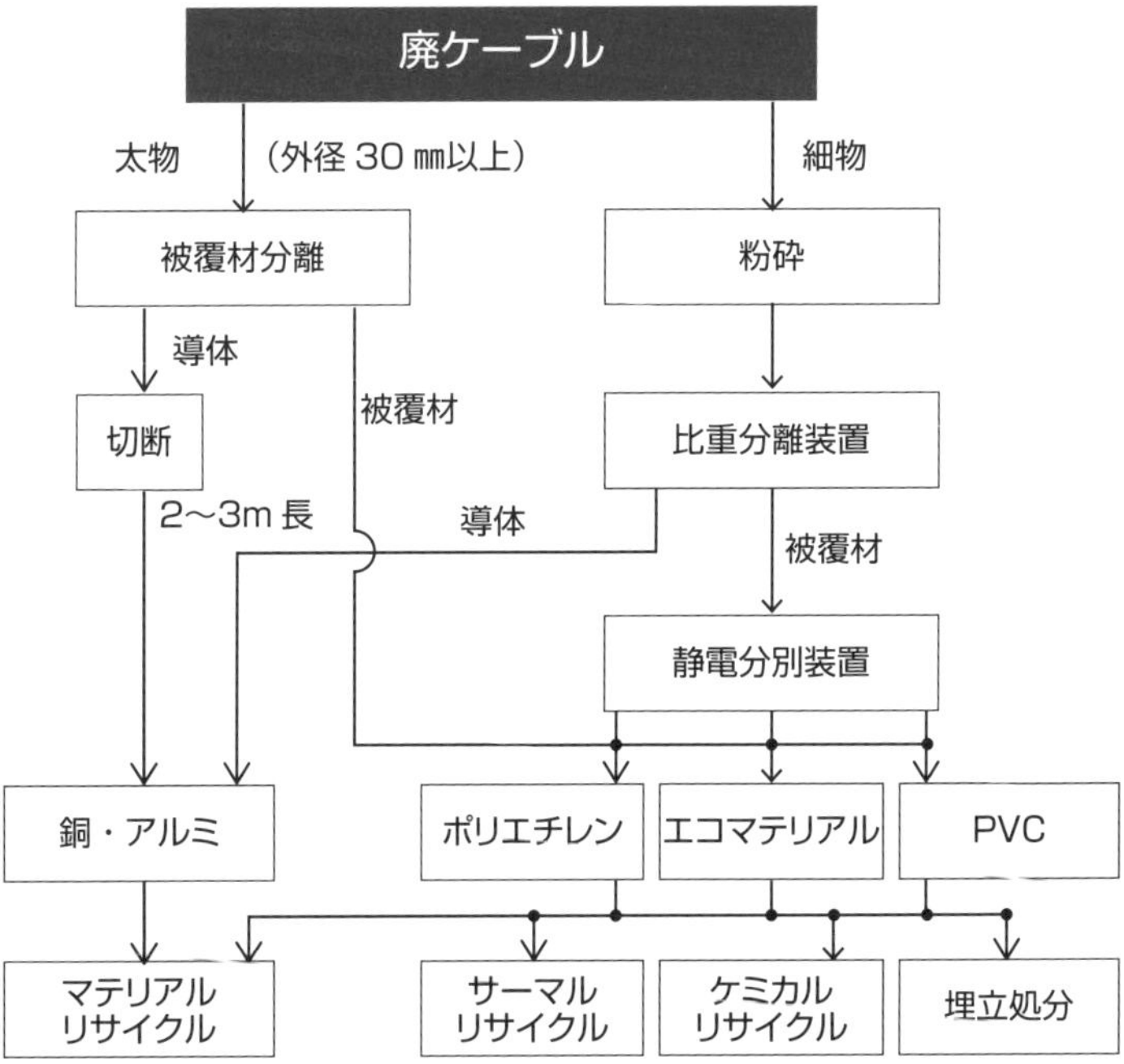

Column

カタログから学んだ技術知識

ケーブル工事に関しては、ケーブルの種類の多さ、記号の意味の理解不足、付属品の種類とサイズの多彩さなど、若手の技術者には苦労の多い仕事の1つです。

かつて、著者は海外プラントの設計をしていましたが、仕様書を読むと、部材名が英語になっていました。そのため、どれが何を示しているのかわからないで、間違いを連発する日々でした。そういった中、アメリカに出張した先輩が、「これを使えば」と海外の電設資材会社のカタログ（とても片手では持てない厚い資料）をくれました。このカタログには、写真付きで部材とその名称（英文）が記載されています。これをすべて読んでみると、今までわからなかった仕様書が示している内容がよくわかるようになりました。重い資料をアメリカから運んできた先輩に感謝！感謝！でした。

そこで、部署の書棚にある国内メーカーのカタログの整理をすることを部長に申し出て了解を得、数箇月をかけて整理をしました。もちろん、すべてのカタログの内容を見て、どの会社がどういった製品や部材を作っているか、示している記号やナンバーが公のものかメーカー独自のものかを知っていくことで、知識として自分の中に浸透してくるのが実感されました。

それからは、自信を持って仕事ができるようになり、技術者として充実した日々を送れるようになりました。そのおかげで、後輩からさまざまな質問を受けても、何がわからないのかが理解でき、カタログから得た知識を使って説明を行えるようになり、後輩からの信頼も厚くなりました。この経験から、メーカーカタログは技術者としての今の自分を支えてくれていると考えています。

カタログを見ると、巻末には技術資料が付いていて、私たちが悩む点をちゃんと説明してくれています。そういった充実した内容を作ってくれるメーカーの技術者には、深い感謝を表明したいと思います。

今回の著作も、電線・ケーブルという書籍が充実していない分野の内容ですので、メーカー等のカタログや技術資料を参考にさせていただきました。最近では、インターネットでメーカー資料が容易に見られますので、若手技術者の方々は、メーカーのホームページを閲覧して、カタログや技術資料を使って勉強し、技術者としての実力を高めてもらえればと考えます。

【参考文献】

・電気工学ハンドブック第7版　電気学会　オーム社
・岩波理化学辞典第5版　岩波書店
・電線要覧　一般社団法人日本電線工業会
・電線の知識　一般社団法人日本電線工業会
・図解よくわかる電車線路のはなし第2版　鈴木安男・猿谷應司・大塚節二　日刊工業新聞社
・建築電気設備の耐震設計・施工マニュアル　改訂第2版　(一社)日本電設工業協会・(一社)電気設備学会　オーム社
・トコトンやさしい発電・送電の本　福田遵　日刊工業新聞社
・トコトンやさしい電気設備の本　福田遵　日刊工業新聞社
・トコトンやさしい実用技術を支える法則の本　福田遵　日刊工業新聞社
・技術士第一次試験「基礎科目」標準テキスト　第4版　福田遵　日刊工業新聞社
・技術士(第一次・第二次)試験「電気電子部門」受験必修テキスト　第4版　福田遵　日刊工業新聞社

【メーカーカタログ】

・電設資材ガイド　古河電気工業株式会社／古河エレコム株式会社
・光商品総合カタログ　古河電気工業株式会社／古河エレコム株式会社
・電設資材カタログ　ネグロス電工株式会社
・電設資材総合カタログ　未来工業株式会社
・電線とケーブル　矢崎エナジーシステム株式会社

電力用ケーブル

分類	品名	記号
架橋ポリエチレン絶縁	架橋ポリエチレン絶縁ビニルシースケーブル	CV
	架橋ポリエチレン絶縁ビニルシースケーブル(3層押出型)	CVEE
	架橋ポリエチレン絶縁ビニルシースケーブル(遮へい付)	CV-S
	トリプレックス形架橋ポリエチレン絶縁ビニルシースケーブル	CVT
	トリプレックス形架橋ポリエチレン絶縁ビニルシースケーブル(3層押出型)	CVTEE
	架橋ポリエチレン絶縁ビニルシース波付鋼管がい装ビニル防食ケーブル	CVMAZV
	架橋ポリエチレン絶縁ビニルシース波付鋼管がい装ポリエチレン防食ケーブル	CVMAZE
	架橋ポリエチレン絶縁ビニルシース鉄線がい装ビニル防食ケーブル	CVWAZV
	架橋ポリエチレン絶縁ビニルシース鉄線がい装ポリエチレン防食ケーブル	CVWAZE
	架橋ポリエチレン絶縁ビニルシースインターロックがい装ビニル防食ケーブル	CVIAZV
	架橋ポリエチレン絶縁ビニルシースインターロックがい装ポリエチレン防食ケーブル	CVIAZE
	架橋ポリエチレン絶縁ビニルシースアルミ被ビニル防食ケーブル	CVAZV
	架橋ポリエチレン絶縁ビニルシースアルミ被ポリエチレン防食ケーブル	CVAZE
	架橋ポリエチレン絶縁ビニルシースステンレス波付鋼管がい装ビニル防食ケーブル	CVSusMAZV
	架橋ポリエチレン絶縁ビニルシースステンレス波付鋼管がい装ポリエチレン防食ケーブル	CVSusMAZE
	架橋ポリエチレン絶縁ビニルシースステンレステープがい装ビニル防食ケーブル	CVSusTAZV
	架橋ポリエチレン絶縁ビニルシースステンレステープがい装ポリエチレン防食ケーブル	CVSusTAZE
	架橋ポリエチレン絶縁ポリエチレンシースケーブル	CE
	架橋ポリエチレン絶縁ポリエチレンシースケーブル(3層押出型)	CEEE
	トリプレックス形架橋ポリエチレン絶縁ポリエチレンシースケーブル	CET
	トリプレックス形架橋ポリエチレン絶縁ポリエチレンシースケーブル(3層押出型)	CETEE
	架橋ポリエチレン絶縁架橋ポリエチレンシースケーブル	CC
	架橋ポリエチレン絶縁ポリエチレンシース波付鋼管がい装ビニル防食ケーブル	CEMAZV
	架橋ポリエチレン絶縁ポリエチレンシース波付鋼管がい装ポリエチレン防食ケーブル	CEMAZE
	架橋ポリエチレン絶縁鉛被ビニル防食ケーブル	CLZV
	架橋ポリエチレン絶縁鉛被ポリエチレン防食ケーブル	CLZE
	架橋ポリエチレン絶縁鉛被鋼帯がい装ビニル防食ケーブル	CLTAZV
	架橋ポリエチレン絶縁鉛被鋼帯がい装ポリエチレン防食ケーブル	CLTAZE
	架橋ポリエチレン絶縁アルミ被ビニル防食ケーブル	CAZV
	架橋ポリエチレン絶縁アルミ被ポリエチレン防食ケーブル	CAZE
	架橋ポリエチレン絶縁ステンレステープがい装ビニル防食ケーブル	CSusTAZV
	架橋ポリエチレン絶縁ステンレステープがい装ポリエチレン防食ケーブル	CSusTAZE
	水底用架橋ポリエチレン絶縁ポリエチレンシース鉄線がい装ケーブル	WCEWA
	水底用架橋ポリエチレン絶縁ポリエチレンシース二重鉄線がい装ケーブル	WCEWWA
	水底用架橋ポリエチレン絶縁鉛被鉄線がい装ケーブル	WCLWA
	水底用架橋ポリエチレン絶縁鉛被二重鉄線がい装ケーブル	WCLWWA
	水底用架橋ポリエチレン絶縁鉛被鋼帯鉄線がい装ケーブル	WCLTAWA

付録資料：ケーブルの品名と記号

裸線

分類	品名	記号	備考
丸線	硬銅線	H	H：Hard
	半硬銅線	HA	H：Half
	軟銅線	A	A：Annealed
	軟銅線（電気機器巻線用）	MA	M：Magnet
	すずめっき硬銅線	TH	T：Tinned
	すずめっき軟銅線	TA	
	はんだめっき軟銅線	SPA	S：Solder、P：Plated
平角線	硬銅平角線	H	
	半硬銅平角線	HA	
	軟銅平角線	A	
	極軟銅平角線	SA	S：Special
	すずめっき硬銅平角線	TH	
	すずめっき軟銅平角線	TA	
より線	硬銅より線	H	
	軟銅より線	A	
	架空送電線用硬銅より線	PH	P：Power
	すずめっき硬銅より線	TH	
	すずめっき軟銅より線	TA	
合金線	すず入り銅線	Sn−C	C：Copper
	銅箔糸	TY	T：Tinned、Y：Yarn
荒引線	B銅荒引線	WR−B	W：Wire、R：Rod B：Black、C：Cleaned
	C銅荒引線	WR−C	
その他	平編銅線	BC	B：Braided、C：Copper
	すずめっき平編銅線	TBC	

キャブタイヤケーブル（CT：CabTyre）

分類	品名	記号
プラスチック	ビニル絶縁ビニルキャブタイヤケーブル	VCT
天然ゴム	1種ゴム絶縁ゴムキャブタイヤケーブル	1CT
	2種ゴム絶縁ゴムキャブタイヤケーブル	2CT
	3種ゴム絶縁ゴムキャブタイヤケーブル	3CT
	4種ゴム絶縁ゴムキャブタイヤケーブル	4CT
	溶接機導線用ゴムキャブタイヤケーブル	WCT
	溶接機ホルダ用ゴム絶縁ゴムキャブタイヤケーブル	WRCT
合成ゴム	2種天然ゴム絶縁クロロプレンゴムキャブタイヤケーブル	2RNCT
	3種天然ゴム絶縁クロロプレンゴムキャブタイヤケーブル	3RNCT
	4種天然ゴム絶縁クロロプレンゴムキャブタイヤケーブル	4RNCT
	2種EPゴム絶縁クロロプレンゴムキャブタイヤケーブル	2PNCT
	3種EPゴム絶縁クロロプレンゴムキャブタイヤケーブル	3PNCT
	4種EPゴム絶縁クロロプレンゴムキャブタイヤケーブル	4PNCT
	溶接機導線用クロロプレンキャブタイヤケーブル	WNCT
	溶接機ホルダ用ゴム絶縁クロロプレンキャブタイヤケーブル	WPCT／F
	3種EPゴム絶縁クロロスルホン化ポリエチレンゴムキャブタイヤケーブル	3PHCT
	4種EPゴム絶縁クロロスルホン化ポリエチレンゴムキャブタイヤケーブル	4PHCT

W：Weld、R：Rubber、N：chloroprene、H：chloro sulphonated polyethylene

消防用電線

分類	品名	記号
耐火ケーブル	露出用低圧耐火ケーブル	FP
	電線管用低圧耐火ケーブル	FP-C
耐熱電線	耐熱電線	HP
警報用電線	警報用ポリエチレン絶縁耐燃性ポリエチレンシースケーブル	AEE／F

F：Fire、P：Proof、H：Heat、A：Alarm、E：polyEthylene

その他	ポリエチレン絶縁ビニルシースケーブル	EV
	ポリエチレン絶縁ポリエチレンシースケーブル	EE
	EPゴム絶縁ビニルシースケーブル	PV
	EPゴム絶縁クロロプレンシースケーブル	PN
	ゴム絶縁鉛被ケーブル	RL

C：Crosslinked polyethylene、V：PVC、E：polyEthylene
S：Shield、T：Triplex
がい装：MA：Metal Armour、TA：Tape Armour、WA：Wire Armour
IA：Inter-locked Armour、WWA：double Wire Armour
A：Aluminum、Sus：Stainless、N：chloroprene、R：Rubber、L：Lead

電力用屋外絶縁電線

分類	品名	記号	備考
屋外用ビニル	屋外用ビニル絶縁電線	OW	O：Outdoor W：Weatherproof SN：SNow E：polyEthylene
	屋外用難着雪ビニル絶縁電線	SN-OW	
屋外用ポリエチレン	屋外用ポリエチレン絶縁電線	OE	
	屋外用難着雪ポリエチレン絶縁電線	SN-OE	
屋外用架橋ポリエチレン	屋外用架橋ポリエチレン絶縁電線	OC	C：Crosslinked polyethylene
	屋外用難着雪架橋ポリエチレン絶縁電線	SN-OC	
引込用ビニル	引込用ビニル絶縁電線（より合せ形）	DV R	D：Drop Wire V：PVC
	引込用ビニル絶縁電線（平形）	DV F	
その他屋外用	高圧引下用架橋ポリエチレン絶縁電線	PDC	P：Pole transformer
	高圧引下用EPゴム絶縁電線	PDP	
	縁廻用架橋ポリエチレン絶縁電線	JC	J：Jumper
	縁廻用EPゴム絶縁電線	JP	

EM（EcoMaterial）電線・ケーブル

品名	記号
600V 耐燃性ポリエチレン絶縁電線	EM-IE
600V 耐燃性架橋ポリエチレン絶縁電線	EM-IC
600V ポリエチレン絶縁耐燃性ポリエチレンシースケーブル	600V EM-EE
600V 架橋ポリエチレン絶縁耐燃性ポリエチレンシースケーブル	600V EM-CE
600V ポリエチレン絶縁耐燃性ポリエチレンシースケーブル平形	600V EM-EEF
600V 架橋ポリエチレン絶縁耐燃性ポリエチレンシースケーブル平形	600V EM-CEF
制御用ポリエチレン絶縁耐燃性ポリエチレンシースケーブル	EM-CEE
制御用架橋ポリエチレン絶縁耐燃性ポリエチレンシースケーブル	EM-CCE
警報用ポリエチレン絶縁ケーブル	EM-AEE
市内対ポリエチレン絶縁ポリエチレンシースケーブル	ECO-CPEE
市内対ポリエチレン絶縁ポリエチレンシース鋼帯がい装ポリエチレン防食ケーブル	ECO-CPEETAZE

I：Indoor、A：Alarm

その他の被覆線

品名	記号	備考
一重ガラス編組銅線	SGB	G:Glass fiber
二重ガラス編組導線	DGB	B:Braid
1種カンブリック絶縁電線	1CA	CA:CAmbric
2種カンブリック絶縁電線	2CA	
無機絶縁ケーブル	MI	MI:Mineral Insulated

一般通信用ケーブル

分類	品名	記号
ビニル絶縁ビニルシース	市内対ビニル絶縁ビニルシースケーブル	CPV
	市内対ビニル絶縁ビニルシース鋼帯がい装ケーブル	CPVTA
	市内対ビニル絶縁ビニルシース鋼帯がい装ビニル防食ケーブル	CPVTAZV
ポリエチレン絶縁ビニルシース	市内対ポリエチレン絶縁ビニルシースケーブル	CPEV
	市内対ポリエチレン絶縁ビニルシース鋼帯がい装ビニル防食ケーブル	CPEVTAZV
	市内対ポリエチレン絶縁ビニルシースケーブル(自己支持形)	CPEV-SS
	市内対ポリエチレン絶縁ポリエチレンシースケーブル(自己支持形)	CPEE-SS
ポリエチレン絶縁ポリエチレンシース	市内対ポリエチレン絶縁ポリエチレンシースケーブル(自己支持形)	CPEE-SS
	市内対ポリエチレン絶縁ポリエチレンシース鋼帯がい装ケーブル	CPEETA
	市内対ポリエチレン絶縁ポリエチレンシース波付鋼帯がい装ポリエチレン防食ケーブル	CPEEMAZE

テレビジョン受信用同軸ケーブル

種類	記号
衛星放送テレビジョン受信用発泡ポリエチレン絶縁ビニルシース同軸ケーブル	S-□C-FB
衛星放送テレビジョン受信用高発泡プラスチック絶縁ラミネートシース同軸ケーブル	S-□C-HFL
衛星放送テレビジョン受信用高発泡プラスチック絶縁ラミネートシース巻付け自己支持形同軸ケーブル	S-□C-HFL-SSS
衛星放送テレビジョン受信用高発泡プラスチック絶縁ラミネートシースラッシング自己支持形同軸ケーブル	S-□C-HFL-SSF
衛星放送テレビジョン受信用高発泡プラスチック絶縁ラミネートシース8字自己支持形同軸ケーブル	S-□C-HFL-SSD

□:外部導体の概略内径をmm単位で表したもの

被覆電線

分類	品名	記号	備考
ビニル絶縁	600V ビニル絶縁電線	IV	I:Indoor V:PVC
	600V 2種ビニル絶縁電線	HIV	H:Heat-resistant
	600V 特殊耐熱ビニル絶縁電線	SHIV	S:Special
ビニル絶縁ビニルシース	600V ビニル絶縁ビニルシースケーブル	VVR	R:Round
	600V ビニル絶縁ビニルシース平形ケーブル	VVF	F:Flat
	600V ビニル絶縁ビニルシース鋼帯がい装ビニル防食ケーブル	VVTAZV	Z:防食
	600V ビニル絶縁ビニルシース鉄線がい装ビニル防食ケーブル	VVWAZV	
	600V ビニル絶縁ビニルシース波付鋼管がい装ビニル防食ケーブル	VVMAZV	
	600V 特殊耐熱ビニル絶縁耐熱ビニルシースケーブル	SHVVR	S:Special
	600V 特殊耐熱ビニル絶縁耐熱ビニルシース平形ケーブル	SHVVF	
	難燃性600V ビニル絶縁ビニルシースケーブル	F-VV	F:Flame resistant
	難燃性600V 特殊耐熱ビニル絶縁耐熱ビニルシースケーブル	F-SHVV	
その他の屋内用電線	600Vけい素ゴム絶縁ガラス編組電線	KGB	B:Braid
	600V ポリエチレン絶縁電線	IE	
	600V 架橋ポリエチレン絶縁電線	IC	
	600V けい素ゴム絶縁電線	IK	
	屋内用EPゴム絶縁電線	IP	
	コンクリート直埋用ビニル絶縁ビニルシースケーブル	CB-VV	CB:Concrete Buried
	コンクリート直埋用ビニル絶縁ビニルシース平形ケーブル	CB-VVF	
	コンクリート直埋用ポリエチレン絶縁ビニルシースケーブル	CB-EV	
	コンクリート直埋用ポリエチレン絶縁ビニルシース平形ケーブル	CB-EVF	

制御・信号用ケーブル

分類	品名	記号
制御用	制御用ビニル絶縁ビニルシースケーブル(ジャケット形)	CVV
	制御用ビニル絶縁ビニルシースケーブル(遮へい付)	CVV-S
	制御用ビニル絶縁ビニルシース波付鋼管がい装ビニル防食ケーブル	CVVMAZV
	制御用ポリエチレン絶縁ビニルシースケーブル	CEV
	制御用ポリエチレン絶縁ビニルシースケーブル(遮へい付)	CEV-S
	制御用ポリエチレン絶縁ポリエチレンシースケーブル	CEE
	制御用ポリエチレン絶縁ポリエチレンシースケーブル(遮へい付)	CEE-S
	制御用架橋ポリエチレン絶縁ビニルシースケーブル	CCV
	制御用架橋ポリエチレン絶縁ビニルシースケーブル(遮へい付)	CCV-S
	制御用架橋ポリエチレン絶縁ポリエチレンシースケーブル	CCE
	制御用架橋ポリエチレン絶縁ポリエチレンシースケーブル(遮へい付)	CCE-S
	難燃性制御用ビニル絶縁ビニルシースケーブル	F-CVV
信号用	信号用ビニル絶縁ビニルシースケーブル	SVV
	信号用ビニル絶縁ビニルシースケーブル(自己支持形)	SVV-SS
	信号用ビニル絶縁ビニルシース鋼帯がい装ケーブル	SVVTA
	信号用ビニル絶縁ビニルシース鋼帯がい装ビニル防食ケーブル	SVVTAZV

C:Control、S:Signal、SS:Self-Supporting

今日からモノ知りシリーズ
トコトンやさしい
電線・ケーブルの本

NDC 544

2020年11月18日　初版1刷発行
2023年 4月28日　初版4刷発行

発行者　井水 治博
発行所　日刊工業新聞社
東京都中央区日本橋小網町14-1
(郵便番号103-8548)
電話　書籍編集部　03(5644)7490
販売・管理部　03(5644)7410
FAX　03(5644)7400
振替口座　00190-2-186076
URL　https://pub.nikkan.co.jp/
e-mail　info@media.nikkan.co.jp
印刷・製本　新日本印刷(株)

●DESIGN STAFF
AD――――志岐滋行
表紙イラスト――黒崎　玄
本文イラスト――小島サエキチ
ブック・デザイン ―― 大山陽子
(志岐デザイン事務所)

●
落丁・乱丁本はお取り替えいたします。
2020 Printed in Japan
ISBN　978-4-526-08097-5 C3034

●著者略歴
福田　遵（ふくだ　じゅん）

技術士（総合技術監理部門、電気電子部門）
1979年3月東京工業大学工学部電気・電子工学科卒業
同年4月千代田化工建設㈱入社
2002年10月アマノ㈱入社
2013年4月アマノメンテナンスエンジニアリング㈱副社長
(社)日本技術士会青年技術士懇談会代表幹事、企業内技術士委員会委員などを歴任
日本技術士会、電気学会、電気設備学会会員
資格：技術士（総合技術監理部門、電気電子部門）、エネルギー管理士、監理技術者（電気、電気通信）、宅地建物取引士、ファシリティマネジャーなど

著書：『『トコトンやさしい熱利用の本』、『トコトンやさしい電気設備の本』、『トコトンやさしい発電・送電の本』、『トコトンやさしい実用技術を支える法則の本』、『技術士第一次試験・第二次試験「電気電子部門」受験必修テキスト 第4版』、『技術士第一次試験「基礎科目」標準テキスト 第4版』、『例題練習で身につく技術士第二次試験論文の書き方 第5版』、『技術士第二次試験「技術士第二次試験「電気電子部門」過去問題〈論文試験100問〉の要点と対策』、『技術士第二次試験「総合技術監理部門」標準テキスト』、『電設技術者になろう!』（日刊工業新聞社）等